普通高等教育"十二五"规划教材

建设安全管理

编 著 杨 杰 卢国华
主 审 周建国

中国电力出版社
CHINA ELECTRIC POWER PRESS

内 容 提 要

本书为普通高等教育"十二五"规划教材。全书共分八章,主要内容为安全管理理论、建设工程项目安全管理、建筑企业安全管理、建设安全评价、建设工程相关利益主体的安全管理、建设安全生产事故调查与分析、建设安全管理前沿等。本书以安全管理与工程、管理学的基本理论和方法为基础,以科学发展观为指导,立足于中国建筑业及建筑企业和谐发展、安全发展、健康发展的需要,理论联系实际,从宏观和微观两个方面对建设安全管理的内容体系、理论方法和发展方向及前沿进行了系统分析和解剖。全书结合建筑企业和建设工程项目实际,内容新颖,叙述简明扼要,精炼实用。

本书可作为普通高等院校工程管理、土木工程等专业本科生、研究生教材,也可供政府管理部门、建设单位、工程咨询和建筑施工企业等有关单位和部门参考,还可作为建设安全主管部门以及建筑企业管理人员培训的教材。

图书在版编目(CIP)数据

建设安全管理/杨杰,卢国华编著. —北京:中国电力出版社,2013.1(2019.11重印)
普通高等教育"十二五"规划教材
ISBN 978 - 7 - 5123 - 3973 - 6

Ⅰ.①建… Ⅱ.①杨…②卢… Ⅲ.①建筑工程—安全管理—高等学校—教材 Ⅳ.①TU714

中国版本图书馆 CIP 数据核字(2013)第 008546 号

中国电力出版社出版、发行
(北京市东城区北京站西街 19 号 100005 http://www.cepp.sgcc.com.cn)
北京雁林吉兆印刷有限公司印刷
各地新华书店经售

*

2013 年 1 月第一版 2019 年 11 月北京二次印刷
787 毫米×1092 毫米 16 开本 12.75 印张 307 千字
定价 **38.00** 元

前　言

　　建设安全管理已被很多高等院校设置为工程管理、土木工程等专业必修主干课程，建设安全管理满足了社会以及经济发展对工程技术类大学毕业生知识结构的要求。建设安全管理是一门综合性的课程，其内容涉及安全管理与工程学、管理学、土木工程、法律法规等知识，其内容可从理论研究和应用研究两个层面进行探讨。从理论研究层面来看，建设安全管理主要研究三个方面的问题：一是研究建设工程领域中安全事故发生的机理；二是研究建设安全生产规律，提高人员的安全意识，防范不规范行为；三是研究如何改善人员的作业活动条件，最大限度地保障人员的生命和财产安全。从应用研究层面来看，建设安全管理可从宏观和微观两个方面进行探讨；从宏观上看，建设安全管理从建筑业层面、建筑企业层面上研究安全管理：包括建筑业主管部门的安全管理、建筑企业的安全管理组织、安全管理体系、安全事故的调查与分析、安全管理评价、安全文化建设等内容；从微观上看，建设安全管理分析了建设工程项目安全管理问题，主要包括现场安全管理问题、建设工程项目相关利益主体安全管理、信息技术在建设工程项目安全管理中的应用等内容。

　　在使用本书讲授时，一定要注意授课对象的专业背景，如果是工程管理类专业，因为该专业还要单独开设建设工程法律法规、建筑施工组织、建筑工程项目管理、管理学等课程，因此，在授课时，应该站在建筑企业责任的角度上，侧重于宏观管理方面的知识，对于微观管理方面的知识可作简单介绍。做到"建设安全管理"课程相对独立、自成体系，还要避免与其他课程在内容上交叉重叠。

　　本书由杨杰、卢国华共同完成，朱庆亮做了大量辅助工作。同时，还参考、吸收了国内外许多同行专家的最新研究成果，谨在此致以衷心感谢！

　　建设安全管理是一门发展中的学科，需要在实践中不断丰富和完善。由于编者水平有限，缺点、不足之处在所难免，恳请各位师尊、专家、学者和广大读者批评指正。

编　者

2012 年 12 月

目　录

第一章　概　　述

第一节　安全管理基本概念

一、安全管理基本概念

（一）安全与危险

安全与危险是相对的概念，是指人们对生产、生活中可能遭受健康损害和人身伤亡的综合认识。

1. 安全

安全的定义在许多著作中有着众多不同的论述。美国安全工程师协会认为：安全意味着可以容忍的风险程度。该定义有三层意思：

（1）人对系统的认识；

（2）建立在当时社会与经济基础之上的安全判别标准；

（3）认识与标准的比较过程。

通常认为安全是指不受威胁，没有危险、危害、损失。人类的整体与生存环境资源的和谐相处，互相不伤害，不存在危险的、危害的隐患，是免除了不可接受的损害风险的状态。安全是在人类生产过程中，将系统的运行状态对人类的生命、财产、环境可能产生的损害控制在人类能接受水平以下的状态。

2. 危险

危险是指系统中存在特定危险事件发生的可能性与后果的总称。根据系统安全工程的观点，危险是在系统中存在导致发生不期望后果的可能性超过了人们的承受程度。从危险的概念可以看出，危险是人们对事物的具体认识，必须指明具体对象，如危险环境、危险条件、危险状态、危险物质、危险场所、危险人员、危险因素等。一般用风险度表示具有严重后果的事件发生的可能性。在安全生产管理中，风险可以表示为生产系统中事故发生的可能性与严重性函数关系式，具体表达见式（1-1）。

$$R = f(F, C) \tag{1-1}$$

式中　R——风险；

　　　F——发生事故的可能性；

　　　C——发生事故的严重性。

从广义上讲，风险可以分为自然风险、社会风险、经济风险、技术风险和健康风险五类。而对于建设工程安全生产管理来说，可以分为人、机、环境、管理等四类风险。

3. 安全许可

安全许可是指国家对矿山企业、建设施工企业和危险化学品、烟花爆竹、民事用爆破器材生产企业实行安全许可制度。企业未获得安全生产许可证的，不得从事生产活动。

（二）本质安全

本质安全是指设备、设施或者技术工艺含有内在的能够从根本上防止事故发生的功能，具体包含两方面的内容。

1. 失误——安全功能

失误——安全功能是指操作者即使操作失误，也不会发生事故或伤害。或者说设备、设施及技术工艺本身具有自动防止人的不安全行为的功能。

2. 故障——安全功能

故障——安全功能是指设备、设施或者技术工艺发生故障或损坏时，还能暂时维持正常工作或自动转换为安全状态。

上述两种安全功能，应当是设备、设施或者技术工艺本身所固有的。

本质安全是安全生产管理"预防为主"的根本体现，也是安全生产管理的努力方向和最高境界。现实中由于技术、资金和人的认识等原因，还很难做到全部的本质安全，特别是在建设行业中做到本质安全更是任重而道远。

（三）事故与事故隐患

1. 事故

事故多指生产、工作中发生的意外损失或灾祸。在生产过程中，事故是指造成人员死亡、伤害，财产损失或者其他损失的意外事件。

2. 事故隐患

隐患是指潜藏着的祸患。国家安全生产监督管理总局颁布的第 16 号令《安全生产事故隐患排查治理暂行规定》，将"安全生产事故隐患"定义为："生产经营单位违反安全生产法律、法规、规章、标准、规程和安全生产管理制度规定，或者其他因素在生产经营活动中存在可能导致事故发生的物的不稳定状态、人的不安全行为和管理上的缺陷。"

（四）安全生产与安全管理

1. 管理

管理是指通过计划、组织、领导、控制及创新等手段，结合人力、物力、财力、信息等资源并高效达到组织目标的过程。在借鉴中外学者对管理概念认识的基础上，本书中把管理定义为：在社会活动中，一定的人和组织依据所拥有的权利，通过一系列职能活动，对人力、物力、财力及其他资源进行协调或处理，以达到预期目标的活动过程。

2. 安全生产

《辞海》将"安全生产"解释为为预防生产过程中发生人身、设备事故，形成良好劳动环境和工作秩序而采取的一系列的措施和活动。《中国大百科全书》将"安全生产"解释为旨在保护劳动者在生产过程中安全的一项方针，也是企业管理必须遵循的一项原则，要求最大限度地减少劳动者的工伤和职业病，保障劳动者在安全生产过程中的生命和身体健康。后者将安全生产解释为企业生产的一项方针、原则和要求，前者则解释为企业生产的一系列措施和活动。根据现代系统安全工程的观点，安全生产一般意义上讲，是指在社会生产活动中，为了使生产过程在符合物质条件和工作程序下进行，防止发生人身伤亡、财产损失等事故，通过人、机、物料、环境的和谐运作，而采取的消除或控制危险和有害因素、保障人身安全和健康、设备和设施免遭损坏、环境免遭破坏的一系列措施和活动。广义讲，安全生产是指为了保证生产过程不伤害劳动者和周围人员的生命和身体健康，不使相关财产遭受损失的一切行为。安全生产是由社会科学和自然科学两个科学范畴相互渗透、相互交织构成的保护人和财产的政策性和技术性的综合学科。

3. 安全管理

安全管理（Safety Management）是管理科学的一个重要组成部分，是安全科学的一个分支。它是针对人们在生产过程中的安全问题，运用有效的资源，发挥人们的智慧，通过人们的努力，进行有关决策、计划、组织和控制等活动，实现生产过程中人与机器设备、物料、环境之间的和谐，达到安全生产的目标。

安全管理的目标是减少和控制危害，减少和控制事故，尽量避免生产过程中由于事故所造成的人身伤害、财产损失、环境污染以及其他损失。安全管理包括安全生产法制管理、行政管理、监督检查、工艺技术管理、设备设施管理、作业环境和条件管理等方面。

安全管理是企业生产管理的重要组成部分，是一门综合性的系统科学。安全管理的对象是生产中一切人、物、环境的状态管理与控制，安全管理是一种动态管理。它的内容包括：安全生产管理机构和安全生产管理人员、安全生产责任制、安全生产管理规章制度、安全生产策划、安全培训教育、安全生产档案等。

二、建设安全管理基本概念

（一）工程项目安全管理定义

广义的工程项目安全管理，是指在工程项目的全寿命周期内，为保证实现生产人员、使用人员生命健康、财产安全的所进行的组织、计划、指挥、协调和控制等一系列管理活动。狭义的工程项目安全管理，也可以称为建设工程安全管理，是指为了保证工程的生产安全所进行的一系列的管理活动，其主要保护目的在于保护建筑业企业职工在工程生产过程中的安全与健康，保证国家和人民的财产不受到损失，保证建设生产任务的顺利完成。本教材的重点是狭义的工程项目安全管理，即建设工程安全管理。

建设工程的实施过程是由不同的利益相关者参与，并承担不同的责任。因此，从不同参与主体的角度，建设工程安全管理应当包括建设行政主管部门对于建设活动过程中安全生产的行业管理；安全生产行政主管部门对建设活动过程中安全生产的综合性监督管理；从事建设活动的主体（即施工企业、建设勘察单位、设计单位和工程监理单位）为保证建设生产活动的安全生产所进行的自我管理等。

（二）建设工程安全管理特点

（1）由于工程规模较大，生产工艺复杂、不确定因素多等特点，建设工程安全管理涉及的范围大，控制面宽广。

（2）由于建设工程项目一次性的特点，每项工程项目都有不同的条件、不同的危险因素以及防范措施，使得建设工程安全管理有动态性的特点。

（3）建设工程项目是开放性的系统，受自然环境和社会环境影响很大，安全控制需要把工程系统和环境系统及社会系统结合起来，具有交叉性的特点。

（4）安全状态具有触发性，一旦失控后果严重，所以安全管理必须具有严谨性的特点，以达到系统的安全目标。

（三）建设工程安全管理手段

建设工程安全管理的手段主要包括安全法规、安全技术、经济手段、安全检查、安全评价、安全文化教育。

1. 安全法规

安全法规是指用立法的手段制定保护职业安全生产的政策、规程、条例、规范和制度。它对改善劳动条件、确保建设业职工身体健康和生命安全，维护财产安全，起着法律保护的作用。

2. 安全技术

安全技术是指施工过程中为防止和消除伤亡事故，或减轻繁重劳动所采取的措施，其基本内容是预防伤亡事故的工程技术措施，作用在于使安全生产从技术上得到落实。

3. 经济手段

经济手段是指各类责任主体通过各类保险为自己编制一个安全网，维护自身利益，同时运用经济杠杆使信誉好、建设产品质量高的企业获得较高的经济效益、对违章行为进行惩罚。经济手段主要有工伤保险、建设意外伤害保险、经济惩罚制度、提取安全费用制度等内容。

4. 安全检查

安全检查是指在施工生产过程中，为及时发现事故隐患，排除施工中的不安全因素，纠正违章作业，监督安全技术措施的执行，堵塞漏洞，防患于未然，对安全生产中易发生事故的主要环节、部位、工艺完成情况，由专门安全生产管理机构进行全过程的动态检查，以改善劳动条件。

5. 安全评价

安全评价是指采用系统科学方法，辨别和分析系统存在的危险性并根据其形成事故的风险大小，采取相应的安全措施，以达到系统安全的过程。安全评价的一般过程是辨别危险性、评价风险、采取措施，直至达到安全指标。安全评价的形式有定性安全评价和定量安全评价。

6. 安全文化教育

安全文化教育是指通过行业与企业文化，通过提高行业、企业人员对安全的认识，增强安全意识与安全防范意识。

（四）建设安全管理组织

建设工程安全管理组织是设计并建立一种责任与权力机制，以形成建设安全的工作环境的过程。在建设安全的工作环境中能形成一种建筑企业安全文化。而建筑企业安全文化又会反作用于建设安全工作的各个方面，包括影响个人和建筑企业的行为、安全项目的计划和实施。组织管理需要从良好的安全文化中汲取营养，而安全文化的培养也需要组织行为的推动。

因此，促进建筑企业安全的文化对于政策的正确实施和持续发展具有重要的作用，这样的文化需要时间来孕育，但却是影响个人行为的有效方式。每一个建筑企业都有其内部独特的文化，这种文化为建筑企业成员公认，也能够引导建筑企业成员对安全问题进行共同思考并且形成良好的工作方式。所以，建筑企业应建立一种积极的安全文化。

建设安全组织管理措施可以分为以下四方面的内容：

（1）建筑企业内部控制方法。

（2）保证安全员、班组和个人顺利合作的方式。

（3）建筑企业内部交流的方式。

（4）员工能力培养。

以上四个因素互相联系并相互依赖，为控制、合作、交流和能力培养所采取的行动都与管理层的意愿和理念有关。通过上述每一个方面的不懈努力，可以创建积极的安全文化，构建合理的安全管理组织，从而实现安全管理的目标。

第二节 安全生产管理体制

当前，我国的安全生产方针是"安全第一，预防为主"。这个方针是群众集体智慧的结晶，是对安全工作长期实践经验的总结。它高度概括了安全管理工作的目的和任务，是一切生产企业实现安全生产的指导思想。为贯彻"安全第一，预防为主"的方针，必须建立一个衔接有序、运作有效、保障有力的安全生产管理体制。

所谓体制，就是关于一个社会组织系统的结构组成、管理权限划分、事务运作机制等方面的综合概念。为了理顺各层次安全管理体制的关系，有必要根据我国的实际情况，制定一个有关安全生产管理的总体制，也就是宏观体制。

国务院在1983年5月发出的《批转劳动人事部、国家经委、全国总工会关于加强安全生产和劳动安全监察工作的报告的通知》中明确规定，要在"安全第一，预防为主"的方针指导下搞好安全生产；经济管理、生产管理部门和企业领导必须坚决贯彻"管生产的必须管安全的原则"，特别是在经济体制改革中要加强安全生产工作，讲效益必须讲安全；劳动部门要尽快健全劳动安全监察制度，加强安全监察机构，充实安全监察干部，监督检查生产部门和企业对各项安全法规的执行情况，认真履行职责，充分发挥应有的监察作用；工会组织要加强群众监督，对于企业行政领导忽视安全生产，工会要提出批评和建议，督促有关方面及时改进。此通知确定了我国在安全生产工作中实行国家劳动安全监察、行政管理和群众（工会）监督相结合的工作体制。国家监察、行政管理和群众监督三个方面有一个共同目标，就是从不同的角度、不同的层次、不同的方面来推动"安全第一，预防为主"方针的贯彻，协调一致搞好安全生产。通常将这个工作体制称为安全管理的"三结合"体制。

到了20世纪90年代，随着企业管理制度的改革和安全管理实践的不断深入，人们逐渐认识到"三结合"的安全管理工作体制并不完善，其中主要是"行政管理"的提法欠妥。从我国20世纪90年代以前的经济运行机制来看，企业要受到行业主管部门和经济管理部门的管理，包括企业领导人事安排，经营计划的制订，原材料的供应，利润的分配等。因此，企业与行业主管部门之间具有行政上的隶属关系，行业主管部门是连接政府与企业的主要环节，企业的安全管理工作也要受到行业主管部门的领导和控制。在安全管理体制中，"行政管理"应该包含行业管理和企业自我管理两个层次，这两个层次的安全管理机制、对象和职责等并不相同。为了使安全管理体制更加符合实际，国务院1993年50号文《关于加强安全生产工作的通知》中正式提出：实行"企业负责，行业管理，国家监察，群众监督，劳动者遵章守纪"的安全生产管理体制。这一体制将原"三结合"体制中的"行政管理"分为"企业负责"和"行业管理"两部分，形成"四结合"的体制。

在"企业负责，行业管理，国家监察，群众监督"的安全生产管理体制中，这四个方面按不同层次和从不同角度构成安全生产管理的宏观体制。

一、国家监察

国家监察即国家劳动安全监察，它是由国家授权某政府部门对各类具有独立法人资格的企事业单位执行安全法规的情况进行监督和检查，用法律的强制力量推动安全生产方针、政策的正确实施。国家监察也可以称为国家监督。国家监察具有法律的权威性和特殊的行政法律地位。

行使国家监察的政府部门是由法律授权的特定行政执法机构，该机构的地位、设置原则、职责权限以及该机构监察人员的任免条件和程序，审查发布强制性措施，对违反安全法规的行为提出行政处分建议和经济制裁等，都是由法律规定或授权的。因此，国家监察是由法定的监察机构，以国家的名义，运用国家赋予的权力，从国家整体利益出发来展开的。

二、行业管理

行业管理就是由行业主管部门，根据国家的安全生产方针、政策、法规，在实施本行业宏观管理中，帮助、指导和监督本行业企业的安全生产工作。行业安全管理也存在与国家监察在形式上类似的监督活动。但是，这种监督活动仅限于行业内部，而且是一种自上而下的行业内部的自我控制活动，一旦需要超越行业自身利益来处理问题时，它就不能发挥作用了。因此，行业安全管理与国家监察的性质不同，它不被授予代表政府处理违法行为的权力，行业主管部门也不设立具有政府监督性质的监察机构。

三、企业负责

企业负责是指企业在生产经营过程中，承担着严格执行国家安全生产的法律、法规和标准，建立健全安全生产规章制度，落实安全技术措施，开展安全教育和培训，确保安全生产的责任和义务。企业法人代表或最高管理者是企业安全生产的第一责任人，在此基础上，企业必须层层落实安全生产责任制，建立内部安全调控与监督检查的机制。企业要接受国家安全监察机构的监督检查和行业主管部门的管理。

四、群众监督

群众监督就是广大职工群众通过工会或职工代表大会等组织，监督和协助企业各级领导贯彻执行安全生产方针、政策和法规，不断改善劳动条件和环境，切实保障职工享有生命与健康的合法权益。群众监督属于社会监督，一般通过建议、揭发、控告或协商等方式解决问题，而不可能采取像国家监察那样以国家强制力来保证的手段，因此，群众监督不具有法律的权威性。

企业负责、行业管理、国家监察、群众监督这四个方面，具有不同的性质和地位，在安全生产中所起的作用也不相同。在这四个方面中，企业是安全生产工作的主体和具体实行者，它应该独立承担搞好安全生产的责任和义务，建立安全管理的自我约束机制。它所要解决的主要是遵章守法、有法必依的问题，是安全管理的核心；行业管理是行业主管部门在本行业内开展帮助、指导和监督等宏观管理工作。行业管理主要通过指令、规划、监督、服务等手段为企业提供搞好安全生产工作的外部环境并促使企业实现自我约束机制；国家监察是代表国家，以国家赋予的强制力量推动行业主管部门和企业搞好安全生产工作，它所要解决的是有法可依、执法必严和违法必究的问题，因此，国家监察是加强安全生产的必要条件；群众监督一方面要代表职工利益按国家法律法规的要求监督企业搞好安全生产，另一方面也要支持配合企业做好安全管理工作（如对职工进行遵章守纪和安全知识的教育，反映事故隐患情况，提出整改建议等），这是做好安全工作的有力保证。

第三节　建设安全管理相关法律、法规及标准

一、法律法规及规章基本概念

（一）安全生产法律法规

安全生产法律、法规是指为加强安全生产监督管理，防止和减少生产安全事故，保障人民群众生命和财产安全，实现安全生产，由全国人大及其常务委员会按照法定程序颁布的法律，以及国务院和地方人大及其常务委员会制定颁布的行政法规和地方性法规。

（二）安全技术标准规范

安全技术标准规范是指依据国家安全生产法律、法规，为消除生产过程中的不安全因素，防止人身伤害和财产损失事故的发生，国家、行业主管部门和地方政府制定的技术、工艺、设备、设施及操作、防护等方面的安全技术方法和措施。

（三）安全生产规章制度

安全生产规章制度是指国家、行业主管部门和地方政府以及企事业单位根据国家有关法律、法规和标准、规范，结合实际情况制定颁布的安全生产方面的具体工作制度。

二、建设工程安全生产法律法规实施意义

建设工程安全生产法律法规的制定是建筑安全生产的前提条件，是行业有法可依的保障。政府完善法律法规、加强行业监管，是提高建筑业生产安全管理水平，降低建筑安全事故伤亡率的需要。从世界各国建筑业的安全管理发展情况来看，美国和英国等发达国家相继对建筑安全管理模式做了根本性的调整，建立了完善的法律法规体系，取得了显著成效，如伤亡人数及事故率都大幅下降，带来了不可估量的经济和社会效益。从当前的国际环境来看，推进安全生产工作，提高劳动保护水平，符合现阶段国际通行的做法，完善建筑安全法律法规体系是我国建筑业与国际接轨的需要，也更符合我国政府提出的构建和谐社会的根本要求。

安全生产是国民经济运行的基本保障，保护所有劳动者在工作中的安全与健康既是政府义不容辞的责任，也是"以人为本"科学发展观的要求，又是现代文明的基本内容，所以我国正在改善国内的安全生产状况，以达到建筑业的全面协调可持续发展。虽然当前我国多数企业安全生产实际情况与一些国际劳工标准要求还有一定的差距，但就长远发展来说，这些国际劳工标准是我国应逐渐达到的目标。因此，完善建筑安全法律法规体系，是我国推进安全生产工作，提高劳动保护水平，改变我国工伤事故频发、职业危害严重的被动局面，树立良好的国际形象的需要。

三、建设工程安全生产法律法规的立法历程

新中国成立以来，安全生产始终得到国家的高度重视。特别是改革开放 20 多年来，我国始终在探寻治标治本的安全生产道路。建筑业安全生产法律法规也经历了从无到有，不断发展，不断完善的过程。《建筑法》、《安全生产法》、《建设工程安全生产管理条例》等法律、法规及部门规章、技术标准规范的相继出台，为保障我国建筑业的安全生产提供了有利的法律武器，在建筑安全生产管理工作方面做到了有法可依。

《建筑法》从起草到出台历经了 13 年。早在 1984 年，原城乡建设环境保护部就着手研究和起草《建筑法》。到了 1994 年，原建设部进一步加快了立法步伐，并于同年底将立法草

案上报国务院。1996年8月，国务院第49次常务会议讨论通过了《建筑法》（草案），并提请全国人大常委会审议。经全国人大八届常委会第28次会议审议，并于1997年11月1日正式颁布，1998年3月1日起正式施行。《建筑法》的出台，为建筑业发展成为国民经济的支柱产业提供了重要的法律依据，为解决当前建筑活动中存在的突出问题提供了法律武器，也为推进和完善建筑活动的法制建设提供了重要的法律依据。《建筑法》共八章八十五条，其中共有五章二十五条有关安全管理的规定或涉及安全的内容，并且第五章建筑安全生产管理，就安全生产的方针、原则，安全技术措施，安全工作职责与分工，安全教育和事故报告等做出了明确的规定。在《安全生产法》出台之前的一段时间内，《建筑法》是规范我国建筑工程安全生产的唯一一部法律。

《安全生产法》于2002年6月29日经全国人大常委会三次审议正式通过。《安全生产法》是我国安全生产领域的综合性基本法，它的颁布实施是我国安全生产领域的一件大事，是我国安全生产监督与管理正式纳入法制化管理轨道的重要标志，是入世后依照国际惯例，以人为本、关爱生产、热爱生命、尊重人权、关注安全生产的具体体现，是我国为加强安全生产监督管理，防止和减少安全生产事故，保障人民群众生命财产安全所采取的一项具有战略意义、标本兼治的重大措施。

早在1996年，原建设部就起草了《建设工程安全生产管理条例》并上报国务院。1998年，国务院法制办将收到的24个地区和27个部门对《建设工程安全生产管理条例》的修改意见返回原建设部。原建设部结合《建筑法》、《招标投标法》、《建设工程质量管理条例》等法律、法规，认真研究了各地区、部门提出的意见，对《建设工程安全生产管理条例》作了相应修改。《安全生产法》颁布后，原建设部根据《安全生产法》再次进行了修改，又征求了各地区、各有关部门的意见，并召开了法律界专家、建设活动各责任主体等有关方面人员参加的专家论证会，于2003年1月21日形成《建设工程安全生产管理条例》送审稿。2003年国务院法制办将其列入立法计划，并在送审稿的基础上，经过反复论证和完善，形成《建设工程安全生产管理条例》草案。2003年11月12日，国务院第28次常务会议讨论并原则通过了该草案，11月24日国务院第393号令予以公布，自2004年2月1日起施行。《建设工程安全生产管理条例》确立了有关建设工程安全生产监督管理的基本制度，明确了参与建设活动各方责任主体的安全责任，确保了参与各方责任主体安全生产利益及建筑工人安全与健康的合法权益，为维护建筑市场秩序，加强建设工程安全生产监督管理提供了重要的法律依据。

《建设工程安全生产管理条例》是我国第一部规范建设工程安全生产的行政法规。它的颁布实施是工程建设领域贯彻落实《建筑法》和《安全生产法》的具体表现，标志着我国建设工程安全生产管理进入法制化、规范化发展的新时期。《建设工程安全生产管理条例》全面总结了我国建设工程安全管理的实践经验，借鉴了国外发达国家建设工程安全管理的成熟做法，对建设活动各方主体的安全责任、政府监督管理、生产安全事故的应急救援和调查处理以及相应的法律责任作了明确规定，确立了一系列符合中国国情以及适应社会主义市场经济要求的建设工程安全管理制度。《建设工程安全生产管理条例》的颁布实施，对于规范和增强建设工程各方主体的安全行为和安全责任意识，强化和提高政府安全监管水平和依法行政能力，保障从业人员和广大人民群众的生命财产安全，具有十分重要的意义。

《生产安全事故报告和调查处理条例》于2007年3月28日国务院第172次常务会议通

过,国务院总理于 2007 年 4 月 9 日签署第 493 号国务院令予以公布,自 2007 年 6 月 1 日起施行。《生产安全事故报告和调查处理条例》是《中华人民共和国安全生产法》的重要配套行政法规,对生产安全事故的报告和调查处理作出了全面、明确的具体规定,是各级人民政府、安全生产监督管理部门和负有安全生产监督管理职责的有关部门做好事故报告和调查处理工作的重要依据。国务院 1989 年公布施行的《特别重大事故调查程序暂行规定》和 1991 年公布施行的《企业职工伤亡事故报告和调查处理规定》对规范事故报告和调查处理发挥了重要作用。但是,随着社会主义市场经济的发展,安全生产领域出现了一些新情况、新问题。比如,生产经营单位的所有制形式多元化,由过去以国有和集体所有为主发展为多种所有制的生产经营单位并存,特别是私营、个体等非公有生产经营单位在数量上占据多数,并且出现了公司、合伙企业、合作企业、个人独资企业等多样化的组织形式,生产经营单位的内部管理和决策机制也随之多样化、复杂化,给安全生产监督管理提出了新的课题;在经济持续快速发展的同时,安全生产面临着严峻形势,特别是矿山、危险化学品、建筑施工、道路交通等行业或者领域事故多发的势头没有得到根本遏制;安全生产监管体制发生了较大变化,各级政府特别是地方政府在安全生产工作中负有越来越重要的职责;社会各界对于生产安全事故报告和调查处理的关注度越来越高,强烈呼吁采取更加有效的措施,进一步规范事故报告和调查处理。为了适应安全生产的新形势、新情况,迫切需要在总结经验的基础上,制定一部全面、系统地规范生产安全事故报告和调查处理的行政法规,为规范事故报告和调查处理工作,落实事故责任追究制度,维护事故受害人的合法权益和社会稳定,预防和减少事故发生进一步提供法律保障。

2008 年 1 月 1 日《安全生产违法行为行政处罚办法》修订出台。新版对旧版作出了较大幅度的修订,特别是对行政处罚的程序、适用和执行方面作了进一步补充和完善,对法律、行政法规已有明确规定,不需要进一步量化、细化的条文进行了删减,对法律、行政法规已经作出的处罚规定(如对事故责任者的处罚)。

2012 年 3 月 6 日颁布了《企业安全生产费用提取和使用管理办法》。《企业安全生产费用提取和使用管理办法》的出台为建立企业安全生产投入长效机制,加强安全生产费用管理,保障企业安全生产资金投入,维护企业、职工以及社会公共利益提供了制度保障。

四、建设工程安全生产管理法律法规体系简介

法律体系,法学中有时也称为"法的体系",是指由一国现行的全部法律法规按照不同的法律部门分类组合而成的一个呈体系化的有机联系的统一整体。

我国建设安全生产法律体系是一个由多个法律规范性文件所组成的集合法群,主要由《建筑法》、《安全生产法》、《建设工程安全生产管理条例》以及相关的法律、法规、国家和行业标准、地方性法规、政府规章、地方技术标准及国际公约构成。

(一)法律

这里所说的法律是指狭义的法律,是指全国人大及其常务委员会制定的规范性文件,在全国范围内施行,其地位和效力仅次于宪法,在法律层面上,《建筑法》和《安全生产法》是构建建设工程安全生产法律体系的两大基础。

《建筑法》是我国第一部规范建筑活动的部门法律,它的颁布施行强化了建筑工程质量和安全的法律保障。《建筑法》总计八十五条,通篇贯穿了质量、安全问题,具有很强的针对性,对影响建筑质量、安全的各方面因素作了较为全面的规范。

《安全生产法》是安全生产领域的综合性基本法，它是我国第一部全面规范安全生产的专门法律，是我国安全生产法律体系的主体法，是各类生产经营单位及其从业人员实现安全生产所必须遵循的行为准则，是各级人民政府及其有关部门进行监督管理和行政执法的法律依据，是制裁各种安全生产违法犯罪的有力武器。

另外还有其他一些法律关系到建设安全生产，诸如《中华人民共和国劳动法》、《中华人民共和国刑法》、《中华人民共和国消防法》、《中华人民共和国环境保护法》、《中华人民共和国固体废物污染环境防治法》、《中华人民共和国行政处罚法》、《中华人民共和国行政复议法》、《中华人民共和国行政诉讼法》等。

（二）行政法规

行政法规是由国务院制定的规范性文件，颁布后在全国范围内施行。《立法法》第五十六条规定："国务院根据宪法和法律，制定行政法规。"

在行政法规层面上，《安全生产许可证条例》和《建设工程安全生产管理条例》是建设工程安全生产法规体系中主要的行政法规。在《安全生产许可证条例》中，我国第一次以法律的形式确立了企业安全生产的准入制度，是强化安全生产源头管理，全面落实"安全第一，预防为主"安全生产方针的重大举措。《建设工程安全生产管理条例》是根据《建筑法》和《安全生产法》制定的第一部关于建筑工程安全生产的专项法规。它确立了我国关于建设工程安全生产监督管理的基本制度，明确了参加建设活动各方责任主体的安全责任，确保了建设工程参与各方责任主体安全生产利益及建筑从业人员安全与健康的合法权益，为维护建筑市场秩序，加强建设工程安全生产监督管理提供了重要的法律依据。

此外，国家还颁布了《国务院关于特大安全事故行政责任追究的规定》、《特种设备安全监察条例》、《国务院关于进一步加强安全生产的决定》、《生产安全事故报告和调查处理条例》等相关行政法规。

（三）部门规章

规章是行政性法律规范文件，根据其制定机关不同可分为部门规章和地方政府规章，它在各自的权限范围内施行。为此，国家颁布了《建设行政处罚程序暂行规定》、《实施工程建设强制性标准监督规定》、《建筑企业主要负责人、项目负责人和专职安全生产管理人员安全生产考核管理暂行规定》、《建筑施工特种作业人员管理规定》、《安全生产培训管理办法》、《建筑企业资质管理规定》、《建筑企业安全生产许可证管理规定》等规章制度。

（四）规范性文件

规范性文件是各级机关、团体、组织制定的各类文件中最主要的一类，因其内容具有约束和规范人们行为的性质，故名称为规范性文件。目前我国法律法规对于规范性文件的含义、制定主体、制定程序和权限以及审查机制等，尚无全面、统一的规定。

规范性文件主要用于部署工作，通知特定事项、说明具体问题。如建设部《关于加强建筑意外伤害保险工作的指导意见》、《关于开展建筑施工安全质量标准化工作的指导意见》、《关于落实建设工程安全生产监理责任的若干意见》、《关于加强重大工程安全质量保障措施的通知》、《危险性较大的分部分项工程安全管理办法》等都属于规范性文件。

（五）工程建设标准

工程建设标准是做好安全生产工作的重要技术依据，对规范建设工程各方责任主体的行为、保障安全生产工作具有重要意义。根据标准化法的规定，标准包括国家标准、行业标准、地方标准和企业标准。

另外，按照标准化法的规定，国家标准和行业标准的性质可分为强制性标准和推荐性标准。《安全生产法》、《建设工程质量管理条例》、《建设工程勘察设计管理条例》和《建设工程安全管理条例》均把工程建设强制性标准的效力与法律、法规并列起来，使得工程建设强制性标准在法律效力上与法律、法规同等，明确了违反工程建设强制性标准就是违法，就要依法承担法律责任。

目前我国工程建设标准主要有：《建筑施工安全检查标准》、《施工企业安全生产评价标准》、《企业安全生产标准化基本规范》、《建筑施工土石方工程安全技术规范》、《建筑基坑工程监测技术规范》、《用电安全导则》、《施工现场临时用电安全技术规范》、《建筑施工高处作业安全技术规范》、《安全标志及其使用导则》等。

（六）国际公约

国际公约是指我国作为国际法主体同外国缔结的双边、多边协议和其他具有条约、协定性质的文件。国际惯例是指以国际法院等各种国际裁决机构的判例所体现或确认的国际法规则和国际交往中形成的共同遵守的不成文的习惯。

对于涉外民事关系的法律适用我国民法通则第一百四十二条规定："中华人民共和国缔结或者参加的国际条约同中华人民共和国的民事法律有不同规定的，适用国际条约的规定，但中华人民共和国声明保留的条款除外。中华人民共和国法律和中华人民共和国缔结或者参加的国际条约没有规定的，可以适用国际惯例。"

为进一步完善我国有关建筑安全卫生的立法，建立健全建筑安全卫生保障体系，提高我国建筑安全卫生水平，原建设部于 1996 年开始申办在我国执行第 167 号公约，于 2001 年 10 月 27 日由我国人大常委会通过，成为国际上实施 167 号公约的第 15 个成员国家。

《建筑业安全卫生公约》也称 167 号公约，它是建筑业安全卫生的国际标准，其共分为五章 44 条，它在实施的过程中，强调了政府、雇主、工人结合的原则。对于任何一项标准、措施在制定、实施和奖惩时都要由三方共同商议，以三方都能接受的原则而确定三方共同执行。

五、我国建设安全相关法律法规执行现状

虽然我国建设安全生产管理法律法规和技术标准体系有了长足的进步与发展，但与发达国家相比，还有一些缺陷和不足，具体来说，主要表现在以下方面：

（一）法规标准不严格

违规处罚不够细致和公平。我国的法律法规和技术标准体系和美国同属描述性法律法规体系，但与美国相比，我国法规标准的严格程度要差得多。美国《职业安全健康法》（OSHAct）规定，一旦政府的检查人员发现企业有违反标准的情况发生，那么 OSHA 将发出整改通知书并根据违反规定可能造成后果的严重程度，结合企业的情况给予从 1000～7000 美元的罚款。因此，企业会注重遵守安全标准。相比之下，我国的安全法律法规缺乏严格详细的处罚条例。如《安全生产法》、《建设工程安全生产管理条例》规定：若企业有违法行为，首先会被要求限期整改，只有当企业没有限期整改时，才会被处以罚款。法规的解释过于笼统，对违法的程度、整改的具体、整改的期限都没有进行明确的说明，在处理过程中存在较大的随意性。可以说，我国法律对企业的威慑力是非常小的，企业违法的成本很低，这是导致我国目前建筑业安全形势严峻的最重要原因之一。

（二）安全标准尚不完善

和发达国家特别是美国相比，我国的安全标准尚不够完善。我国目前建设安全方面的标准主要集中在现场施工方面，而且尚未涵盖现场施工的所有方面。而 OSHA 的各项安全标准则将建筑企业的义务规定得十分详细，不仅包括现场防火、材料堆放、噪声控制、安全标志等现场施工的要求，还包括安全培训、事故报告等建筑企业其他方面的安全义务。

（三）法规标准重复或内容冲突

各部委、各地方出台的法规标准之间缺乏必要的沟通，就同一问题重复发文的情况比较严重，甚至不同部门下发的文件之间存在相互冲突之处。以劳动防护用品为例，劳动和社会保障部曾发过《劳动防护用品管理规定》（劳部发［1996］138 号），而安监总局 2005 年又下发了一个国家安全监督管理总局令第 1 号《劳动防护用品监督管理规定》等。另一方面，建筑企业因工作性质决定，具有很高的流动性，要在全国各地进行建设施工，而当前各地方的安全标准往往不统一，给施工企业带来很多不必要的麻烦。

（四）违规处罚不公平

一方面，现行法规对违反安全标准的处罚规定过于笼统，不够细致。很多情况下执法人员只能非常笼统地引用"企业未履行安全管理职责"来对企业违法行为进行处罚，而不能根据具体违法行为的不同处以不同的处罚；而且罚款额度的调整空间也比较大，具体如何对罚款额度进行调整尚未有明确的规定，导致执法人员的自由裁量权过大。

另一方面，目前建筑安全违法行为的处罚规定主要在《建设工程安全生产管理条例》和《安全生产法》两部法律中。从法学角度而言，违法行为的处罚要和其可能造成的后果相一致，但是这两部法律在处罚规定上有较大的不同，《安全生产法》在罚款额度上明显要比《建设工程安全生产管理条例》低。

对比《建设工程安全生产管理条例》第六十二条、第六十四条与《安全生产法》第八十二条的相关规定。对于"未设立安全生产管理机构"和"在城市市区内的建设工程的施工现场未实行封闭围挡的"罚则，显然前者可能导致的后果更为严重。但是前者由于《安全生产法》中规定的，可能只会被处以 2 万元以下的罚款，而后者由于是在《建设工程安全生产管理条例》中规定的，则可能会被处以 5 万元至 10 万元的罚款。显然这两部法律的规定并不一致。

第四节　我国建设安全管理发展历程与现状

一、我国建设安全管理发展历史

（一）古代的建设安全管理

由于行业特点，建筑业一直是一个高风险的行业。因此，为保护建筑业从业人员的人身安全而采取的措施古已有之。我国是世界四大文明古国之一，有关建筑业劳动保护的记载已有 2000 年的历史。如北宋初年的木工喻皓，曾在东京（今开封）建造一座高塔，他每建一层都在塔的周围安设帷幕（即安全网）遮挡，即避免施工伤人，又便于操作。这种保护措施一直沿用至今。明朝盛行建设，南、北两京造宗庙、宫殿、王府等，征用了 30 多万建设工匠。当时，类似的安全保护已有了极大的改善，由屯土改为使用机械。主要有三种起重方式：一是独杆螺旋式，二是滑轮式，三是轱辘把式。这些方式显著减少了工匠的伤亡。明朝

《农政全书》、《本草纲目》等著作，不仅提到了"缒灯火"到井下测试毒气的方法，还详细记述了职业病和职业中毒及其预防的措施。古人在生产实践中积累的许多劳动保护经验，都比较符合现代科学技术原理。只是由于当时生产力水平低下，劳动保护措施十分简陋。

（二）近代的建设安全管理

中国进入近代后，马克思主义传入中国，工会组织的地位有所提高，工人通过工会组织力图在薪水、工作时间、劳动保护、工作环境等方面的劳资纠纷中取得胜利。在1939年2月20日制定的《劳动保护法草案》中，就劳动保护作了较为详细的法律规定。《劳动保护法草案》的第六章为法律之实施，其他几项中规定厂各机关的职责。在其他的章节中，还说明了邦劳工部长的职务及其他机关与劳动监察的合作协调关系、保护童工、女工的措施等。《劳动保护法草案》主要是针对工矿企业制定的，虽然没有特别说明建筑工人为受保护工人，但也没有排除，这说明建筑工人也在受保护之列。但是，由于当时没有正式注册的施工企业，使安全管理难度加大，且由于战乱和国民党政府的腐败，建设安全管理几乎是空白。

（三）现代的建设安全管理

新中国成立后，大规模的经济建设给建筑行业的发展提供了机会，我国建筑业取得了突飞猛进的发展和巨大成就。党和政府十分关心建筑企业的安全生产工作，采取了一系列有效的措施加强安全技术工作和安全立法工作。在"安全第一，预防为主"的方针和"管生产必管安全"的安全生产原则的指导下，切实地保护了劳动者的安全和健康。新中国成立50年工程建设安全管理的发展过程可以分三个阶段。

第一阶段（1949—1957年）是制度的建立和发展阶段。从三年恢复时期到"一五"期间。1956年国务院颁布了"三大规程"，即《工厂安全卫生规程》、《建筑安装工程安全技术》和《工人职员伤亡事故报告规程》。"三大规程"的制定是一个重要的里程碑，极大地推动了劳动保护工作的发展。这三个规程主要是根据三年恢复时期和"一五"期间建设的实践，同时借鉴了苏联的一些工作经验制定的。当时，安全情况最好的1957年万人死亡率已经减少到1.67，每10万平方米房屋死亡率为0.43人，劳动保护工作成绩比较显著。

第二阶段（1958—1976年）基本上是停顿和倒退时期。首先，1958年开始，安全情况明显下降。1958年万人死亡率高达5.60。经过60年代初期二年的经济调整，1965年的安全情况有所好转，万人死亡率下降到了1.65，恢复到了1957年的水平。在1961—1966年间，全国共编制和颁布了16个设计、施工标准和规范。这些标准和规范是我国第一批正式颁布的国家建设标准和规范。"五项规定"（《国务院关于加强企业生产中安全工作的几项规定》），是在三年经济调整之后，总结了新中国成立以来生产企业劳动保护管理的经验教训，由国务院在1963年制定并颁布的。这几项规定自颁布以来，除个别条文作了修改和补充以外，一直指导着我国的劳动保护工作。但是1966年开始十年动乱以后，建设安全状况再度恶化，死亡3人以上的重大事故，死亡10人乃至百人以上的特大事故不断发生，伤亡人数剧增，高峰期的1970年万人死亡率达到7.50。1971年仅施工中死亡人数就达2999人，重伤9680人，有些工程质量和伤亡事故的后果之严重是新中国成立以来少见的。1966年以后，建筑业法制建设和制定建设标准和规范的工作受到了严重破坏，大量合理的规章制度和多年来经实践检验的科学规定被撤销，资料散失，安全管理工作基本上陷于停顿状态。

第三阶段（1977年至今）是恢复和提高阶段。1978年的万人死亡率高达2.8。经过多方面的努力,1980 年降为 2.20,而 1990 年则降为 1.37。在这期间,原国家建筑工程总局 1980 年 5 月颁布了《建筑安装工人安全技术操作规程》,又针对企业内高空坠落、物体打击、触电和机械伤害事故特别严重的情况,于 1981 年 4 月提出了防止高空坠落等事故的十项安全技术措施,建设部又相继颁布了《关于加强集体所有制建筑企业安全生产的暂行规定》、《国营建筑企业安全生产条例》、《施工现场临时用电安全技术规范》、《建筑施工安全检查评分标准》等。在 1992 年下半年,随着建设新高潮的到来,建筑安全状况再次呈现出下滑的势头,伤亡事故迅速增多,特别是重大伤亡事故屡屡发生。仅在 1992 年下半年一次死伤 3 人以上的重大事故就发生了 18 起,比 1991 年同期增加了 10 起,施工安全状况更加严峻。由于认识到问题的严重性,及时加强了管理,1994 年开始安全状况又有了好转,特别是 1995 至 1997 年连续三年万人死亡率小于

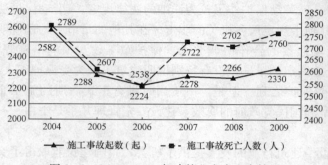

图 1-1　2004～2009 年建筑业安全生产情况

1。近年来,工程建设范围和规模不断扩大,施工所处的自然环境更加恶劣,工程技术难度也日益加大,建筑业事故发生次数随之大量增加,经统计,根据住房与城乡建设部的资料显示,我国 1997～2007 年的建筑业事故及其死亡人数基本上都在千次及千人以上。另据国家安全监管总局二司的资料,2004～2009 年(图 1-1)全国每年平均发生各类建设施工安全生产事故 2328 起,死亡 2686 人。2009 年中国内地建筑业事故发生数较 2001 年上升了 31.2%,建筑业的职业安全问题更加突出和重要。

二、我国建筑业安全生产形势

建筑业是我国国民经济的重要支柱产业之一,也是我国最具活力和规模的基础产业,其关联产业众多,社会影响较大。全国各地大规模工程建设项目很多,基本建设投资巨大,并长期保持了快速增长的趋势。根据国家统计局的数据,从 1997 年到 2009 年,我国建筑业从业人员每年平均增加 10%,建筑业总产值约按 20% 的速度增长,到 2010 年,我国建筑业总产值已达到 95 206 亿元,占国内生产总值的 23.9%。然而,建筑业在高速发展的同时,也成为我国工矿商贸类行业事故伤亡排名第二的高危行业。建筑业伤亡事故不仅给人民的生命和国家的财产造成了重大的损失,也给企业带来了惨重的经济和信誉损失。同时,由于建筑业事故量大面广,且大量事故发生在城市,造成了很大的社会负面影响。总体来讲,我国建筑业每年由于伤害事故丧失的从业人员超过千人,受伤者不计其数,直接经济损失逾百亿元人民币,建筑业已经成为我国所有工业部门中仅次于采矿业的最危险行业。

近年来,尽管相关部门的建筑安全管理体系不断完善,安全监督管理工作不断深入和细化,我国建筑死亡人数的总量逐渐下降,但下降幅度趋缓,重特大事故时有发生。与相同时期国外建筑业安全生产事故情况相比,我国建筑业事故的发生数和死亡人数远远高于美国、英国、日本和欧盟国家,虽然这与我国巨大的建筑市场和庞大的从业人数直接相关,但也反映了我国建筑业安全管理水平不高的现状,建筑安全生产形势依然严峻。建筑安全生产形势严峻具体表现在以下几个方面。

（一）事故数量仍然很大

虽然近几年事故起数和死亡人数都保持下降，但事故总量仍然较大。2004～2011年总量下降但是降幅趋缓（表1-1），2010年全国房屋建筑及市政安全生产事故为772起，2011年全国发生了房屋市政工程生产安全事故589起、死亡738人。2011年全国有11个地区发生了较大及以上事故。当前较大及以上事故仍然不少，产生的影响也比较大。既给人民群众生命财产带来很大的损失，也造成了很不好的影响。

表 1 - 1　　　　　　　　2004～2011 年房屋建筑及市政安全生产事故统计表

年份	2004	2005	2006	2007	2008	2009	2010	2011
死亡数	1324	1193	1048	1012	964	802	772	589

（二）部分地区安全生产形势不容乐观

以2011年为例，2011年全国虽然有11个地区实现了事故起数和死亡人数的同比下降，但还有6个地区的事故起数和死亡人数同比上升。从总体上看，随着我国城镇化的快速推进，中小城市的建设施工规模呈持续高速增长姿态，而这些地区建设安全生产基础比较薄弱，建设安全监管力量、水平与大规模快速发展的势头形成极大落差。要密切关注这个现状，高度重视这个问题，在大规模发展的同时，紧紧跟上建设安全监管力量和水平建设，不仅在能力、技术方面，也在机构人员方面，要保证监管力量和水平满足经济社会发展的需要。

（三）违法违规行为较多

从事故的原因分析来看，目前建设市场中的不规范行为还比较多，几乎每起事故背后都有违法、违规行为的存在。当前应该更加注重完善建设市场的良性引导机制。一些小企业在工程招投标中采取低价中标策略，对于这类情况，一经发现，一定要依法严肃查处。一定不能是仅仅罚款了事，而是要使违规企业感到切肤之痛、使其伤筋动骨。不但要让违法违规企业承受相应代价，更要形成一种正确的市场导向，遵纪守法、重视安全生产的企业能够获益，违法违规、忽视安全生产的企业必然受损。

（四）事故查处需加强

近几年，我国在事故查处方面已经做了很多工作，但还存在一些问题需要解决。一方面是事故查处不及时。一些事故的前期调查时间过长。另一方面是事故处罚不到位。此外，有的地区事故调查报告不够严谨，也给事故查处工作带来了问题。另外党中央、国务院对安全生产工作非常重视。一是政策引导力度加强，国务院2010年和2011年连续印发国发〔2010〕23号文和国发〔2011〕40号文，都是针对安全生产工作的专门文件，力度很大，也表明了党中央、国务院抓好安全生产的强度决心。二是经济环境更加有利，加快转变经济发展方式、调整经济发展结构的战略实施，特别是控制经济发展速度，这些都有利于做好安全生产工作。三是舆论环境公开透明。

三、我国建筑安全生产事故多发原因分析

建筑业之所以建筑安全事故频发，与建筑业本身的行业特点有密切的关系。世界劳工组织（International Labor Organization，ILO）曾指出，"建筑业是世界主要行业之一，尽管该行业已经开始实现机械化，但仍然属于高度劳动密集型行业。在所有行业中，该行业是工人工作时面对风险最多的行业之一"。

（一）建设工程项目的不安全特性

1. 建设工程项目的复杂性

建设工程是一项庞大的人机工程系统，在项目建设过程中，施工人员与各种施工机具和施工材料为了完成一定的任务，既各自发挥自己的作用，又必须相互联系，相互配合。这一系统的安全性和可靠性不仅取决于施工人员的行为，还取决于各种施工机具，材料以及建筑产品的状态。

一般来说，施工人员的不安全行为和事物的不安全状态是导致伤害事故的直接原因。而建设工程中的人、物以及施工环境中存在的导致事故的风险因素非常多，如果不能及时发现并且排除，将很容易导致伤亡事故。另外，工程建设往往有多方参与。管理层次比较多，管理关系复杂。仅仅现场施工就涉及建设单位、总承包商、分包商、供应商和监理工程师等各方。安全管理要做到协调管理、统一指挥需要先进的管理方法和能力，而目前很多项目的管理仍未能做到这点。因此，人的不安全行为、物的不安全状态以及环境的不安全因素往往相互作用，这是构成伤亡事故的直接原因。

2. 工程施工的独特性

单一性是指没有两个完全相同的建设项目。不同的建设项目所面临的事故风险的多少和种类都是不同的，同一个建设项目在不同的建设阶段所面临的风险也不同。建筑业从业人员在完成每一件建筑产品（房屋、桥梁、隧道等设施）的过程中，每一天所面对的都是一个几乎全新的物理工作环境。在完成一个建筑产品后，又不得不转移到新的地区参与下一个建设项目的施工。因此，不同工程项目在不同施工阶段的事故风险类型和预防重点也各不相同。项目施工过程中层出不穷的各种风险是导致事故频发的重要原因。

3. 工程施工的离散性

工程施工的离散性是指建筑产品的主要制造者——现场施工工人，在从事生产的过程中，分散于施工现场的各个部位，尽管有各种规章和计划，但他们面对的具体生产问题时，仍旧不得不靠自己的判断做出决定。因此，尽管部分施工人员已经积累了多年的工作经验，还是必须不断适应一直在变化的"人—机—环境"系统，并且对自己的作业行为做出决定，从而增加了建筑业生产过程中由于工作人员采取不安全行为或者工作环境的不安全因素导致事故的风险。

4. 施工环境的多变性

施工大多在露天的环境中进行，工人的工作条件差，且工作环境复杂多变，所进行的活动受施工现场的地理条件和气象条件的影响很大。例如，在现场气温极高或者极低、现场照明不足、下雨或者大风等条件下施工时，容易导致工人生理或者心理的疲劳，注意力不集中，造成事故。由于工作环境较差，包含着大量的危险源，又因为一般的流水施工使得班组需要经常变换工作环境，因此，常常是相应的安全防护设施落后于施工过程。

5. 安全生产管理观念落后

建筑业作为一门传统的产业部门，许多相关从业人员对于安全生产和事故预防的错误观念由来已久。由于大量的事件或者操作失误并未导致伤害或者财产损失事故，而且同一诱因导致的事故后果差异很大，不少人认为事故完全是由于一些偶然因素引起的，因而是不可避免的。由于没有从科学的角度深入地认识事故发生的根本原因并采取积极的预防措施，因而造成了建设工程项目安全管理不力、发生事故的可能性增加。此外，传统的建设工程项目三大管理，即工期、质量、成本，是项目生产人员主要关注的对象，在施工过程中，往往为达到这些目标而牺牲安全。再加上目前建筑市场竞争激烈，一些承包商为了节约成本，经常削减用于安全生产的支出，更加剧了安全状况的恶化。

6. 从业人员安全培训教育匮乏

目前世界各国的建筑业，尤其是在发展中国家和地区，大量的没有经过全面职业培训和严格安全教育的劳动力涌向建筑业成为施工人员。一旦管理措施不当，这些工人往往成为建筑伤亡事故的肇事者和受害者，不仅为自己和他人的家庭带来巨大的痛苦和损失，还给建设项目本身和全社会造成许多不利影响。就我国的建筑业而言，大多数的工人来自农村，受到的教育培训较少，素质相对较低，安全意识较差，安全观念淡薄，从而使得安全事故发生的可能性增加。

（二）政府对建设安全的监管

1. 监管权力交叉或真空

进行监管的各政府部门之间尤其是在地方一级的职能分工不够明确。过去在计划经济制度下，我国实行"国家监察、行业管理"的建筑安全管理体制，即国家安全生产监督局负责实行"国家监察"，住房与城乡建设部、铁道部、交通部等部门对各级国有建筑企业实行"行业管理"。但随着经济体制改革的深化，其他所有建筑企业逐渐兴起，国有建筑企业也纷纷改制。建筑企业逐渐成为市场中的独立行为主体，慢慢脱离了行业行政管理的束缚。建设部等部门对建筑企业的管理也采用行政手段进行"行业管理"逐渐转向采用法律手段进行监督管理，这和国家安全生产监督管理局存在功能上的重叠。以事故统计为例，建设部的事故统计口径只包括"新建房屋建筑工程、新建市政工程、拆除工程和市政管道维修工程"四部分，但国家安监局的事故统计口径则要宽得多，这导致每年两个部委发布的数据差别非常大，极易引起误解。

国家质量监督检验总局和建设部在建筑施工现场特种设备的管理上也存在同样的问题。在施工现场特种设备的安装检测上，地方建筑安全监督机构也和质量技术监督机构存在着矛盾，甚至在某些地方还发生过争夺行政执法权的诉讼案件。

除存在政府职能部门的交叉外，部分建设工程的安全还存在无人监管甚至无法监管的空白状态。如根据建设部建安办函〔2006〕71提出的房屋建筑及市政工程安全生产控制范围表中，纺织、机械等行业的建设工程安全监管部门缺失；而对于各地的新区建设和重点工程（如市长工程、省长工程），当地安全监管部门则无力监管或无法监管。

2. 资源有限，监督范围窄

根据住房与城乡建设部对全国建设安全监督站进行的调查统计，目前全国有接近75%的安全监督站没有任何财政拨款，而是依靠自收自支或质量监督费开展安全监管，经费来源严重不足。另外，建设安全监督机构体系不完善，安全监督机构的人员紧缺，人员素质较低，也直接影响了安全监督任务的完成。现仅有25个省、自治区有省级安全监督站（其中专职的只有5个省），地级市尚未完全覆盖。而大部分县一级的建设行政主管部门没有专门的安全监督机构。截至目前，全国建设安全监管人员约为15 000人（其中正式编制只有7500人左右），而2003年全国仅房屋建筑的施工面积就超过了25万亿平方米（这还不包括市政工程等其他类型项目），平均一个安全监管人员要监督超过16万平方米的工程量，可以说，现有力量根本上不能满足我国每年几十亿平方米的施工安全管理需求。

3. 安全监管机构缺乏清晰的工作指南

发达国家普遍以书面文件的形式规定监管人员在进行安全监管时必须遵循的基本原则，如英国HSC的《执法政策声明》（Enforcement Policy Statement，EPS）以及HSE《执法管理模式》（Enforcement Management Model，EMM）、美国OSHA规定"安全检查一般不事先通知；检查重点应放在四大伤害；如果企业建立了安全管理系统，则重点审核安全管理系统的有效性"等。但我国目前尚无全国统一的工作指南，导致安全监管工作缺乏明确指导，随意性比较大。例如各地安全监督站的主要工作是对项目进行定期安全检查，但有的事先通知，有的不事先通知；而有50%的安全监督站对项目开展不定期抽查；有的安全监督站审查安全工作条件，有的不审查；有的只监督房屋建筑施工，有的监督各类施工等。目前只有住房与城乡建设部出台了《建筑安全生产监督管理工作导则》，但限于房屋建设及市政工程建设领域的安全监管，仅为规范性文件，法律效力不强。此外，只有部分地区（如河北、深圳）已经有类似的地方性监督管理手册。国家安全监督部门出台一个全国性的工作指南是十分必要的。

4. 事故统计涵盖面窄

与发达国家相比，事故统计范围狭窄、数据失真，难以正确评价安全形势。

事故统计范围狭窄体现在：首先，我国法律规定只统计四级重大事故，非重大事故没有得到统计；其次，事故统计基本上只能到地市一级，县城及小城镇发生的事故很多没有得到统计；最后，各个主管部门的事故统计口径不一致。

事故统计数据失真体现在：瞒报、轻报事故现象较为普遍，造成这一问题的部分原因为政府监管部门过于强调事故的责任追究，而没有足够重视建设事故的原因分析。

5. 执法人员素质偏低

一方面是由于目前的安全执法人员大部分不是专业安全人员，导致无法对施工现场进行有效监察。另一方面是有些执法人员缺乏严肃认真的工作态度，且人情关系错综复杂，抱着"睁一只眼，闭一只眼"的想法，不能做到有法必依，执法必严，这一问题在经济欠发达的中小城市表现明显。

（三）建筑企业自身的原因

1. 建筑企业存在的管理问题

目前我国建筑企业对项目的管理普遍还是粗放式管理，建筑企业人员的素质偏低、技术落后、信息化程度低等因素都给建筑企业的安全管理带来了种种障碍。企业安全管理缺陷包括技术缺陷、劳动组织不合理、防范措施不当、管理责任不明确等。目前部分建筑企业负责人对安全生产意识错位，重视不够，粗放的"经验型"和"事后型"的管理，造成安全管理工作时松时紧，治标不治本，加之有的施工企业安全管理制度不健全，劳动纪律松懈，使事故有可乘之机。

2. 安全投入不足

许多建筑企业对安全生产重视程度不高，借口工程造价低、资金不到位等原因，压缩安全支出，导致施工现场安全生产缺乏必要的资金投入，施工现场安全管理制度形同虚设，安全生产责任制和奖惩制度没有得到具体落实。

同时，各方利益主体为了降低成本，追求经济效益，安全投入严重不足，造成安全防护不到位的事实。在进行规划、图纸设计、图纸审查、施工方案的制定、材料的选用等环节上，排斥新的技术、材料、设备、工艺的推广和应用，仍然采用传统的、落后的技术、材料和工艺进行施工，使得技术装备水平陈旧不规，安全技术措施不能完全到位，特别是一些小企业，无资质或低资质的企业，尤其如此。进而有些企业没有按照规范规定搭设或使用安全防护用品，或使用了劣质安全防护用品，根本起不到安全防护作用。

3. 安全教育培训流于形式

有些建筑企业在改制过程中为减少部门和人员，盲目撤并安全管理部门，致使安全管理工作上下断档，缺乏对施工人员安全管理教育培训。以上管理体系的原因造成企业整体安全生产意识比较淡薄，安全检查和防护措施流于形式，不能及时发现和消除事故隐患，安全教育跟不上，导致企业员工安全知识缺乏，安全意识淡薄，自我防护能力差。

4. 项目现场违章现象大量存在

目前，建筑业施工现场安全管理还是一个比较薄弱的环节，违章违规现象时有发生，主要体现在以下几个方面：

（1）有些企业设备、装置有缺陷，仍然违章使用。例如设备陈旧、结构不良、磨损、老化、失灵、腐蚀、安全装置不全、技术性能降低等。这些设备本应该淘汰或者维修，但施工现场却屡见不鲜。

（2）企业不配备工人个人安全防护用品，或是虽配备但不符合国家安全标准；脚手架、安全网、安全围栏作业平台、模板支撑等使用材料低于标准规格，或是设置时不符合安全技术规范标准。

（3）违规堆积超重材料、物件；现场临时用电设施和操作使用不符合建筑安全用电规范要求；脚手架或物料平台不进行科学的设计计算，或不按照施工方案进行搭设，造成脚手架或物料平台整体垮塌。

（4）工程负责人为了抢时间赶进度和降成本，违反施工安全规定，违反施工程序，在不具备安全生产条件的情况下强令工人作业或严重超时加班，导致工人疲劳作业。

施工过程中的技术操作管理是安全管理的关键，但是从目前的情况看，监理单位和监理人员对施工技术操作管理不到位，现场存在大量事故隐患。例如脚手架搭设不规范，部分工程甚至未搭设脚手架；现场平网、立网材质不合格；一些施工现场临时用电、模板工程不符合规范、标准要求。

（5）施工人员的素质较低。目前，由于我国还没有形成大规模的劳动力培训市场，建筑业的工人基本来自经济相对落后的地区，文化程度普遍偏低，因而劳动力整体素质就相对较低，致使企业对施工现场一线工人的安全生产知识培训和专业技能培训效果大打折扣，现场人员对一些基本的安全技术规范和安全技术措施不理解，对于施工过程中的不安全因素不了解，缺乏安全知识，不遵守现场安全操作规程，进行违章操作。施工企业安全管理人员数量少，综合素质低，远远达不到工程管理的需要，使得安全管理工作薄弱，他们不懂安全知识和技术技能，不执行强制性标准，不按照安全技术规范的要求组织施工，违章指挥，致使事故发生。

（6）不真实的伤害事故统计。在我国建筑业中，基本上所有的轻伤事故都没有得到统计与报告。中国人潜意识的"大事化小、小事化了"的想法使得这类事故得不到正确地对待和真实地反映。主管部门虽然有要求但并不重视。企业嫌麻烦，更希望能息事宁人。因此，无法对安全绩效进行真实的衡量。

5. 项目其他参与主体的因素

（1）建设单位缺乏责任意识。

建设单位（业主）是建设项目的投资者和拥有者，对项目目标实现起主导作用，是项目建设的责任主体。在一些发达国家，安全绩效的提高需要项目参与各方的共同努力已达成共识。在法律层面上，欧盟各国政府在欧盟指示 EEC92/57 的要求下，已经普遍用法律的形式规定了业主的安全责任。此外，业主开始意识到事故损失最终要由业主承担的事实，因而在发达国家已经有部分业主开始直接介入工程项目的安全管理。

我国《建设工程安全生产管理条例》第五十四条规定：建设单位未提供建设工程安全生产作业环境及安全施工措施所需费用的，责令限期改正；逾期未改正的，责令该建设工程停止施工。但在执法过程中一个突出的问题是目前的市场条件下施工单位是弱势群体，监管机构无法从承包商处了解到建设单位是否及时支付了足够的安全费用。

尽管《建设工程安全生产管理条例》明确了建设单位的安全责任，但目前建设单位压缩工期以及不及时提供必要的安全费用的情况仍然比较普遍。在招投标时建设单位通常只将企业以往的安全绩效作为评标指标的一部分（例如对获得文明工地的企业给予少量加分）。

（2）施工安全监理不到位。

施工安全监理是安全管理工作的关键，但是由于很多监理单位和监理人员对施工安全监理不到位。主要体现在：

1）安全监理认识模糊、态度消极，不能主动开展安全监理工作。

2）对安全隐患不能够及时督促企业、项目进行整改，不能及时向相关部门反映，安全监理的作用没有真正发挥。

3）建筑施工过程中，安全设施、安全防护用品、安全培训、安全教育、安全技术资料、安全意外伤害保险等业务，资金投入少或投入不足，导致监理工作不到位。

（3）设计方安全责任不明。

《建设工程安全生产管理条例》明确要求"设计单位应当考虑施工安全操作和防护的需要，对涉及施工安全的重点部位和环节在设计文件中注明，并对防范生产安全事故提出指导意见"，但设计单位所承担的法律责任在条例中没有规定，这意味着即使设计单位没有考虑施工安全操作和防护的需要，即使发生事故，设计单位也不会因此承担法律责任。因此，实际上现在的设计单位的法律责任仅限于"按照法律、法规和工程建设强制性标准进行设计，防止因设计不合理导致生产安全事故的发生"以及"采用新材料、新工艺的建设工程和特殊结构的建设工程，设计单位应当在设计中提出保障施工作业人员安全和预防生产安全事故的措施建议"。

我国建设安全管理存在的问题较多，除了以上问题与原因之外。我国现有社会安全文化、人文习惯、行业整体科技水平对建设安全管理都在一定程度上造成影响。虽然我国建设安全的形势在不断进步、改善，但是建设安全的总体状况不容乐观，与发达国家相比，还有较大的差距。如何在未来的发展中提高我国建设安全的水平，保护人民和社会财产安全，建设行业人员以及建设市场各主体的责任还非常的重大。

（四）其他因素

目前一些不是来源于特定责任主体的影响因素（如安全文化、行业科技水平）对我国的建设安全有比较大的负面影响，以下将进行具体分析。

1. 安全文化相对落后

改革开放以来，我国政府组织开展了一些旨在提升全社会安全文化意识的宣传教育和促进活动，目前全国性的安全促进活动包括"全国安全生产月"以及"创建文明工地活动"等。其中前者是针对所有行业的，后者是专门针对建设业的。

"全国安全生产月"是由中共中央宣传部、国家安全生产监督管理总局、国家广播电影电视总局、中华全国总工会、共青团中央几家单位共同组成的"全国安全生产月"活动组织委员会进行组织。该活动把每年的6月份定为"安全生产月"。该活动每年都有不同的活动主题，如2005年的主题是"关注安全，平安是福"。该活动分为两大部分：分为全国性活动和区域（行业、部门）活动两部分。全国性活动由组委会组织；区域（行业、部门）活动包括地方、行业、企业、社区活动，由地区、各有关部门按照全国统一部署，结合自身实际组织开展。2005年建设系统活动的主题是"遵章守法、关爱生命"。

这些活动对改善我国建设业落后的安全文化起到了一定的作用，但总体而言，目前我国建设业的安全文化还比较落后，这主要体现在以下方面：

第一，绝大部分建筑企业缺乏明确的安全方针政策，对安全的重视程度不够；建设单位和监理只重视进度和质量，忽视安全，不愿承担安全方面的社会责任。

第二，安全促进活动形式单一。"创建文明工地活动"针对建设项目的硬环境提出了具体要求，很大程度上改善了现场的工作和生活环境，但对从深层次提高全员的安全意识强调不够；而"安全生产月"是针对所有行业的，一年一度的表面宣传和检查对建设业的影响有限。

第三，农民工普遍存在宿命论的思想。建设业的工人绝大部分都是农民工，几千年来的封建思想对他们有很大的影响，在工作中违章操作，野蛮施工导致发生事故的情况屡见不鲜。

2. 行业科技水平较低

相比发达国家，我国部分地区建设业落后的科技水平也对工人的安全和健康产生了一定的负面影响。这主要体现在以下两方面：

第一，我国建设业仍然是劳动密集型产业，机械化程度比较低（这一点在资质较低的建筑企业和偏远地区尤为明显）。很多工作仍然高度依赖工人的体力劳动，工人往往需要全负荷甚至超负荷的工作。在北京对农民工进行的调研表明，工人在夏季高峰期的劳动时间甚至长达14小时，这种疲劳状态下作业发生事故的概率要高得多。

第二，有毒的建设材料对工人的健康损害巨大，同时相应的防护措施很不到位，这在目前监管力度比较弱的住宅装修市场上体现得尤为明显。

第三，我国建设业在专项安全技术上也比较落后。以工人的个人安全防护为例，我国建筑业企业目前只为工人配备安全帽以及必要条件下的安全带，而且很多安全帽的质量也比较差；安全鞋、耳塞、护目镜和口罩等防护用品很少配备给工人。

我国的建设业安全生产形势之所以如此，和建设行业特点、工人素质、建设主体的管理水平、法律法规、政府监管等因素息息相关。对于一起具体的建设安全事故来说，最终导致其发生的原因是由不同层次的上述因素相互组合、相互影响而产生的。要想采取有效的措施，改善我国的建设安全生产现状，就必须加强我国在建设安全生产的科学管理。

第二章 安全管理理论

安全管理是安全生产工作最基本的保障手段和措施，其理论和方法得到了职业安全卫生、建筑工程项目管理等领域和有关专业的普遍重视。通过长期的安全生产活动实践和对安全科学与事故理论的研究，目前，安全理论的发展经历了较长的岁月并形成了初步的体系，人们对于防范意外事故的认识与安全管理科学技术也在不断的发展，从宿命论到经验论，从经验论到系统论，从系统论到本质论；从无意识地被动承受伤害到主动寻求对策，从事后型的"亡羊补牢"到预防型的本质安全；从单因素的就事论事到安全系统工程；从事故致因理论到安全科学原理，安全管理理论体系在不断发展和完善。

安全管理理论对于研究事故规律、认识事故本质、指导事故预防具有重要的意义，它是人类安全活动实践的重要理论依据。

第一节 安全管理原理

管理学原理是从管理的共性出发，对管理工作的实质内容进行科学的分析、综合、抽象与概括后所得出的管理的规律。原则是根据对客观事物基本原理的认识而引发出来的，需要人们共同遵守的行为规范与准则。原则是指在管理学原理的基础上，指导管理活动的通用准则。

安全管理是管理的重要组成部分，它遵循管理科学的普遍规律，服从管理的基本原理与原则，同时也有特殊性的原理与原则。安全生产管理原理是从安全生产管理的共性出发，对安全生产工作的实质内容进行科学分析、综合、抽象与概括所得出的安全生产管理规律。

安全生产原则是指在生产管理原理的基础上，指导安全生产活动的通用规则。

一、系统原理

系统原理是现代管理科学的一个最基本的原理。它是指人们在从事管理工作时，运用系统的观点、理论和方法对管理活动进行系统分析，以达到管理的优化目标，即从系统论的角度来认识和处理管理中出现的问题。

管理的系统原理源于系统理论，它认为应将组织作为人造开放性系统来进行管理。它要求管理应从组织整体的系统性出发，按照系统特征的要求从整体上把握系统运行的规律，对管理各方面的前提做系统的分析，进行系统的优化，并按照组织活动的效果和社会环境的变化，及时调整和控制组织系统的运行，最终实现组织目标，这就是管理系统原理的基本含义。

建设工程安全管理系统是管理系统的一个子系统，其构成包括建筑企业为主的现场安全管理：建筑企业不同的管理组织；安全管理的规章制度、安全操作规程、现场的安全防护设施与装备；安全管理与事故信息管理；不同项目参与各方的安全管理。安全贯穿于生产活动的方方面面，安全管理是全方位、全天候和涉及全体人员的管理，本教材的重点是对建筑企业及建筑项目的安全管理。

系统原理的原则如下。

（一）整分合原则

现代管理活动必须从系统原理出发，把任何管理对象、问题，视为一个复杂的社会组织系统。首先，从整体上把握系统的环境，分析系统的整体性质、功能，确定出总体目标；然后围绕着总目标，进行多方面的合理分解、分工，以构成系统的结构与体系；在分工之后，要对各要素、环节、部分及其活动进行系统综合，协调管理，形成合理的系统流通构成，以实现总目标。这种对系统的"整体把握、科学分解、组织综合"的要求，就是整分合原则。

概括地说，整分合原则，是指为了实现高效率管理，在整体规划下，明确分工，在分工基础上进行有效的综合。在这个原则中，整体是前提，分工是关键，综合是保证。因为，没有整体目标的指导，分工就会盲目而混乱；离开分工，整体目标就难以高效实现。如果只有分工，而离开了综合或协作，那么也就无法避免和解决分工带来的分工各环节的脱节及横向协作的困难，不能形成"凝聚力"等众多问题。管理必须有分有合，先分后合，这是整分合原则的基本要求。

整分合原则要求建设工程项目管理者在制定项目整体目标和做出宏观决策时，必须将安全生产计划纳入其中，始终将安全生产工作作为一项重要内容考虑，在安全管理工作中做到安全管理制度健全，组织分工明确，使每个部门、每个人员都有明确的目标和责任。同时加强专职安全管理部门的职能，保证强有力的协调控制，实现有效地综合。

（二）反馈原则

管理是一种控制系统，必然存在着反馈问题。反馈是控制论的一个极其重要的概念。反馈就是由控制系统把信息输送出去，接收系统又把其作用结果返送回来，并对信息的再输出发生影响，起到控制的作用，以达到预定的目的。原因产生结果，结果又构成新的原因、新的结果，反馈在原因和结果之间架起了桥梁。这种因果关系的相互作用，不是各有目的，而是为了完成一个共同的功能目的，所以反馈又在因果性和目的性之间建立了紧密的联系。面对着不断变化的客观实际，管理是否有效，关键在于是否有灵敏、准确和有力的反馈。这就是现代管理的反馈原则。

反馈原则对建设工程项目安全管理有着重要的意义。项目的内部条件和外部环境在不断地变化，为了维持系统的稳定，项目部应建立有效地反馈系统和信息系统，及时捕捉、反馈不安全信息，及时采取措施，消除或控制不安全因素，使系统的运行回到安全的轨道上来。在实际工作中，安全检查、隐患整改、事故统计分析、考核评价等都是反馈原则在建设工程安全管理中的应用。

（三）封闭原则

在管理系统内部，只有管理手段、管理过程构成一个连续封闭的回路，才能形成有效的管理活动，这就是封闭的原则。封闭原则的实质，就是强调管理过程中管理活动与管理机构相互制约、相互促进的机制。通俗地讲，封闭原理就是利用事物间的制约关系，它的关键就在于把管理的机构、管理的制度以及管理者与被管理者严格地控制在有效的制约机制之内，为解决矛盾创造条件，使企业的生产经营活动有规可依，并向有利于社会、有利于企业的方向发展而不致失控。

根据封闭原则，建设工程项目部要建立包括决策、执行、监督检查和反馈等具有封闭回路的组织机构，建立健全规章制度和岗位责任制。在实际工作中，执行机构要准确无误的执行决策机构的指令，监督机构要对执行机构的执行情况进行监督检查，反馈机构要对得到的信息进行处理，再返回到决策机构，决策机构据此发出新的指令，形成一个连续的封闭的回路。

（四）动态相关性原则

构成系统的各个要素在外部环境的作用下是不断运动和发展的，而且是相互关联的，它们之间既相互联系又相互制约，这就是动态相关性原则。该原则是指任何企业管理系统的正常运转，不仅要受到系统本身条件的限制和制约，还要受到其他有关系统的影响和制约，并随着时间、地点以及人们的努力程度而发生变化。安全管理系统内部各部分的动态相关性是管理系统向前发展的根本原因。所以，要提高安全管理的效果，必须掌握各管理对象要素之间的动态相关特征，充分利用相关因素的作用。

对安全管理来说，动态相关性原则的应用可以从两个方面考虑：

（1）正是建设工程项目内部各要素处于动态之中并且相互影响和制约，才使事故的发生有了可能。如果各要素都是静止的、无关的，则事故也就无从发生。因此，系统要素的动态相关性是事故发生的根本原因。

（2）为搞好安全管理，项目管理者必须掌握与安全有关的所有对象要素之间的动态相关特征，充分利用相关因素的作用。例如：掌握人与设备之间、人与作业环境之间、人与人之间、资金与设施设备改造之间、安全信息与使用者之间等的动态相关性，这是实现有效安全管理的前提。

二、人本原理

人本原理是指组织的各项管理活动，都应以调动和激发人的积极性、主动性和创造性为根本，追求人的全面发展的一项管理原理。其实质就是充分肯定人在管理活动中的主体地位和作用。人本原理不把人看成是脱离其他管理对象的要素而孤立存在的人，他强调在作为管理对象的整体系统中，人是其他构成要素的主宰，财、物、时间、信息等只有在为人所掌握，为人所利用时，才有管理的价值。具体地说，管理的核心和动力都来自于人的作用。

管理活动的目标、组织任务的制订和完成主要取决于人的积极性、主动性和创造性的调动和发挥。没有人在组织中起作用，组织将不成为组织，各种资本物质也会因没有人去组织和使用而成为一堆无用之物。管理主要是人的管理和对人的管理。管理活动必须以人以及人的积极性、主动性和创造性为核心来展开，管理工作的中心任务就在于调动人的积极性，发挥人的主动性，激发人的创造性。依据新人本原理的内容，可以延伸出如下几条管理原则：

（一）激励原则

激励保健因素理论是美国的行为科学家弗雷德里克·赫茨伯格（Fredrick Herzberg）提出来的，又称双因素理论。这是激励原则的理论根源。它揭示了满足人类各种需求产生的效果通常是不一样的。物质需求的满足是必要的，没有它会导致不满，但是仅仅满足物质需求又是远远不够的，即使获得满足，它的作用往往是很有限的，不能持久。要调动人的积极性，不仅要注意物质利益和工作条件等外部因素，更重要的是要从精神上给予鼓励，使员工从内心真正得到满足。

建设工程项目管理者在运用激励原则时，要采取符合人的心理活动和行为活动规律的各种有效地激励措施和手段，要善于体察和引导，要因人而异、科学合理地采取各种激励方法和激励强度，从而最大限度地发挥出项目安全相关人员的内在潜力，促进建设工程项目安全管理工作的有效开展，最大限度地维护项目利益。

（二）能级原则

所谓能级原则是指根据人的能力大小，赋予相应的权力和责任，使组织的每一个人都各司其职，以此来保持和发挥组织的整体效用。一个组织应该有不同层次的能级，只有这样才能构成一个相互配合、有效的系统整体。能级原则也是实现资源优化配置的重要原则。根据能级原则，在工程项目安全管理工作中应主要做到以下几点：

（1）在安排安全管理机构人员时，应根据人员的专业技术、工作能力、工作态度和人员配备比例，合理地安排安全管理人员。

（2）在建立安全责任制度时，应根据各部门和人员的级别、职责，确定不同的安全责任。

（3）在制定安全规章制度时，应明确不同能级的部门和人员的权力，并且有一定的物质利益，以及奖惩措施。

总之，既要每个员工都能根据自己的能力找到合适的工作岗位，各得其所，各尽其职，又能保证组织机构科学合理，避免和减少能量的耗费。

（三）动力原则

没有动力，事物不会运动，组织不会向前发展。在组织中只有强大的动力，才能使管理系统得以持续、有效地运行。现代管理学理论总结了三个方面的动力来源：物质动力、精神动力、信息动力。物质动力指管理系统中员工获得的经济利益以及组织内部的分配机制和激励机制；精神动力包括革命的理想、事业的追求、高尚的情操、理论或学术研究、科技或目标成果的实现等，特别是人生观、道德观的动力作用，将能够影响人的终生；为员工提供大量的信息，通过信息资料的收集、分析与整理，得出科学成果，创造社会效益，使人产生成就感，这就是信息动力的体现。

在建设工程项目安全管理中运用动力原则要注意以下几点：

（1）要协调配合、综合运用三种动力。要针对不同的时间、条件和对象有针对性的选择动力；要以精神激励为主、物质奖励为辅、加上信息的启发诱导，才能使安全管理工作健康发展。

（2）正确处理和认识整体与部分，个人与集体的辩证关系，因势利导，在实现安全管理目标的前提下发挥个体动力，以获取较大的、稳定的动力。

（3）要掌握好各种刺激量的界限。建设工程项目管理者要合理地使用奖励和处罚这两种刺激，同时要注意刺激的合理性，这样才能收到良好的效果。

三、预防原理

安全管理工作应当以预防为主，即通过有效的管理和技术手段，减少和防止人的不安全行为和物的不安全状态从而使事故发生的概率降到最低，这就是预防原理。预防包括两个方面：

一是对重复性事故的预防，即对已发生的事故进行分析，寻找原因，提出防范类似事故重复发生的措施，避免此类事故再次发生。

二是对预计可能出现事故的预防，此类事故预防主要是只对可能将要发生的事故进行预测，对其进行评估，提出消除危险因素的办法，避免事故发生。

运用预防原理的原则。

（一）偶然损失原则

事故后果以及其后果的严重程度，都是随机的、难以预测的。反复发生的同类事故，并不一定产生相同的后果，这就是事故损失的偶然性。根据事故损失的偶然性，可得到安全管理的偶然损失原则：无论事故是否造成了损失，为了防止事故损失的发生，唯一的办法就是防止事故再次发生，这个原则强调，在建设工程项目安全管理实践中，一定要积极正视各类事故，预防各类事故的发生，只有这样才能真正减少事故损失，达到项目利益最大化。

（二）因果关系原则

事故的发生是许多因素互为因果连续发生的最终结果，只要事故的因素存在，发生事故是必然的，即事故或早或迟必然要发生，这就是事故的必然性原则。掌握了因果关系，砍断事故因素的环链，就消除了事故发生的必然性，就可能防止事故的发生。

因果关系原则要求在建设工程项目安全管理工作中，要尽可能多的收集工程事故案例，并进行深入调查、了解事故因素的因果关系，从总体上找出带有规律性的东西，为安全决策奠定基础，为改进安全工作指明方向，从而做到"预防为主"，实现安全生产。

（三）3E 原则

造成人的不安全行为和物的不安全状态的原因可归结为四个方面：技术原因、教育原因、身体和态度原因以及管理原因。针对这四个方面的原因，可以采取三种预防对策：工程技术对策、教育对策和法制对策，即 3E 原则。在运用 3E 原则预防事故时，应针对人的不安全行为和物的不安全状态的四种原因，综合地、灵活地运用这三种对策，不要片面强调其中某一个对策。技术手段和管理手段相互促进，预防事故既要工程技术，也要采取社会人文、心理行为等管理手段。

（四）本质安全化原则

本质安全化原则是从一开始和本质上实现安全化，从根本上消除事故发生的可能性，从而达到预防事故发生的目的。本质安全化原则不仅可以应用于设备、设施，也可以应用于建设工程项目。本质安全化是安全管理预防原理的根本体现，也是安全管理的最高境界，是安全管理所应坚持的基本原则。

四、强制原理

采取强制管理的手段控制人的意愿和行为，使个人的活动、行为等受到安全生产管理要求的约束，从而实现有效的安全生产管理，这就是强制原理。一般来说，管理均带有一定的强制性。管理是管理者对被管理者施加作用和影响，并要求被管理者服从其意志，满足其要求，完成其规定的任务。不强制便不能有效地抑制被管理者的无拘个性，不能将其调动到符合整体利益和目的的轨道上来。

安全管理需要强制性是由事故损失的偶然性、人的"冒险"心理以及事故损失的不可挽回性所决定的。安全强制性的实现，离不开法律、法规、标准和各级规章制度，这些法规、制度构成了安全行为的规范。同时，还要有强有力的管理和监督体系，以保证被管理者始终按照行为规范进行活动，一旦其行为超出规范的约束，就要有严厉的惩处措施。

强制原理的应遵循以下原则：

（一）"安全第一"原则

"安全第一"要求在进行生产和其他活动的时候把安全工作放在首要位置。当生产和其他工作与安全发生矛盾时，要以安全为主，生产和其他工作要服从安全，这就是"安全第一"原则。

"安全第一"原则可以说是安全管理的基本原则，也是我国安全生产方针的重要内容。贯彻"安全第一"原则，就是要求建设工程项目管理者、建筑企业领导者要高度重视安全，把安全工作当作头等大事来抓，要把保证安全作为完成各项任务、做好各项工作的前提条件。在计划、布置、实施各项工作时首先想到安全，预先采取措施，防止事故发生。该原则强调，必须把安全生产作为衡量企业和项目工作好坏的一项基本内容，作为一项有"否决权"的指标，不安全不准进行生产。

（二）监督原则

为了促使各级生产管理部门严格执行安全法律、法规、标准和规章制度，保护职工的安全与健康，实现安全生产，必须授权专门的部门和人员行使监督、检查和惩罚的职责，以揭露安全工作中的问题，督促问题的解决，追究和惩戒违章失职行为，这就是安全管理的监督原则。

安全管理带有较多的强制性，如果要求执行系统自动贯彻实施安全法律法规，而缺乏强有力的监督系统去监督执行，则法律法规的强制力是难以发挥的。随着社会主义市场经济的发展，企业成为自主经营、自负盈亏的独立法人，国家与企业、企业经营者与职工之间的利益差别，在安全管理方面也有所体现。它表现为生产与安全、效益与安全、局部效益与社会效益、眼前利益与长远利益的矛盾。建筑企业经营者往往容易片面追求利润与产量，而忽视职工的安全与健康。在这种情况下，必须设立安全生产监督管理部门，配备合格的监督人员，赋予必要的强制权力，以保证其履行监督职责，保证安全管理工作落到实处。

第二节 事 故 致 因 理 论

为了对工程建设伤亡事故采取有效预防措施，必须深入了解和认识事故发生的原因。在生产力发展的不同阶段，生产中存在的安全问题也不同，为了解决这些问题，人们对事故进行分析研究，对事故发生的原因、演变规律和事故发生模式的认识也不断深入，形成了带有时代特征的事故致因理论。

事故致因理论已有80多年的历史，先后出现了十几种具有代表性的反映安全观念的事故致因理论、模型。目前，比较成熟的事故致因理论主要有：事故因果连锁理论、能量意外释放理论、轨迹交叉理论等，本节将对这些理论进行重点描述分析。

一、事故因果连锁理论

（一）海因里希因果连锁理论

20世纪二三十年代，W. H. Heinrich通过对美国安全实际经验进行总结、概括，在1941年出版的《工业事故预防》一书中阐述了工业安全理论，论述了事故发生的因果连锁理论，其核心思想是：伤亡事故的发生不是一个孤立事件，而是一系列原因事件相继发生的结果，即尽管伤害事件可能在某时间突然发生却是一系列事件相继发生的结果。

1. 伤害事故的连锁构成

Heinrich把工业伤害事故的发生发展过程描述为具有一定因果关系的事件的连锁：

（1）人员伤亡的发生是事故的结果。

（2）事故发生的原因是人的不安全行为或物的不安全状态。

（3）人的不安全行为或物的不安全状态是由于人的缺点造成的。

（4）人的缺点是由于不良环境诱发或者是由先天的遗传因素造成的。

2. Heinrich 事故因果连锁关系过程包括五种因素

（1）遗传及社会环境（M）。遗传及社会环境是造成人的缺点的原因。遗传因素可能使人具有鲁莽、固执、粗心等不良性格；社会环境可能妨碍教育，助长不良性格的发展。这是事故因果链上最基本的因素。

（2）人的缺点（P）。人的缺点是由遗传和社会环境因素所造成，是使人产生不安全行为或使物产生不安全状态的主要原因。这些缺点既包括各类不良性格，也包括缺乏安全生产知识和技能等后天的不足。

（3）人的不安全行为和物的不安全状态（H）。所谓人的不安全行为或物的不安全状态是指那些曾经引起过事故，或可能引起事故的人的行为，或机械、物质的状态，它们是造成事故的直接原因。例如，在起重机的吊荷下停留、不发信号就启动机器、工作时间打闹或拆除安全防护装置等都属于人的不安全行为；没有防护的传动齿轮、裸露的带电体、或照明不良等属于物的不安全状态。

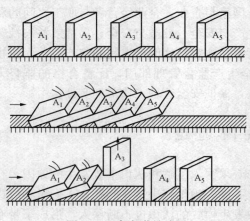

图 2-1　多米诺骨牌图

（4）事故（D）。事故是指由物体、物质或放射线等对人体发生作用使人体受到伤害的、出乎意料的、失去控制的事件。例如，坠落、物体打击等使人员受到伤害的事件是典型的事故。

（5）伤害（A）。直接由于事故而产生的人身伤害。

上述五个连锁因素，可以用著名的多米诺骨牌来形象的描述这种事故因果连锁关系，如图 2-1 所示。在多米诺骨牌系列中，一块骨牌被碰倒了，则将发生连锁反应，其余的几块骨牌相继被碰倒。如果移去连锁中的一颗骨牌，则连锁被破坏，事故过程被中止。海因里希认为，企业事故预防工作的中心就是防止人的不安全行为，消除机械的或物质的不安全状态，中断事故连锁的进程而避免事故的发生。

海因里希的工业安全理论主要阐述了工业事故发生的因果连锁论与他关于在生产安全问题中人与物的关系、事故发生频率与伤害严重度之间的关系、不安全行为的原因等工业安全中最基本的问题一起，曾被称作"工业安全公理"，受到世界上许多国家安全工作学者的赞同。

海因里希的事故因果连锁论，提出了人的不安全行为和物的不安全状态是导致事故的直接原因，及在事故过程中实施干预的重要性。但是，海因里希理论把大多数工业事故的责任都归因于人的缺点，主要从人的角度去考虑事故起因，这表现出时代的局限性。

海因里希曾经调查了美国的 75 000 起工业伤害事故，发现 98% 的事故是可以预防的，只有 2% 的事故超出人的能力能够达到的范围，是不可以预防的。在可预防的工业事故中，以人的不安全行为为主要原因的事故占 88%，以物的不稳定状态为主要原因的事故占 10%。

海因里希认为事故的主要原因是由于人的不安全行为或者物的不稳定状态造成的，但是二者为孤立的原因，没有一起事故时由于人的不安全行为及物的不稳定状态共同引起的。因此，研究的结论是：几乎所有的工业伤害事故都是由于人的不全行为造成的。后来，这种观点受到了许多研究人员的批评。

（二）博德现代因果连锁理论

1. 博德现代因果连锁理论的提出

与早期的事故频发、海因里希因果连锁理论强调人的性格、遗传特征等不同。第二次世界大战后，人们逐渐认识到管理因素作为背后原因在事故致因中的中重要作用。人的不安全行为或物的不安全状态是工业事故的直接原因，必须加以追究。但是，它们只不过是其背后的深层原因的征兆和管理缺陷的反映。只有找出深层次的、背后的原因，改进企业管理，才能有效地防止事故。

博德（Frank Bird）在海因里希事故因果连锁理论的基础上，提出了现代事故因果连锁理论，其事故连锁过程影响因素为：管理失误→个人因

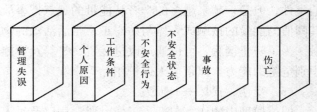

图 2-2　现代事故因果连锁理论

素及工作条件→不安全行为及不安全状态→事故→伤亡，如图 2-2 所示。

2. 博德的因果连锁理论主要观点

博德的因果连锁理论主要观点包括以下五个方面：

（1）控制不足——管理。

事故因果连锁中一个最重要的因素是安全管理。安全管理人员应该充分认识到，他们的工作要以得到广泛承认的企业管理原则为基础，即安全管理者应该懂得管理的基本理论和原则。控制是管理机能中的一种机能。安全管理中的控制是指损失控制，包括对人的不安全行为和物的不安全状态的控制，这是安全管理工作的核心。

大多数企业中，由于各种原因，完全依靠工程技术上的改进来预防事故既不经济，也不现实。只有通过提高安全管理工作水平，经过长时间的努力才能防止事故的发生。管理者必须认识到只要生产没有实现高度安全化，就有发生事故及伤害的可能性，因而他们的安全活动中必须包含有针对事故因果连锁中所有要因的控制对策。

在安全管理中，企业领导者的安全方针、政策及决策占有十分重要的位置。它包括生产及安全的目标，职员的配备，资料的利用，责任及职权范围的划分，职工的选择、训练、安排、指导及监督，信息传递，设备器材及装置的采购、维修及设计，正常及异常时的操作规程，设备的维修保养等。

管理系统是随着生产的发展而不断发展完善的，十全十美的管理系统并不存在。由于管理上的缺欠，使得能够导致事故的基本原因出现。

（2）基本原因——起源论。

为了从根本上预防事故，必须查明事故的基本原因，并针对查明的基本原因采取对策。

基本原因包括个人原因及与工作有关的原因。只有找出这些基本原因，才能有效地预防事故的发生。所谓起源论是在于找出问题的基本的、背后的原因，而不仅停留在表面的现象上。只有这样，才能实现有效的控制。

（3）直接原因——征兆。

不安全行为和不安全状态是事故的直接原因，这一直是最重要的，必须加以追究的原因。但是，直接原因不过是基本原因的征兆，是一种表面现象。在实际工作中，如果只抓住作为表明现象的直接原因而不追究其背后隐藏的深层原因，就永远不能从根本上杜绝事故的发生。另一方面，安全管理人员应该能够预测及发现这些作为管理缺欠的征兆的直接原因，采取恰当的改善措施；同时，为了在经济上及实际可能的情况下采取长期的控制对策，必须努力找出其基本原因。

（4）事故——接触。

从实用的目的出发，往往把事故定义最终导致人员肉体损伤、死亡、财产损失的不希望的事件。但是，越来越多的学者从能量的观点把事故看作是人的身体或构筑物、设备与超过其阈值的能量的接触或人体与妨碍正常生活活动的物质的接触。于是，防止事故就是防止接触。为了防止接触，可以通过改进装置、材料及设施，防止能量释放，通过训练、提高工人识别危险的能力，佩带个人保护用品等来实现。

（5）受伤、损坏——损失。

博德模型中的伤害包括了工伤、职业病以及对人员精神方面、神经方面或全身性的不良影响。人员伤害及财物损坏统称为损失。

在许多情况下，可以采取恰当的措施使事故造成的损失最大限度地减少。如对受伤人员迅速抢救，对设备进行抢修，以及平日对人员进行安全应急训练等。

（三）亚当斯因果连锁理论

亚当斯（Edward Adams）提出了与博德因果连锁理论类似的理论，他把事故的直接原因、人的不安全行为及物的不安全状态称作现场失误。本来，不安全行为和不安全状态是操作者在生产过程中的错误行为及生产条件方面的问题。采取现场失误这一术语，其主要目的在于提醒人们注意不安全行为及不安全状态的性质。

该理论的核心在于对现场失误的背后原因进行了深入的研究。操作者的不安全行为及生产作业中的不安全状态等现场失误是由于企业领导者及安全工作人员的管理失误造成的。管理人员在管理工作中的差错或疏忽、企业领导人决策错误或没有作出决策等失误对企业经营管理及安全工作具有决定性的影响。管理失误反映企业管理系统中的问题，它涉及管理体制，即如何有组织地进行管理工作，确定怎样的管理目标，如何计划、实现确定的目标等方面的问题。管理体制反映作为决策中心的领导人的信念、目标及范围，决定着各级管理人员安排工作的轻重缓急、工作基准及指导方针等重大问题。

现代因果连锁理论把考察的范围局限在企业内部，用以指导企业的安全工作。实际上，工业伤害事故发生的原因是很复杂的，一个国家、地区的政治、经济、文化、科技发展水平等诸多社会因素，对伤害事故的发生和预防有着重要的影响。当然，作为基础的原因因素的解决，已经超出了安全工作，甚至安全学科的企业研究范围。但是，充分认识这些原因因素，综合利用可能的科学技术、管理手段，改善间接原因因素，达到预防伤害事故的目的，却是非常重要的。

二、能量意外释放理论

（一）能量意外释放理论提出

随着科学技术的飞跃进步，新技术、新工艺、新能源、新材料、新产品的不断出现，人们的生活面貌发生了巨大的变化，同时也给人类带来了更多的危险，为了有效地采取安全技术措施控制危险源，人们对事故发生的物理本质进行了深入的探讨。

1961 年吉布森（Gibson）提出，事故是一种不正常的或不希望的能量释放，意外释放的各种形式的能量是构成伤害的直接原因。因此，应该通过控制能量或控制能量载体（能量达及人体的媒介）来预防伤害事故。

在吉布森的研究基础上，1966 年美国运输部安全局局长哈登（Haddon）完善了能量意外释放理论，提出"人受伤害的原因只能是某种能量的转移"，并提出了能量逆流于人体造成伤害的分类方法，将伤害分为两类：第一类伤害是由于施加了超过局部或全身性损伤阈值的能量引起的；第二类伤害是由于影响了局部或全身性能量交换引起的，主要指中毒窒息和冻伤。

哈登认为，在一定条件下某种形式的能量能否产生伤害造成人员伤亡事故，取决于能量大小、接触能量时间长短和频率以及力的集中程度。根据能量意外释放论，可以利用各种屏蔽来防止意外的能量转移，从而防止事故的发生。

（二）事故的致因和表现

1. 事故的致因

能量在生产过程中是不可缺少的，人类利用能量做功以实现生产目的。人类为了利用能量做功，必须控制能量。在正常生产过程中，能量受到种种约束和限制，按照人们的意志流动、转换和做功。如果由于某种原因，能量失去了控制，超越了人们设置的约束或限制，就会发生能量违背人的意愿而意外地逸出或释放，必然会使进行中的活动终止或削弱并造成伤害或物的损失而发生事故。如果失去控制的、意外释放的能量达及人体，并且能量的作用超过了人们的承受能力，人体必将受到伤害。如果意外释放的能量作用于设备、建筑物、物体等，并且能量的作用超过它们的抵抗力——强度，则将造成设备、建筑物、物体的损坏。这种对事故发生机理的解释被称为能量意外释放理论，具体图示如图 2-3 所示。

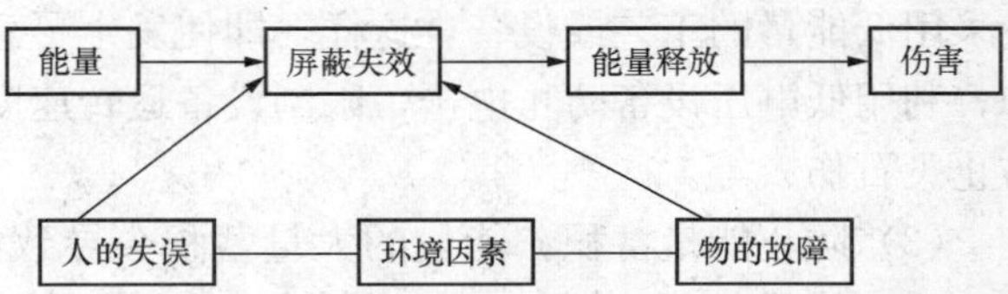

图 2-3　能量意外释放理论示意图

根据能量意外释放理论，伤害事故原因是：

（1）接触了超过机体组织（或结构）抵抗力的某种形式的过量的能量。

（2）有机体与周围环境的正常能量交换受到了干扰（如窒息、淹溺等）。因而，各种形式的能量是构成伤害的直接原因。同时，也常常通过控制能源，或控制达及人体媒介的能量载体来预防伤害事故。

2. 能量转移造成事故的表现

机械能（动能和势能统称为机械能）、电能、热能、化学能、电离及非电离辐射、声能和生物能等形式的能量，都可能导致人员伤害，其中前四种形式的能量引起的伤害最为常见。意外释放的机械能是造成工业伤害事故的主要能量形式。处于高处的人员或物体具有较高的势能，当人员具有的势能意外释放时，发生坠落或跌落事故；当物体具有的势能意外释放时，将发生物体打击等事故。除了势能外，动能是另一种形式的机械能，各种运输车辆和各种机械设备的运动部分都具有较大的动能，工作人员一旦与之接触，将发生车辆伤害或机械伤害事故。

现代化工业生产中广泛利用电能，当人们意外地接近或接触带电体时，可能发生触电事故而受到伤害。

工业生产中广泛利用热能，生产中利用的电能、机械能或人体在热能的作用下，可能遭受烧灼或发生烫伤。

有毒有害的化学物质使人员中毒，是化学能引起的典型伤害事故。

研究表明，人体对每一种形式能量的作用都有一定的抵抗力，或者说有一定的伤害阈值。当人体与某种形式的能量接触时，能否产生伤害及伤害的严重程度如何，主要取决于作用于人体的能量大小。作用于人体的能量越大，造成严重伤害的可能性越大。此外，人体接触能量的时间长短和频率、能量的集中程度以及身体接触能量的部位等，也影响人员伤害程度。

3. 防范对策

能量意外释放理论揭示了事故发生的物理本质，为人们设计及采取安全技术措施提供了理论依据。根据这种理论，人们就要经常注意生产过程中能量流动。转换以及不同形式能量的相互作用，防止能量的意外逸出或释放。

在建设生产中经常采用防止能量意外释放的措施主要有以下几种：

（1）用安全的能源代替不安全的能源。有时被利用的能源危险性较高，这时可以考虑用较安全的能源取代。例如，在容易发生触电的作业场所，用压缩空气动力代替电力，可以防止发生触电事故。但是应该看到，绝对安全的事物是没有的，以压缩空气做动力虽然避免了触电事故，压缩空气管路破裂、脱落的软管抽打等都带来新的危害。

（2）限制能量。限制能量即限制能量的大小和速度，规定安全极限量，在生产工艺中尽量采用低能量的工艺或设备，这样，即使发生了意外的能量释放，也不致发生严重伤害。例如，利用低电压设备防止电击，限制设备运转速度以防止机械伤害，限制露天爆破装药量以防止飞石伤人等。

（3）防止能量蓄积。能量的大量蓄积会导致能量突然释放，因此，要及时泄放多余能量，防止能量积蓄。例如，应用低高度位能，控制爆炸性气体浓度，通过接地消除静电蓄积，利用避雷针放电保护重要设施等。

（4）缓慢的释放能量。缓慢的释放能量可以降低单位时间内释放的能量，减轻能量对人体的作用。例如，采用安全阀、溢出阀控制高压气体；用各种减振装置吸收冲击能量，防止能源受到伤害等。

（5）设置能量屏蔽设施。屏蔽设施时一些防止人员与能量接触的物理实体，即狭义的屏蔽。屏蔽设施可以被设置在能源上，例如安装在机械转动部分外面的防护罩；也可以被设置在人员与能源之间，例如安全围栏等。人员佩戴的个体防护用品，可被看作是设置在人员身上的屏蔽设施。

（6）在时间或空间上把能量与人隔离。在生产过程中有两种或两种以上的能量相互作用引起事故的情况，例如，一台吊车移动的机械能作用于化工装置，使化工装置破裂而有毒物质泄漏，引起人员中毒。针对两种能量相互作用的情况，我们应该考虑设置两组屏蔽设施：一组设置于两种能量之间，防止能量间的相互作用；一组设置于人之间，防止能量达及人体，如防火门、防火密闭等。

（7）提高防护措施标准。采用双重绝缘工具防止高压电能触电事故；对瓦斯连续监测和遥控遥测以及增强对伤害的抵抗力，如用耐高温、耐高寒、高强度材料制作的个体防护用具等。

（8）改变工艺流程。如改变不安全流程为安全流程，用无毒少毒物质代替剧毒有害物质等。

第二次世界大战时期，许多学者逐渐认识到生产条件和技术设备的潜在危险在事故中的作用，而不应把事故简单地归因于操作者的性格等自身固有的缺陷。能量意外释放论相比较早期事故致因理论已经有了较大进步，它明确地提出了事故因素间的关系特征，促进了事故因素的调查、研究，揭示了事故发生的物理本质。

三、轨迹交叉理论

随着生产技术的提高以及事故致因理论的发展完善，人们对人和物两种因素在事故致因中地位的认识发生了很大变化。一方面是由于生产技术进步的同时，生产装置、生产条件不安全的问题越来越引起了人们的重视；另一方面是人们对人的因素研究的深入，能够正确地区分人的不安全行为和物的不安全状态。

约翰逊（W. G. Jonson）认为，判断到底是不安全行为还是不安全状态，受研究者主观因素的影响，取决于他认识问题的深刻程度。许多人由于缺乏有关失误方面的知识，把由于人失误造成的不安全状态看作是不安全行为。一起伤亡事故的发生，除了人的不安全行为之外，一定存在着某种不安全状态，并且不安全状态对事故发生作用更大些。

斯奇巴（Skiba）提出，生产操作人员与机械设备两种因素都对事故的发生有影响，并且机械设备的危险状态对事故的发生作用更大些，只有当两种因素同时出现，才能发生事故。

上述理论被称为轨迹交叉理论，该理论主要观点是，在事故发展进程中，人的因素运动轨迹与物的因素运动轨迹的交点就是事故发生的时间和空间，既人的不安全行为和物的不安全状态发生于同一时间、同一空间或者说人的不安全行为与物的不安全状态相通，则将在此时间、此空间发生事故，如图2-4所示。

轨迹交叉理论作为一种事故致因理论，强调人的因素和

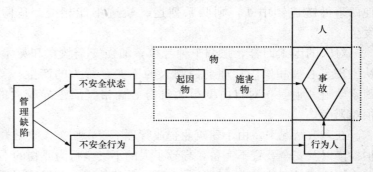

图2-4 轨迹交叉理论

物的因素在事故致因中占有同样重要的地位。按照该理论，可以通过避免人与物两种因素运动轨迹交叉，即避免人的不安全行为和物的不安全状态同时、同地出现，来预防事故的发生。

轨迹交叉理论将事故的发生发展过程描述为：基本原因→间接原因→直接原因→事故→伤害。从事故发展运动的角度，这样的过程被形容为事故致因因素导致事故的运动轨迹，具体包括人的因素运动轨迹和物的因素运动轨迹。

（一）人的因素运动轨迹

人的不安全行为基于生理、心理、环境、行为几个方面而产生：

（1）生理、先天身心缺陷。

（2）视、听、嗅、味、触等感官能量分配上的差异。

（3）后天的心理缺陷。

（4）社会环境、企业管理上的缺陷。

（5）行为失误。

（二）物的因素运动轨迹

在物的因素运动轨迹中，在生产过程各阶段都可能产生不安全状态：

（1）设计上的缺陷，如用材不当，强度计算错误、结构完整性差等。

（2）制造、工艺流程上的缺陷。

（3）维修保养上的缺陷，降低了可靠性。

（4）使用上的缺陷。

（5）作业场所环境上的缺陷。

在生产过程中，人的因素运动轨迹按其 1→2→3→4→5 的方向顺序进行，物的因素运动轨迹按其 1→2→3→4→5 的方向进行。人、物两轨迹相交的时间与地点，就是发生伤亡事故"时空"，也就导致了事故的发生。

值得注意的是，许多情况下人与物又互为因果。例如有时物的不安全状态诱发了人的不安全行为，而人的不安全行为又促进了物的不安全状态的发展或导致新的不安全状态出现。因而，实际的事故并非简单地按照上述的人、物两条轨迹进行，而是呈现非常复杂的因果关系。

若设法排除机械设备或处理危险物质过程中的隐患或者消除人为失误和不安全行为，使两事件链连锁中断，则两系列运动轨迹不能相交，危险就不能出现，就可避免事故发生。

对人的因素而言，强调工种考核，加强安全教育和技术培训，进行科学的安全管理，从生理、心理和操作管理上控制人的不安全行为的产生，就等于砍断了事故产生的人的因素轨迹。但是，对自由度很大且身心性格气质差异较大的人是难以控制的，偶然失误很难避免。

在多数情况下，由于建筑业企业管理不善，使工人缺乏教育和训练或者机械设备缺乏维护检修以及安全装置不完备，导致了人的不安全行为或物的不安全状态。

轨迹交叉理论突出强调的是砍断物的事件链，提倡采用可靠性高、结构完整性强的系统和设备，大力推广保险系统、防护系统和信号系统及高度自动化和遥控装置。这样，即使人为失误，构成人的因素 1→5 系列，也会因安全闭锁等可靠性高的安全系统的作用，控制住物的因素 1→5 系列的发展，可完全避免伤亡事故的发生。

一些领导和管理人员总是错误地把一切伤亡事故归咎于操作人员"违章作业"；实际上，人的不安全行为也是由于教育培训不足等管理欠缺造成的。管理的重点应放在控制物的不安全状态上，即消除"起因物"，当然就不会出现"施害物"，"砍断"物的因素运动轨迹，使人与物的轨迹不相交叉，事故即可避免。

轨迹交叉理论指出通过消除人的不安全行为或物的不安全状态或避免二者运动轨迹交叉

均可避免事故的发生，为事故预防指明了方向，而且对调查事故发生的原因也是一种较好的工具。但是，在人与物两大系列的运动中，二者往往是相互关联、互为因果、相互转换的。因此，事故的发生可能是更为复杂的因果关系。另外，没有体现出导致人的不安全行为和物的不安全状态的深层次的原因。

四、系统安全理论

20 世纪 50 年代以来，科学技术进步的一个显著特征是设备、工艺及产品越来越复杂。战略武器研制、核电站等使得大规模复杂系统相继问世，人们在研制、开发、使用及维护这些大规模复杂系统的过程中，逐渐萌发了系统安全的基本思想。最终，通过不断地研究，在保留工业安全原有的概念和方法中正确成分的前提下，吸收其他领域科学技术的和管理方法的情况下，形成了系统安全理论。

（一）系统安全

系统安全是指在系统生命周期内应用系统安全工程和系统安全管理方法，辨识系统中的危险源，并采取有效的控制措施使其危险性最小，从而使系统在规定的性能、时间和成本范围内达到最佳的安全程度。系统安全是人们为解决复杂系统的安全性问题而开发、研究出来的安全理论、方法体系。系统安全的基本原则就是在一个新系统的构思阶段就必须考虑其安全性的问题，制定并执行安全工作规划（系统安全活动）。并且把系统安全活动贯穿于整个系统生命周期，直到系统报废为止。

（二）系统安全管理

系统安全管理是管理工作的重要组成部分，其主要目的在于建立系统安全程序要求，保证系统安全任务和活动计划实施和完成，并使之与全面的系统程序要求相一致，从而取得最大限度的安全，并保证管理部门在进行试验、制造、运行的决策之前能充分了解剩余风险，从而在决策时予以重视。

系统安全管理综合考虑各方面的安全问题，全面分析整个系统，并对系统中各子系统的交界面给予特别的强调，在系统寿命周期的早期阶段应用系统安全管理，会得到最大的效益。系统安全管理主要在给定条件下，最大限度地减少事件损失，并且尽可能地减少因安全问题对运行中系统进行的修改。系统安全管理通过制定并实施系统安全程序计划进行记录，交流和完成管理部门确定的任务，以达到预定的安全目标。

系统安全管理有四个主要阶段。

1. 计划阶段

确定系统目标和系统安全任务，决定达到目标的方法，根据系统特征，硬件部分的复杂性，单位成本，发展过程，程序管理结构，硬件部分对安全的重要性等信息，适当地拟定系统安全程序计划，并在运行中对其进行周期性检查和必要修改。

2. 组织阶段

确定执行任务的人选，进行任务和活动的管理分配，这些任务包括：确定及评价潜在的关键安全领域；建立安全要求；控制、消除有关危险和风险评定的决策；危险和风险信息的交流和记录；安全程序复查和审核等。

3. 指导阶段

在进行权力分配时，主要考虑各部门的不同责任，基层管理部门主要负责并及时完成安全任务的大多数，系统安全管理部门则负责系统安全任务及使高层管理部门认识剩余风险等。明智的管理决策应建立在对风险的充分认识之上，因此，风险评价应是关键点检查的一个重要组成部分，建立系统安全管理与日常安全管理程序和直接的安全问题之间的联系，也应是指导阶段的重要工作。

4. 控制阶段

这一阶段主要有四个部分，测量系统输出、将其与理想输出做出比较，当有重大差异时加以矫正，符合要求时继续正常工作。如果系统输出与实际输出有重大差异时，应确定采用何种安全技术措施加以矫正并实施。

（三）系统安全理论主要观点

（1）在事故致因理论方面，改变了人们只注重人员的不安全行为而忽略硬件的故障在事故致因作用中的传统观念，开始考虑如何通过改善物的系统的可靠性来提高复杂系统的安全性，从而避免事故。

（2）没有任何一种事物是绝对安全的，任何事物中都潜伏着危险因素，通常所说的安全或危险只不过是一种主观的判断。

（3）不可能根除一切危险源和危险，可以减少来自现有危险源的危险性，宁可减少总的危险性，而不是彻底去消除几种选定的危险。

（4）由于人的认识能力有限，有时不能完全认识危险源和危险，即使认识了现有的危险源，随着生产技术的发展，新技术、新工艺、新材料和新能源的出现，又会产生新的危险源。

系统安全理论处于初步发展时期，分析过程及影响因素较简单，主要是从人的失误对事故进行考虑的，由于人的失误是很难全面分析清楚的，所以该类理论模型可望在未来有进一步发展的可能。

五、安全理论比较分析

通过上述各种致因理论的描述，对各种致因理论有了初步的了解，现对以上几个致因理论进行比较分析，具体见表 2-1。

表 2-1　　　　　　　　　　　　　事故致因理论比较分析

事故致因理论	优　点	缺　点
事故因果连锁理论	提出了人的不安全行为和物的不安全状态是导致事故的直接原因，及在事故过程中实施干预的重要性	把大多数工业事故的责任都归因于人的缺点，主要从人的角度去考虑事故起因，而没有考虑到物的不安全状态
能量释放理论	明确地提出了事故因素间的关系特征，揭示了事故发生的物理本质，促进了事故因素的调查、研究	没有挖掘出隐藏着深层次的管理缺陷
轨迹交叉理论	指出通过消除人的不安全行为或物的不安全状态或避免二者运动轨迹交叉均可避免事故的发生，为事故预防指明了方向，而且对调查事故发生的原因也是一种较好的工具	在人与物两大系列的运动中，二者往往是相互关联、互为因果、相互转换的。因此，事故的发生可能是更为复杂的因果关系。另外，没有体现出导致人的不安全行为和物的不安全状态的深层次原因

事故致因理论	优 点	缺 点
系统安全理论	综合考虑各方面的安全问题，全面分析整个系统，并对系统中各子系统的交界面给予特别的强调，在系统寿命周期的早期阶段应用系统安全管理，最大程度地减少事件损失，并且尽可能地减少因安全问题对运行中系统进行的修改	系统安全理论处于初步发展时期，分析过程及影响因素较简单，主要是从人的失误对事故进行考虑的，由于人的失误是很难全面分析清楚

随着社会、经济的不断发展，安全管理理论也在不断发展和完善，无论从理论还是从实践的角度来说，大胆创新、探索性地运用安全管理的理论与方法，对于提升建筑业企业安全管理水平、加强安全保障、创造更好的经济与社会效益具有十分重要的意义。

第三章　建设工程项目安全管理

第一节　建设工程项目安全管理概述

建设工程项目现场是建筑行业生产产品的场所，项目现场的安全管理是最直接、最实际的管理，为了保证施工过程中施工人员的安全和健康，达到项目的安全目标，维护项目的利益，建设工程项目安全管理应注意从项目现场抓起。

一、安全生产责任制

建设工程项目现场的安全管理应该以安全生产责任制建设为根本，项目部应制订各级人员的安全生产责任制。项目部各级人员的安全生产责任制，不应该仅仅是企业各级人员安全生产责任制的翻版，而是对企业各级人员的安全生产责任制的补充完善，并按安全生产责任制和目标管理要求，检查责任制的建立、执行及考核情况，每个责任人都应当明确自己的安全生产责任，以及为实现本工程安全目标，自己所承担的安全责任。

（一）安全生产责任制的主要内容

我国在 1998 年开始实施的《中华人民共和国建筑法》中明确规定了有关部门和单位的安全生产责任。2003 年国务院通过并在 2004 年开始实施的《建筑工程安全生产管理条例》中对于各级部门和建设工程有关单位的安全责任有了更明确的规定。在项目现场，安全生产责任制度主要包括项目负责人（项目经理）的安全责任，生产、技术、材料等各职能管理负责人及其工作人员的安全责任、技术负责人的安全责任、专职安全生产管理人员的安全责任、施工员的安全责任、班组安全责任和岗位人员的安全责任，现将各级主要安全管理人员的安全责任总结如下。

1. 项目经理的安全生产责任

项目经理是由建筑企业委派到项目现场的最高管理者，是建筑企业在项目上代表人。项目经理必须认真贯彻执行国家以及建筑企业的安全生产方针政策，制定项目现场的安全生产管理办法，建立和健全安全生产责任制度，明确项目部各级人员的安全责任目标，健全安全保证体系。在项目施工过程中认真实施安全管理制度，有效监督和控制安全行为及隐患，积极营造项目安全生产氛围，创建项目组织安全生产文化。

2. 专职安全员的安全生产责任

建设工程项目中专职安全员主要负责巡视检查施工现场的安全状况，并负责对新进场人员进行安全教育及安全交底；所有在施工现场内发现的安全隐患安全员应该立即向项目经理或相关领导汇报并有权停止施工作业；安全员有权检查于安全相关的内业资料、日志、记录等文件并督促相关人员完善改进。还应负责落实安全设施的设置，对安全生产进行现场监督检查，监督检查劳保用品的质量和正确使用。安全员的行为主要是发现安全事故隐患，及时发现和制止人的不安全行为、消除物的不安全状态，协助项目经理督促员工的安全行为，确保安全管理的有效实施。

3. 班组长的安全生产责任

各班组长负责向本工种作业人员进行安全技术交底，严格执行本工种安全技术操作规程，拒绝违章指挥；组织实施安全技术措施；作业前应对本次作业所使用的机具、设备、防护用具、设施及作业环境进行安全检查，消除安全隐患，检查安全标牌是否按规定设置，标示方法和内容是否正确完整；组织班组开展安全活动，对作业人员进行安全操作规程培训，提高作业人员安全意识，召开上岗前安全生产会议；每周应实行安全讲评。当发生重大或恶性工伤事故时，应保护现场，立即上报并参与事故调查处理。

4. 作业人员的安全生产责任

作业人员是项目安全行为的直接贯彻者、执行者与受益者，作业人员的行为直接决定了整个项目安全计划的实施，是安全行为管理的核心。作业人员在项目施工过程中的安全行为首先要有好的安全意识，认真学习执行安全技术操作规程，自觉遵守安全生产规章制度，不违章作业，服从安全监督人员的指导，积极参加安全培训教育活动；在安全生产中充分发挥主观能动性，确保自身安全，进而配合管理者实施安全生产计划。

（二）其他安全责任制度

另外项目部安全责任制度还包括：

（1）项目对各级、各部门安全生产责任制应规定检查和考核办法，并按规定期限进行考核，对考核结果及兑现情况应用记录。

（2）项目独立承包的工程在签订承包合同中必须有安全生产工作的具体指标和要求。建设工程项目由多单位施工时，总分包单位在签订分包合同的同时要签订安全生产合同（协议），签订合同前要检查分包单位的营业执照、企业资质证、安全资格证等。分包队伍的资质应与工程要求相符，在安全合同中应明确总分包单位各自的安全职责，原则上，实行总承包的由总承包单位负责，分包单位向总包单位负责，服从总包单位对施工现场的安全管理。分包单位在起分包范围内建立施工现场安全生产管理制度，并组织实施。

（3）项目的主要工种应有相应的安全技术操作规程，一般应包括砌筑、拌灰、混凝土、木制、钢筋、机械、电气焊、起重司索、信号指挥、塔司、架子、水暖、油漆等工种，特种作业应另行补充。应将安全技术操作规程列为日常安全活动和安全教育的主要内容，并应悬挂在操作岗位前。

（4）施工现场应按工程项目大小配备专（兼）职安全人员。可按建筑面积1万平方米以下的工程项目施工现场至少有一名专职人员；1万平方米以上的工地设2～3名专职人员，5万平方米以上的大型工地，按不同专业组成安全管理组进行安全监督检查。

（三）安全生产责任制的基本要求

项目部安全生产责任制的总要求是横向到底，纵向到边。具体要求是：项目部应根据国家安全生产法律法规和政策、方针的要求，制定并落实安全生产责任制，并有交底签字手续；安全生产责任制应与建筑企业的管理体制协调一致；要根据本企业、部门、班级、岗位的实际情况制定，既明确、具体，又具有可操作性，防止形式主义；有专门的人员与机构制定和落实，并应适时修订；应有配套的监督、检查制度，责任追究措施，定期考核办法，以保证安全生产责任制得到真正落实。

二、建设工程项目安全目标管理

（一）建设工程项目安全目标

建设工程项目安全生产管理必须坚持"安全第一、预防为主"的方针，建立健全安全生产责任制和群防群治制度，项目部应该按照建筑业安全作业规程和标准采取有效措施，消除事故隐患，防止伤亡和其他事故发生，达到保护每个工人安全和健康的目的。

（二）建设工程项目安全目标管理

建设工程项目安全目标管理是建筑企业根据建筑企业的战略发展以及本承包项目所面临的内外部形势需要，制订出在项目施工过程中所要达到的安全目标，然后由项目部根据总目标确定各自的分目标，并在获得适当资源配置和授权的前提下积极主动为各自的分目标而奋斗，从而使总目标得以实现，并把目标完成情况作为考核的依据。建设工程项目安全目标管理是以目标的设置和分解、目标的实施及完成情况的检查、奖惩为手段，通过建筑企业的监督管理和项目部的自我管理来实现企业的经营目的的一种管理方法。

（三）建设工程项目安全目标管理的基本要求

根据建设工程项目安全管理目标和目标管理的主要要求，建设工程项目安全目标管理的基本要求有以下几点：

（1）项目部应根据建设工程项目的生产实际情况，结合建设工程项目安全生产目标责任书中的安全生产目标自行制订项目的安全生产目标。

（2）项目部应针对工程项目安全生产目标制定出相应的控制管理办法。

（3）项目部根据工程实际自行制定工程项目安全责任目标考核标准，并对其进行考核。

（四）安全目标确定的主要依据

（1）国家的安全生产方针、政策和法律、法规的规定。

（2）行业主管部门和项目所在地政府确定的安全生产管理目标和有关规定、要求。

（3）企业的情况和中长期规划，企业的年度安全生产目标体系。

（4）项目部的基本情况：项目部技术装备、人员的素质、项目部的管理体制和施工任务等。

（五）建设工程项目安全目标管理的主要内容

1. 生产安全事故控制目标

项目部可根据本企业生产经营目标和上级有关安全生产指标确定事故控制目标，包括确定死亡、重伤、轻伤事故的控制指标。

2. 安全达标目标

项目部应根据年度在建工程项目情况，确定安全达标的具体目标。

3. 文明施工实现目标

项目部应根据当地主管部门的工作部署，制定创建省级、市级安全文明工地的总体目标。

4. 其他管理目标

这其中包括项目安全教育培训目标、行业主管部门要求达到的其他管理目标。

（六）建设工程项目安全管理目标的实施

安全目标的实施是安全目标取得成效的关键环节，在制定项目安全管理目标后，为保证目标的实施，应做好如下工作：

（1）建立项目部分级负责安全责任制度。各个部门、人员的责任制度，明确各个部门、人员的权利和责任。

（2）建立各级目标管理组织，加强对项目安全目标管理的组织领导工作。

（3）建立危险性较大的分部分项工程跟踪监控体系。发现事故隐患及时进行整改，保证施工安全。

（七）建设工程项目安全管理目标的检查考核

建设工程项目安全管理目标的检查考核时在目标实施之后，通过检查对成果作出评价并进行奖惩，总结经验教训，为下阶段目标做准备。进行建设工程项目安全管理目标的检查考核应该做好以下几个方面。

1. 项目部建立考核机构

建设工程项目部应当建立安全目标管理考核机构，负责对项目经理、技术员、施工员等各类人员进行考核。

2. 制定考核办法

（1）考核机构人员构成。

（2）考核内容。

（3）考核周期。

（4）奖惩办法。

三、建设工程项目安全活动

（一）安全活动的主要内容

1. 安全会议

安全会议是安全计划的一个重要组成部分，会议可由项目经理主持，也可以由现场安全员或班组长主持。所有的员工必须参加这样的会议。会议的内容可以包括关于安全规范、事故隐患分析、改正措施、事故预防方法、以及对以往事故的回顾，也可以通报最近发生的事故等。项目管理人员应记录会议内容并予以保存，记录的内容应包括会议的时间、地点、讨论内容、与会人员、得出的结论和措施等。

2. 安全培训

在现代化大生产中，随着科学技术的进步，机械化、自动化、程控、遥控操作越来越多，一旦操作失误，就可能造成机毁人亡。人员操作的可靠性和安全性与个人的安全意识、文化意识、思维方法、文化素质、技术水平、个性特征和心理状态等都有息息相关。因此，提高职工的安全文化素质是预防事故的最根本措施。所以通过科学的管理、及时而有效的培训和教育、正确引导和宣传，以及合理、及时地班组安全活动，不断提高员工的安全素质，是做好安全工作的关键。

（二）安全活动的基本要求

（1）施工班组必须建立每天班前活动并做好记录，同时坚持每周一次的安全活动日，利用上班前、后一小时进行，小结一周来班组在施工中安全生产先进事例及主要经验教训，针对不安全因素，提出改进措施，从中吸取教训，举一反三，做到警钟长鸣，并做好安全记录、讲评记录。

（2）项目部应定期召开安全会议，并进行会议记录。以便及时了解项目安全生产现状。

（三）日常安全管理方法

建设工程项目现场的安全管理是需要监督管理人员和施工人员共同配合进行的。总承包、分包等部门各自承担义务和职责，并按照系统化、标准化的管理模式进行安全监督。其中具体的日常管理由以下的每天、每周每月的安全施工循环组成（图 3-1）。而且新来的施工人员进入工地时需随时接受入场教育。日常安全管理要领见表 3-1。

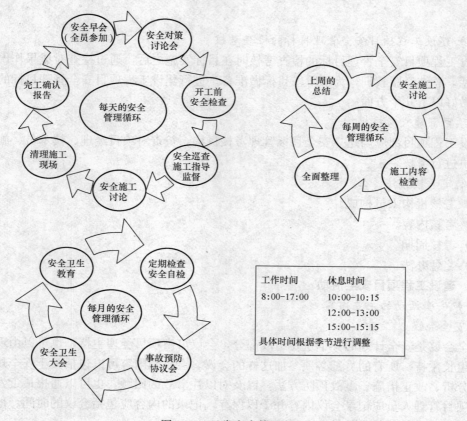

图 3-1　日常安全管理方法

（1）随时实施的安全教育。

（2）每天的安全循环。

（3）每周的安全循环。

（4）每月的安全循环。

表 3-1　　　　　　　　　　日 常 安 全 管 理 要 领

实施项目	时　间	实 施 内 容
新来施工人员入场教育	入场前	（1）确认新来施工人员基本情况以及健康状态 （2）主要由班组长负责安全注意事项教育 （3）根据要求对本工程的施工内容、特殊情况、工地规定等一般安全事项进行说明
安全早会	开工前	（1）施工人员点名 （2）确认主要危险操作的内容和场所 （3）安全口号
安全对策讨论会	早会后	（1）确认工人身体健康状态 （2）班组布置各自施工内容 （3）安全对策讨论会 安全对策讨论会的步骤：①施工内容的确认；②危险因素的辨识；③应采取的对策；④安全施工要领

续表

实施项目	时　　间	实　施　内　容
安全巡查 安全检查	施工过程中和完工后	巡视工地，确认施工环境、操作设备，检查是否有不安全因素存在
安全施工讨论会	休息过程中	（1）确认当前剩余工作和第二天工作的安全要领，对各个施工操作做安全指示 （2）各个工种和包工之间的协调 （3）听取各班组负责人的意见
清理施工现场	完工前	（1）工种场地的整理 （2）物料的堆放 （3）确认整理情况后的汇报
下周安全工期讨论会	每周周末完工前	（1）确认下周工作日程安排情况 （2）操作、设备的危险预测和安全对策 （3）下周重点的安全事项 （4）向上级部门提出意见
施工内容检查	每天	（1）各班组自由讨论，交流经验 （2）施工内容检查，确认和掌握安全要领
全面整理	每周六	在当天的安全早会上公布整理范围和各自分担部分
安全卫生 教育等	每月	（1）进行安全法规等的教育 （2）对事故实例分析来加强安全意识
定期检查 各自检查	随时	对机械、设备、工具等进行定期检查
事故预防 协议会	每月	（1）对上月安全状况进行总结、反省、交换意见 （2）根据下月工程安排，针对性的讨论安全对策 （3）将协议转达到每个施工员
安全卫生大会	每月	（1）全体人员参加的安全卫生大会 （2）表彰安全模范个人 （3）总结安全管理经验

在日常管理中，如上所述，要求每天收工时对施工现场进行整理，保持工地整洁，且施工用具等须定期检查并摆置在规定位置。这样一方面可提高工作效率，同时可使每个施工人员用良好的工作环境，保持心情舒畅，避免不必要的事故发生。

另外在日常的管理活动中，我们还可以采用 4S 管理，以下统称为 4S 活动（整理、整顿、清扫、清洁）的概要：

整理 Seri：区分需要和不需要的物品，不随便放置。

整顿 Setion：对常用工具定期进行检查，摆置在规定场所以供随时使用。

清扫 Seisou：清扫和整理施工及办公场所，并将垃圾分类处理。

清洁 Seiketu：衣着整洁，保持食堂厕所等居住环境清洁卫生。

4S 起源于日本，通过规范现场、现物，营造一目了然的卖场环境，培养员工良好的工作习惯，其最终目的是提升人的品质：革除马虎之心，养成凡事认真的习惯（认认真真地对待工作中的每一件"小事"、每一个细节），养成遵守规定的习惯，养成自觉维护卖场环境整洁明了的良好习惯，养成文明礼貌的习惯。

四、建设工程项目安全管理措施

安全管理措施是安全管理的方法与手段，管理的重点是对生产各因素状态的约束与控制。根据施工生产的特点，建设工程项目安全管理措施带有鲜明的行业特色。目前条件下，建设工程项目安全管理采取的安全管理措施主要有以下几个方面。

（一）组织措施

项目部是日常安全管理主体，负责施工过程中的安全控制，负责日常的安全检查监督；由项目经理负全责，专职安全员主管日常工作；专业工段即操作班组，设兼职安全员，负责施工过程中各项安全技术措施的落实。

安全管理是全员、全过程的管理，必须建立符合自身的特点安全管理控制网，使各个环节都有管理责任人。

具体组织如下：

（1）安全生产领导小组拟定落实安全管理目标，制定安全保证计划，根据保证计划的要求，落实资源的配置；负责安全体系实施过程中的运行实施监督、检查；对安全生产保证体系实施过程中的运行过程中，出现不符合要求的要素，施工中出现的隐患，制订纠正和预防措施，并对上述措施进行复查。

（2）认真贯彻执行党和国家的安全生产方针、政策，严格执行部署有关施工规范和安全技术规则，对施工人员进行岗前安全教育培训，牢固树立"安全第一、预防为主"和"管生产必须管安全"的思想意识。进行定期和不定期的安全检查，及时发现和解决不安全的事故隐患，杜绝违章作业和违章指挥现象，同时加大安全教育及宣传力度。坚持每周一安全日的安全学习制度。严格执行交接班制度，坚持工前讲安全、工中检查安全、工后评比安全的"三工制"活动。

（3）按施工人员的比例配备足够的专职安全员，驻地管理人员一律配证上岗，安全员配证为红色，以示醒目。在编制施工计划的同时，编制详细的安全操作规程、细则、制度及切实可行的安全技术措施，分发至班组，组织逐条落实。每一工序开始前，做出详细的施工方案和实施措施，报监理工程师审批后及时做好施工技术及安全技术交底，并在施工过程中督促检查，严格坚持特殊工种持证上岗。

（二）技术措施

科学技术第一生产力。建设工程安全生产工作的发展离不开科学技术，并且必然得到科学技术的推动和引导。加强建筑安全科技研究与应用是一项具有社会效益和经济效益的事情，是改善建筑安全生产管理的有效途径之一。现代安全技术的含义已经远远超过了原来所界定的范围，不仅包括技术措施，还包括组织措施；不仅包括硬件技术，还包括软件；不仅包括安全，还包括卫生。现代建设工程安全管理技术发挥科技手段的措施有以下几种。

1. 建立合理的安全科技体制

尽快建立适应社会主义市场经济体制要求的，面向社会、面向企业、面向安全生产的新型安全科技体制，逐步形成研究、开发、应用、推广紧密结合的工作机制。对现有的组织机构和专业机构实行优化组合。加快科研机构的改革步伐，实行企业化管理，建立责权明确的组织管理制度。从体制上解决机构重叠、专业人员力量分散、科技成果推广应用率低、人才使用不尽合理等弊端，逐步形成包括独立科研机构、重点高等院校、技术开发与技术服务机构、企业技术开发机构、民营科技企业等组成的安全科学技术结构体系。

2. 培育高水平的科技研究队伍

提高安全科技水平的关键在于人才。目前，由于各方面的原因，安全科技人才流失较为严重。要改变这一状况，必须加快培养和引进人才，一方面要充分发挥现有科技人员的作用，加快中青年学术和技术带头人的培养，大胆使用中青年科技人员，让其在研究开发第一线担当重任；另一方面要从国内外引进安全科技人才，特别是引进有专长、年富力强的学术带头人，造就出一支专业化、年轻化、具有创新意识和奉献精神的有较高水平的安全科技研究队伍。

3. 提高安全成果的转化率

安全科研成果只有转化成现实的生产力，只有为企业提高安全管理水平服务，才能体现出其价值。而实际上科研人员更多追求的是学术地位与学术影响力，并不考虑科研成果能否被市场接受。为此，应努力开拓安全科研产品市场，发展劳动保护产业，使劳动保护产业为保护劳动者的安全与健康提供更多的优质产品和技术手段，同时为科技成果应用提供广阔的市场，解决安全生产领域科技研究与经济发展脱节的问题，促进安全科研成果的转化。

4. 建立与完善行业与企业安全文化

行业与企业安全文化是行业与企业安全生产的灵魂。越是科技含量高的技术设备，越是要求具有高度的安全可靠性。现代高科技对培训施工人员企业安全生产管理工作提出了更高的要求，尤其是对施工人员的安全意识提出了更高的要求。建立与完善建筑行业与建筑企业安全文化，提高全行业、全企业人员的安全意识，对于搞好安全管理无疑起着不可估量的作用。

（三）经济措施

经济手段就是建设工程项目主体通过各类保险为自己编制一个安全网，维护自身利益，同时运用经济杠杆使项目部以及建筑企业获得较高的经济效益、对违章行为进行惩罚。经济手段有工伤保险、建筑意外伤害保险、经济惩罚制度、提取安全费用制度等。

1. 建筑业意外伤害保险制度

我国建筑职业意外伤害保险制度体系是以工伤保险制度为基础，工伤保险和建筑意外伤害保险相结合的制度，同时积极探索意外伤害保险业自保或行业自保模式。

（1）工伤保险制度。

工伤保险制度是国家和社会为生产工作中遭受事故伤害和患职业性疾病的劳动者及亲属提供医疗救治、生活保障、经济补偿、医疗和职业康复等物资帮助的一种社会保障制度。具有强制性、社会性、互济性、保障性、福利性，其作用如下：

1）保障建筑业从业人员的切身利益；

2）工伤保险直接干预事故预防工作，工伤保险基金可以增加工伤事故预防支出；

3）费率机制刺激建筑业企业以及项目部改善劳动条件；

4）工伤保险机构对安全生产具有监察作用。

（2）建筑意外伤害保险。

建筑意外伤害保险制度是以被保险人因意外伤害而造成伤残、死亡、支出医疗费用、暂时丧失劳动能力作为赔付条件的人身保险业务。它是保护建筑业从业人员合法权益，转移企业事故风险，增强企业预防和控制事故的能力，是促进企业安全生产的重要手段。同时也是工伤保险之外，专门针对施工现场人员的工作危险性而建立的补充保险形式。建筑意外伤害保险制度规定了建筑意外伤害保险的保险范围、保险期限、保险金额、保险费、投保人、安全服务等。其中投保人为施工企业，保险费列入建筑安装费用，由施工企业支付，不得向职工摊派。

（3）行业自保或企业联合自保制度。

建筑意外伤害保险企业自保或企业联合自保制度时根据建筑行业高风险特点，在行业内部由建筑企业自筹基金、进行事故预防，自行补偿事故损失，互助保险的非盈利性保险制度。它具有自愿性和非盈利性，保险基金属于自保基金。

2. 经济惩罚制度

经济惩罚制度是一种惩罚性的经济手段。经济惩罚主要是通过法律法规的规定，对有关违章行为进行处罚。针对处罚的行为对象，可以分为对潜在违章行为的处罚、对违章行为的处罚和对违章行为产生后果的处罚。同时，经济惩罚制度还采取了连带制、复利制的方式，即惩罚连带相关人员，罚款额度随惩罚次数增加而增加等。作为一种具有行政处罚特征的经济手段，经济惩罚制度和一般的经济手段相比，具有一定的被动性，但其震慑力大，往往对建筑企业以及项目部的声誉带来负面影响。

3. 科学合理地确定安全投入

科学合理地确定安全投入是搞好安全管理的重要经济手段。安全投入是指建筑企业用于与项目安全生产有关的费用总和。安全总投入包括安全措施经费投入、劳动保护品投入、职业病预付费投入等方面。其中，安全措施费投入又包括安全技术、工业卫生、辅助设施、宣传教育投入等。

同时安全科技要进步，必须有必要的资金支持。在国家不可能全额拨款的情况下，需要多方式、多渠道地筹集资金。除争取经常性费用的不断增加外，还应通过申报国家级重点科技项目，争取增加国家补助经费；有计划地组织国家贷款的科技开发项目；筹资建立安全科研基金；把科研成果推向市场，形成科研与开发的良性循环；坚持谁投资谁受益的原则，积极争取国内外的有识之士和有实力的单位对安全科研工作的资金投入；培育和推进安全科研技术市场化的发展，鼓励社会资金的投入；通过相关制度措施，确保企业的安全投入落实到位。

4. 提取安全费用制度

强制提取安全费用，保证安全生产所需资金，是弥补安全生产投入不足的措施之一。安全费用的提取，根据地区特点，由建筑企业自行安排使用，专款专用。

5. 建设安全事故伤亡赔偿

建筑企业生产安全事故赔偿是指企业发生安全责任事故后，事故受害者除应得到工伤社会保险赔偿外，事故单位还应按照伤亡者的伤亡程度给予受害者或伤亡者家属的一次性补偿。提高建筑安全事故伤亡赔偿标准时强化安全生产工作的另一措施。

6. 安全生产风险抵押金制度

安全生产风险抵押金制度是预防建筑企业发生安全事故预先提取的，用于企业发生重、特大事故后的抢险救灾和善后处理的专项资金制度。安全生产风险抵押金是由企业自行负担，在自有资金中支付，它的收缴、管理、使用和相关业务的开展由各级人民政府制定的机构负责。

（四）合同措施

建设工程合同管理是在建设工程项目中对相关合同的策划、订立、履行、变更、索赔和争执解决的管理。

在现代建设工程项目管理中合同管理有这特殊的地位和作用，它已成为与进度管理、质量管理、成本管理、安全管理、信息管理等并列的一大管理职能。合同管理是建设工程项目管理区别于其他类型项目管理的重要标志之一。

合同管理是为建设工程项目总目标和企业总目标服务的，保证项目总目标和企业总目标的实现。所以合同管理不仅是工程项目管理的一部分，而且又是企业管理的一部分。具体地说，合同在建设工程项目安全管理中的作用主要是：

（1）保证整个项目在预定的安全目标内完成，达到工程项目建设前所指定的目标、功能要求。

（2）保证整个工程合同的签订和实施过程符合《建筑法》、《安全生产法》、《建筑工程安全生产管理条例》等法律法规的要求。

（3）保证工程的技术方案的批准和实施、工程技术方案的变更，符合安全技术标准规范的要求。

第二节　建设工程项目现场平面布置

建设工程项目现场管理是建设工程项目安全生产管理工作的重要组成部分。建设工程项目现场是建筑产品作业生产的基础环境和场所，同时也是安全事故发生的主要场所，因此，加强建设工程项目现场管理，保证施工井然有序，改变过去"脏、乱、差"的面貌，对提高投资效益和保证工程目标也具有深远意义。

一、建设工程项目现场平面布置的定义

建设施工是指工程建设实施阶段的生产活动，是各类建筑物的建造过程，即在指定的地点，把设计图纸变成实物的过程。它包括基础工程施工、主体结构施工、屋面工程施工、装饰工程施工等。施工作业的场所称为"建筑施工现场"或"施工现场"，俗称工地。

狭义的施工现场的范围可能是城市规划红线之内全部的范围，也可能是部分范围，这些要根据业主发包情况而定。广义的施工现场不仅包括以上所述内容，还包括施工现场以外所搭建的临时生活区。本章中的建设工程项目现场主要以狭义的施工现场为论述对象。

建设工程项目现场平面布置通常情况采用平面布置图来表现。建设工程项目现场的平面布置图是施工过程空间组织的具体成果，亦是施工组织设计的重要组成部分，必须科学合理的规划，绘制出施工现场平面布置图，在施工实施阶段按照施工总平面图要求，设置道路、组织排水、搭建临时设施、堆放物料和设置机械设备等。

二、建设工程项目施工平面图编制的依据和布置原则

（一）施工平面图编制的依据

（1）工程所在地区的原始资料，包括建设、勘察、设计单位提供的资料。

（2）原有和拟建建设工程的位置和尺寸。

（3）施工方案、施工进度和资源需要计划。

（4）全部施工设施建造方案。

（5）建设单位可提供房屋和其他设施。

（二）施工平面布置原则

施工平面布置是一项综合性的规划课题，在很大程度上决定于施工现场的具体条件。它涉及的因素很广，不可能轻易获得令人满意的结果，必须通过方案的比较和必要的计算才能得出较优的设计方案。一般施工平面图规划设计应遵循的原则是：

（1）满足施工要求，场内道路畅通，运输方便，各种材料能按计划分期分批进场，满足交通安全需求，同时充分利用场地。

（2）材料尽量靠近使用地点，减少二次搬运。

（3）现场布置紧凑，减少施工用地。

（4）在保证施工顺利进行的条件下，尽可能减少临时设施搭设，尽可能利用施工现场附近的原有建筑物作为施工临时设施。

（5）临时设施的布置，应便于工人生产和生活，办公用房靠近施工现场，福利设施应在生活区范围之内，保证工人日常生活安全需求。

（6）平面图布置应符合安全、消防、环境保护的要求。

三、施工平面图的表示内容

施工平面图表示的内容如下：

（1）拟建建筑的位置，平面轮廓。

（2）施工用机械设备的位置。

（3）塔式起重机轨道、运输路线及回转半径。

（4）施工运输道路、临时供水、排水管线、消防设施。

（5）临时供电线路及变配电设施位置。

（6）施工临时设施位置。

（7）物料堆放位置与绿化区域位置。

（8）围墙与入口位置。

四、施工现场功能区域划分要求

施工现场按照功能可划分为施工作业区、辅助作业区、材料堆放区和办公生活区。施工现场的办公生活区应当与作业区分开设置，并保持安全距离。办公生活区应当设置于在建建筑物坠落半径之外，与作业区之间设置防护措施，进行明显的划分隔离，以免人员误入危险区域；办公生活区如果设置在在建建筑物坠落半径之内时，必须采取可靠的防砸措施。功能区的规划设置时还应考虑交通、水电、消防和卫生、环保等因素。

（一）场地

施工现场的场地应当整平，清除障碍物，无坑洼和凹凸不平，雨季不积水，暖季应适当绿化。施工现场应具有良好的排水系统，设置排水沟及沉淀池，现场废水不得直接排入市政污水管网和河流；现场存放的油料、化学溶剂等应设有专门的库房，地面应进行防渗漏处理。地面应当经常洒水，对粉尘源进行覆盖遮挡。

（二）道路

（1）施工现场的道路应畅通，应当有循环干道，满足运输、消防要求。

（2）主干道应当平整坚实，且有排水措施，硬化材料可以采用混凝土、预制块或用石屑、焦渣、砂等压实整平，保证不沉陷，不扬尘，防止泥土带入市政道路。

（3）道路应当中间起拱，两侧设排水设施，主干道宽度不宜小于 3.5m，载重汽车转弯半径不宜小于 15m，如因条件限制，应当采取措施。

（4）道路的布置要与现场的材料、构件、仓库等堆场、吊车位置相协调、配合。

（5）施工现场主要道路应尽可能利用永久性道路，或先建好永久性道路的路基，在土建工程结束之前再铺路面。

（三）封闭管理

施工现场的作业条件差，不安全因素多，在作业过程中既容易伤害作业人员，也容易伤害现场以外的人员。因此，施工现场必须实施封闭式管理，将施工现场与外界隔离，防止"扰民"和"民扰"问题，同时保护环境、美化市容。

1. 围挡

（1）施工现场围挡应沿工地四周连续设置，不得留有缺口，并根据地质、气候、围挡材料进行设计与计算，确保围挡的稳定性、安全性。

（2）围挡的用材应坚固、稳定、整洁、美观，宜选用砌体、金属材板等硬质材料，不宜使用彩布条、竹笆或安全网等。

（3）施工现场的围挡一般应高于 1.8m。

（4）禁止在围挡内侧堆放泥土、砂石等散状材料以及架管、模板等，严禁将围挡做挡土墙使用。

（5）雨后、大风后以及春融季节应当检查围挡的稳定性，发现安全隐患等问题时应及时处理。

2. 大门

（1）施工现场应当有固定的出入口，出入口处应设置大门。

（2）施工现场的大门应牢固美观，大门上应标有企业名称或企业标识。

（3）出入口处应当设置专职保卫人员，制定门卫管理制度及交接班记录制度，保证工人出入安全。

（4）施工现场的施工人员应当佩戴工作卡。

（四）临时设施

施工现场的临时设施较多，这里主要指施工期间临时搭建、租赁的各种房屋临时设施。临时设施必须合理选址、正确用材，确保使用功能和安全、卫生、环保、消防要求。

1. 施工现场常见的临时设施种类

（1）办公设施，包括办公室、会议室、保卫传达室。

（2）生活设施，包括宿舍、食堂、厕所、淋浴室、阅览娱乐室、卫生保健室。

（3）生产设施，包括材料仓库、防护棚、加工棚（站、厂，如混凝土搅拌站、砂浆搅拌站、木材加工厂、钢筋加工厂、金属加工厂和机械维修厂）、操作棚。

（4）辅助设施，包括道路、现场排水设施、围墙、大门、供水处、吸烟处。

2. 临时设施的设计

施工现场搭建的生活设施、办公设施、两层以上、大跨度及其他临时房屋建筑物应当进行结构计算，绘制简单施工图纸，并经企业技术负责人审批方可搭建。临时建筑物设计应符合《建筑结构可靠度设计统一标准》（GB 50068）、《建筑结构荷载规范》（GB 50009）的规定。临时建筑物使用年限定为 5 年。临时办公用房、宿舍、食堂、厕所等建筑物结构重要性

系数 $\gamma_0 = 1.0$，工地非危险品仓库等建筑物结构重要性系数 $\gamma_0 = 0.9$，工地危险品仓库按相关规定设计。临时建筑及设施设计可不考虑地震作用。

3. 临时设施的选址

办公生活临时设施的选址首先应考虑与作业区相隔离，保持安全距离，其次位置的周边环境必须具有安全性，例如不得设置在高压线下，也不得设置在沟边、崖边、河流边、强风口处、高墙下以及滑坡、泥石流等灾害地质带上和山洪可能冲击到的区域。

安全距离是指在施工坠落半径和高压线防电距离之外。建筑物高度 2～5m，坠落半径为2m；高度 30m，坠落半径为 5m（如因条件限制，办公和生活区设置在坠落半径区域内，必须有防护措施）。1kV 以下裸露输电线，安全距离为 4m；330～550kV，安全距离为 15m（最外线的投影距离）。

4. 临时设施的布置原则

（1）合理布局，协调紧凑，充分利用地形，节约用地。

（2）尽量利用建设单位在施工现场或附近能提供的现有房屋和设施。

（3）临时房屋应本着厉行节约，减少浪费的精神，充分利用当地材料，尽量采用活动式或容易拆装的房屋。

（4）临时房屋布置应方便生产和生活。

（5）临时房屋的布置应符合安全、消防和环境卫生的要求。

5. 临时设施的布置方式

（1）生活性临时房屋布置在工地现场以外，生产性临时设施按照生产的需要在工地选择适当的位置，行政管理的办公室等应靠近工地或是工地现场出入口。

（2）生活性临时房屋设在工地现场以内时，一般布置在现场的四周或集中于一侧。

（3）生产性临时房屋，如混凝土搅拌站、钢筋加工厂、木材加工厂等，应全面分析比较确定位置。

常用的临时房屋的结构类型有活动式临时房屋，如钢骨架活动房屋、彩钢板房。还有一种是固定式临时房屋，主要为砖木结构、砖石结构和砖混结构。为了提供材料的重复利用率，降低成本，以及提高临时设计的规范管理和安全管理，临时房屋应优先选用钢骨架彩板房，生活办公设施不宜选用菱苦土板房。××建筑公司为了统一管理，公司设计了一种集装箱式活动房，这种活动房可以重复利用，灵活，便于运输，统一规格，便于管理。

（五）临时设施的搭设与使用管理

1. 办公室

施工现场应设置办公室，办公室内布局应合理，文件资料宜归类存放，并应保持室内清洁卫生。

2. 职工宿舍

（1）宿舍应当选择在通风、干燥的位置，防止雨水、污水流入。

（2）不得在尚未竣工建筑物内设置员工集体宿舍。

（3）宿舍必须设置可开启式窗户，设置外开门。

（4）宿舍内应保证有必要的生活空间，室内净高不得小于 2.4m，通道宽度不得小于0.9m，每间宿舍居住人员不应超过 16 人。

（5）宿舍内的单人铺不得超过 2 层，严禁使用通铺，床铺应高于地面 0.3m，人均床铺面积不得小于 1.9m×0.9m，床铺间距不得小于 0.3m。

（6）宿舍内应设置生活用品专柜，有条件的宿舍应设置生活用品储藏室；宿舍内严禁存放施工材料、施工机具和其他杂物。

（7）宿舍周围应当搞好环境卫生，应设置垃圾桶、鞋柜或鞋架，生活区内应为作业人员提供晾晒衣物的场地，房屋外道路平整，晚间有充足的照明。

（8）寒冷地区冬季宿舍应有保暖措施、防煤气中毒措施，火炉应当统一设置、管理，炎热季节应有消暑和防蚊虫叮咬措施。

（9）应当制定宿舍管理使用责任制，轮流负责卫生和使用管理或安排专人管理。

3. 食堂

（1）食堂应当选择在通风、干燥的位置，防止雨水、污水流入，应当保持环境卫生，远离厕所、垃圾站、有毒有害场所等污染源的地方，装修材料必须符合环保、消防要求。

（2）食堂应设置独立的制作间、储藏间。

（3）食堂应配备必要的排风设施和冷藏设施，安装纱门纱窗，室内不得有蚊蝇，门下方应设不低于 0.2m 的防鼠挡板。

（4）食堂的燃气罐应单独设置存放间，存放间应通风良好并严禁存放其他物品。

（5）食堂制作间灶台及其周边应贴瓷砖，瓷砖的高度不宜小于 1.5m；地面应做硬化和防滑处理，按规定设置污水排放设施。

（6）食堂制作间的刀、盆、案板等炊具必须生熟分开，食品必须有遮盖，遮盖物品应有正反面标识，炊具宜存放在封闭的橱柜内。

（7）食堂内应有存放各种佐料和副食的密闭器皿，并应有标识，粮食存放台距墙和地面应大于 0.2m。

（8）食堂外应设置密闭式泔水桶，并应及时清运，保持清洁。

（9）应当制定并在食堂张挂食堂卫生责任制，责任落实到人，加强管理。

4. 厕所

（1）厕所大小应根据施工现场作业人员的数量设置。

（2）高层建筑施工超过 8 层以后，每隔四层设置临时厕所。

（3）施工现场应设置水冲式或移动式厕所，厕所地面应硬化，门窗齐全。蹲坑间设置隔板，隔板高度不宜低于 0.9m。

（4）厕所应设专人负责，定时进行清扫、冲刷、消毒，化粪池应及时清淘。

5. 防护棚

施工现场的防护棚较多，如加工站厂棚、机械操作棚、通道防护棚等。大型站厂棚可用砖混、砖木结构，应当进行结构计算，保证结构安全。小型防护棚应由钢管扣件脚手架搭设，应当严格按照《建筑施工扣件式钢管脚手架安全技术规范》要求搭设。防护棚顶应当满足承重、防雨要求。防护棚在施工坠落半径之内的，棚顶应具有抗砸能力。可采用多层结构。最上材料强度应能承受 10kPa 的均布静荷载，也可采用 50mm 厚木板架设或采用两层竹笆，上下竹笆层间距应不小于 600mm。

6. 搅拌站

（1）搅拌站应有后上料场地，应当综合考虑砂石堆场、水泥库的设置位置，既要相互靠近，又要便于材料的运输和装卸。

（2）搅拌站应当尽可能设置在垂直运输机械附近，在塔式起重机吊运半径内，尽可能减少混凝土、砂浆水平运输距离。采用塔式起重机吊运时，应当留有起吊空间，使吊斗能方便地从出料口直接挂钩起吊和放下；采用小车、翻斗车运输时，应当设置在大路旁，以方便运输。

（3）搅拌站场地四周应当设置沉淀池、排水沟：

1）避免清洗机械时，造成场地积水；

2）沉淀后循环使用，节约用水；

3）避免将未沉淀的污水直接排入城市排水设施和河流；

4）搅拌站应当搭设搅拌棚，挂设搅拌安全操作规程和相应的警示标志、混凝土配合比牌，采取防止扬尘措施，冬季施工还应考虑保温、供热等。

7. 仓库

（1）仓库的面积应通过计算确定，根据各个施工阶段的需要的先后进行布置。

（2）水泥仓库应当选择地势较高、排水方便、靠近搅拌机的地方。

（3）易燃易爆品仓库的布置应当符合防火、防爆安全距离要求。

（4）仓库内各种工具器件物品应分类集中放置，设置标牌，标明规格型号。

（5）易燃、易爆和剧毒物品不得与其他物品混放，并建立严格的进出库制度，由专人管理。

（六）施工现场的卫生与防疫

1. 卫生保健

（1）施工现场应设置保健卫生室，配备保健药箱、常用药及绷带、止血带、颈托、担架等急救器材，小型工程可以用办公用房兼作保健卫生室。

（2）施工现场应当配备兼职或专职急救人员，负责处理伤员和职工保健，对生活卫生进行监督和定期检查食堂、饮食等卫生情况。

（3）要利用板报等形式向职工介绍防病的知识和方法，做好对职工卫生防病的宣传教育工作，针对季节性流行病、传染病等。

（4）当施工现场作业人员发生法定传染病、食物中毒、急性职业中毒时，必须在 2h 内向事故发生所在地建设行政主管部门和卫生防疫部门报告，并应积极配合调查处理。

（5）现场施工人员患有法定的传染病或病源携带者时，应及时进行隔离，并由卫生防疫部门进行处置。

2. 保洁

办公区和生活区应设专职或兼职保洁员，负责卫生清扫和保洁，应有灭鼠、蚊、蝇、蟑螂等措施，并应定期投放和喷洒药物。

3. 食堂卫生

（1）食堂必须有卫生许可证。

（2）炊事人员必须持有身体健康证，上岗应穿戴洁净的工作服、工作帽和口罩，并应保持个人卫生。

（3）炊具、餐具和饮水器具必须及时清洗消毒。

（4）必须加强食品、原料的进货管理，做好进货登记，严禁购买无照、无证商贩经营的食品和原料，施工现场的食堂严禁出售变质食品。

（七）六牌两图与两栏一报

施工现场的进口处应有整齐明显的"六牌两图"，在办公区、生活区设置"两栏一报"。

（1）六牌：工程概况牌、管理人员名单及监督电话牌、安全生产牌、入场须知牌、文明施工牌及消防保卫牌。"两图"即施工现场总平面图、工程效果图。

（2）各地区也可根据情况再增加其他牌图。六牌具体内容没有作具体规定，可结合本地区、本企业及本工程特点设置。工程概况牌内容一般应写明工程名称、面积、层数、建设单位、设计单位、施工单位、监理单位、开竣工日期、项目经理以及联系电话、安全及质量监督机构名称等。

（3）标牌是施工现场重要标志的一项内容，所以不但内容应有针对性，同时标牌制作、挂设也应规范整齐、美观，字体工整。

（4）为进一步对职工做好安全宣传工作，所以要求施工现场在明显处，应有必要的安全内容的标语。

（5）施工现场应该设置"两栏一报"，即读报栏、宣传栏和黑板报，丰富学习内容，表扬好人好事。

（八）警示标牌布置与悬挂

施工现场应当根据工程特点及施工的不同阶段，有针对性地设置、悬挂安全标志。

1. 安全标志的定义

安全警示标志是指提醒人们注意的各种标牌、文字、符号以及灯光等。一般来说，安全警示标志包括安全色和安全标志。安全警示标志应当明显，便于作业人员识别。如果是灯光标志，要求明亮显眼；如果是文字图形标志，则要求明确易懂。

根据《安全色》（GB 2893—2008）规定，安全色是表达安全信息含义的颜色，安全色分为红、黄、蓝、绿四种颜色，分别表示禁止、警告、指令和提示。

根据《安全标志》（GB 2894—2008 规定），安全标志是用于表达特定信息的标志，由图形符号、安全色、几何图形（边框）或文字组成。安全标志分禁止标志、警告标志、指令标志和提示标志。安全警示标志的图形、尺寸、颜色、文字说明和制作材料等，均应符合国家标准规定。

2. 设置悬挂安全标志的意义

施工现场施工机械、机具种类多、高空与交叉作业多、临时设施多、不安全因素多、作业环境复杂，属于危险因素较大的作业场所，容易造成人身伤亡事故。在施工现场的危险部位和有关设备、设施上设置安全警示标志，这是为了提醒、警示进入施工现场的管理人员、作业人员和有关人员，要时刻认识到所处环境的危险性，随时保持清醒和警惕，避免事故发生。

3. 安全标志平面布置图

施工单位应当根据工程项目的规模、施工现场的环境、工程结构形式以及设备、机具的位置等情况，确定危险部位，有针对性地设置安全标志。施工现场应绘制安全标志布置总平面图，根据施工不同阶段的施工特点，组织人员有针对性的进行设置、悬挂或增减。

安全标志设置位置的平面图，是重要的安全工作内业资料之一，当一张图不能表明时可以分层表明或分层绘制。安全标志设置位置的平面图应由绘制人员签名，项目负责人审批。

4. 安全标志的设置与悬挂

根据国家有关规定，施工现场入口处、施工起重机械、临时用电设施、脚手架、出入通道口、楼梯口、电梯井口、孔洞口、桥梁口、隧道口、基坑边沿、爆破物及有害危险气体和液体存放处等属于危险部位，应当设置明显的安全警示标志。安全警示标志的类型、数量应当根据危险部位的性质不同，设置不同的安全警示标志。如在爆破物及有害危险气体和液体存放处设置禁止烟火、禁止吸烟等禁止标志；在施工机具旁设置当心触电、当心伤手等警告标志；在施工现场入口处设置必须戴安全帽等指令标志；在通道口处设置安全通道等指示标志；在施工现场的沟、坎、深基坑等处，夜间要设红灯示警。

安全标志设置后应当进行统计记录，并填写施工现场安全标志登记表。

（九）塔式起重机的设置

1. 位置的确定原则

塔式起重机的位置首先应满足安装的需要，同时，又要充分考虑混凝土搅拌站、料场位置，以及水、电管线的布置等。固定式塔式起重机设置的位置应根据机械性能、建筑物的平面形状、大小、施工段划分、建筑物四周的施工现场条件和吊装工艺等因素决定，一般宜靠近路边，减少水平运输量。有轨式塔式起重机的轨道布置方式，主要取决于建筑物的平面形状、尺寸和四周施工场地条件。轨道布置方式通常是沿建筑物一侧或内外两侧布置。

2. 应注意的安全事项

（1）轨道塔式起重机的塔轨中心距建筑外墙的距离应考虑到建筑物突出部分、脚手架、安全网、安全空间等因素，一般应不少于 3.5m。

（2）拟建的建筑物临近街道，塔臂可能覆盖人行道，如果现场条件允许，塔轨应尽量布置在建筑物的内侧。

（3）塔式起重机临近的高压线，应搭设防护架，并且应限制旋转的角度，以防止塔式起重机作业时造成事故。

（4）在一个现场内布置多台起重设备时，应能保证交叉作业的安全，上下左右旋转，应留有一定的空间以确保安全。

（5）轨道式塔式起重机轨道基础与固定式塔式起重机机座基础必须坚实可靠，周围设置排水措施，防止积水。

（6）塔式起重机布置时应考虑安装与拆除所需要的场地。

（7）施工现场应留出起重机进出场道路。

（十）材料的堆放

1. 一般要求

（1）建筑材料的堆放应当根据用量大小、使用时间长短、供应与运输情况确定，用量大、使用时间长、供应运输方便的，应当分期分批进场，以减少堆场和仓库面积。

（2）施工现场各种工具、构件、材料的堆放必须按照总平面图规定的位置放置。

（3）位置应选择适当，便于运输和装卸，应减少二次搬运。

（4）地势较高、坚实、平坦、回填土应分层夯实，要有排水措施，符合安全、防火的要求。

（5）应当按照品种、规格堆放，并设明显标牌，标明名称、规格和产地等。

（6）各种材料物品必须堆放整齐。

2. 主要材料半成品的堆放

（1）大型工具，应当一头见齐。

（2）钢筋应当堆放整齐，用方木垫起，不宜放在潮湿和暴露在外受雨水冲淋。

（3）砖应丁码成方垛，不准超高并距沟槽坑边不小于 0.5m，防止坍塌。

（4）砂应堆成方，石子应当按不同粒径规格分别堆放成方。

（5）各种模板应当按规格分类堆放整齐，地面应平整坚实，叠放高度一般不宜超高 1.6m；大模板存放应放在经专门设计的存架上，应当采用两块大模板面对面存放，当存放在施工楼层上时，应当满足自稳角度并有可靠的防倾倒措施。

（6）混凝土构件堆放场地应坚实、平整，按规格、型号堆放，垫木位置要正确，多层构件的垫木要上下对齐，垛位不准超高；混凝土墙板宜设插放架，插放架要焊接或绑扎牢固，防止倒塌。

3. 场地清理

作业区及建筑物楼层内，要做到工完场地清，拆模时应当随拆随清理运走，不能马上运走的应码放整齐。

各楼层清理的垃圾不得长期堆放在楼层内，应当及时运走，施工现场的垃圾也应分类集中堆放。

第三节　安全技术交底

一、安全技术交底的定义

安全技术交底是指将预防和控制安全事故发生及减少其危害的安全技术措施以及建设工程项目、分部分项工程概况向作业人员做出说明。安全技术交底制度是施工单位有效预防违章指挥、违章作业和伤亡事故发生的一种有效措施，是落实安全技术措施及安全管理事项的重要手段之一。安全技术交底要与施工技术交底同时进行，重大安全技术措施及重要部位的安全技术由公司或者项目经理部技术负责人向项目工长进行书面的安全技术交底，一般安全技术措施由项目工长向施工班组进行书面安全交底。

二、安全技术交底的原则和要求

（一）安全技术交底的编制原则

安全技术交底要依据安全施工组织设计中的安全措施，结合具体施工方法，根据现场的作业条件及环境，将工程项目、分部分项工程项目概况，以书面形式，编制出具有可操作性的、针对性的、内容全面的安全技术交底材料，并有审批签字后向参加施工的各类人员进行安全技术交底，使全体作业人员明白工程施工特点及各施工阶段安全施工的要求，掌握各自岗位职责和安全操作方法，交底时必须双方签字，交底人与接底人各留一份。

（二）安全技术交底的原则

安全技术交底的主要原则有：

（1）安全技术交底与建设工程的技术交底要融为一体，不能分开。

（2）必须严格按照施工制度，在施工前进行交底。

（3）要按照不同工程的特点和不同工程的施工方法，针对施工现场和周围的环境，从防护上、技术上，提出相应的安全措施和要求。

（4）安全技术交底要全面、具体、针对性强，做到安全施工万无一失。

（5）建筑机械安全技术交底要向操作者交代机械的安全性能及安全操作规程和安全防护措施，并经常检查操作人员的交接班记录。

（6）交底应由施工技术人员编写并向施工班组及责任人交底，安全员负责监督执行。

（三）安全技术交底的主要要求

安全技术交底的主要要求有：

（1）施工单位负责项目管理的技术人员向施工班组长、作业人员进行交底。

（2）交底必须具体、明确、针对性强。交底要依据施工组织设计和分部分项安全施工方案安全技术措施的内容，以及分部分项工程施工给作业人员带来的潜在危险因素，就作业要求和施工中应注意的安全事项有针对性地进行交底。

（3）各工种的安全技术交底一般与分部分项安全技术交底同步进行。对施工工艺复杂、施工难度较大或作业条件危险的，应当单独进行各工种的安全技术交底。

（4）交接底应当采用书面形式。

（5）交接底双方在书面安全技术交底上签字确认。

（四）安全交底的主要内容

（1）工程项目和分部分项工程项目的概况。

（2）工程项目和分部分项工程的危险部位。

（3）针对危险部位采取的具体防范措施。

（4）作业中应注意的安全事项。

（5）作业人员应遵守的安全操作规程和规范。

（6）作业人员发现事故隐患后应采取的措施。

（7）发生事故后应及时采取的避险和急救措施。

（五）分部分项工程的安全技术交底

分部分项工程需要安全技术交底的主要项目有以下几方面。

（1）基础工程。

基础工程包括挖土工程、回填土工程、基坑支护等。

（2）主体工程。

主体工程包括砌筑工程、模板工程、钢筋工程、混凝土工程、楼板安装工程、钢结构及铁件制作工程、构建吊装工程。

（3）屋面工程。

屋面工程包括钢筋混凝土屋面施工、卷材屋面施工、涂抹屋面施工、瓦屋面施工。

（4）装饰工程。

装饰工程包括内外墙装饰等。

（5）门窗工程。

门窗工程主要包括木门窗、铝合金门窗、塑钢门窗、钢门窗工程等。

（6）脚手架工程。

脚手架工程主要包括落地式脚手架、悬挑式脚手架、门窗型脚手架、吊篮脚手架、附着式升降脚手架等。

（7）临时用电工程。

（8）垂直运输机械。

垂直运输机械主要包括塔吊、物料提升机、外用电梯、卷扬机等机械设备的拆装、使用。

（9）施工用具及设备。

木工、钢筋、混凝土、电气焊等机具设备的安装、使用。

（10）水暖、通风工程。

（11）电气安装工程。

（12）防火工程。

防火工程主要包括电气防火、木工棚防火、职工宿舍防火及建筑材料防火等。

（13）各工种安全技术交底。

三、建设工程项目安全专项方案

对于达到一定规模的危险性较大的分部分项工程，以及涉及新技术、新工艺、新设备、新材料的工程，因其复杂性和危险性，在施工过程中易发生人身伤亡事故，施工单位应当根据各分部分项工程的特点，有针对性地编制专项施工方案。建设部为加强建设工程项目的安全技术管理，防止建筑施工安全事故，保障人身和财产安全，依据《建设工程安全生产管理条例》，下了发的《危险性较大工程安全专项施工方案编制及专家论证审查办法》，办法中对编制专项施工方案及专家论证审查的工作范围作了明确的规定。

（一）专项施工方案的编制范围

《危险性较大工程安全专项施工方案编制及专家论证审查办法》适用于土木工程、建筑工程、线路管道和设备安装工程及装修工程的新建、改建、扩建和拆除等活动。

危险性较大工程是指《建筑工程安全生产管理条例》第二十六条所列工程：

（1）基坑支护与降水工程。

（2）土方开挖工程。

（3）模板工程。

（4）起重吊装工程。

（5）脚手架工程。

（6）拆除、爆破工程。

（7）国务院建设行政主管部门或者其他有关部门规定的其他危险性较大的工程。

对以上所列工程中涉及深基坑、地下暗挖工程、高大模板工程的专项施工方案，施工单位还应当组织专家进行论证、审查。

对于以上工程应单独编制安全专项施工方案：

1. 基坑支护与降水工程

基坑支护工程是指开挖深度超过 5m（含 5m）的基坑（槽）并采用支护结构施工的工程；或基坑虽未超过 5m，但地质条件和周围环境复杂、地下水位在坑底以上等工程。

2. 土方开挖工程

土方开挖工程是指开挖深度超过 5m（含 5m）的基坑、槽的土方开挖。

3. 模板工程

各类工具式模板工程，包括滑模、爬模、大模板等；水平混凝土构件模板支撑系统及特殊结构模板工程。

4. 起重吊装工程

（1）现场环境。

（2）起重工程。

（3）吊装工程。

（4）地锚工程。

5. 脚手架工程

（1）高度超过 24m 的落地式钢管脚手架。

（2）附着式升降脚手架，包括整体提升与分片式提升。

（3）悬挑式脚手架。

（4）门型脚手架。

（5）挂脚手架。

（6）吊篮脚手架。

（7）卸料平台。

6. 拆除、爆破工程

采用人工、机械拆除或爆破拆除的工程。

7. 其他危险性较大的工程

（1）建筑幕墙的安装施工。

（2）预应力结构张拉施工。

（3）隧道工程施工。

（4）桥梁工程施工（含架桥）。

（5）特种设备施工。

（6）网架和索膜结构施工。

（7）6m 以上的边坡施工。

（8）大江、大河的导流、截流施工。

（9）港口工程、航道工程。

（10）采用新技术、新工艺、新材料，可能影响建设工程质量安全，已经行政许可，尚无技术标准的施工。

（二）需经专家论证审查的专项施工方案范围

对下列危险性较大的工程专项施工方案，建筑企业应当组织专家组进行论证审查：

（1）深基坑工程。

开挖深度超过 5m（含 5m）或地下室三层以上（含三层），或开挖深度虽未超过 5m（含 5m），但地质条件和周围环境及地下管线极其复杂的工程。

（2）地下暗挖工程。

地下暗挖及遇有溶洞、暗河、瓦斯、岩爆、涌泥、断层等地质复杂的隧道工程。

（3）高大模板工程。

水平混凝土构件模板支撑系统高度超过 8m，或跨度超过 18m，施工总荷载大于 10kN/m²，或集中线荷载大于 15kN/m 的模板支撑系统。

（4）30m 及以上高空作业的工程。

（5）大江、大河中深水作业的工程。

（6）城市房屋拆除爆破和其他土石方爆破工程。

（三）专项施工方案的主要内容

专项施工方案应当根据工程建设标准、规范，结合工程项目和分部分项工程的具体特点进行编制，编制专项施工方案可参考一下内容：

1. 基础工程

（1）工程水文地质条件、降排水条件、基坑周边荷载、施工季节、周边环境等情况。

（2）基础类型、基坑开挖深度、对基坑侧壁位移的要求及设计验算。

（3）操作程序和安全操作规程。

（4）基坑周边地面排水沟和临边防护设施的设置。

（5）采取的降、排水措施。

（6）上下通道的设置和安全防护措施。

（7）防止碰撞支护结构、工程桩或扰动基底原状土措施。

（8）监测方法、监控报警值的确定及精度要求。

（9）监测点的设置，以及监测周期、监测人员的确定。

（10）发生坍塌、沉降、变形等情况的应急措施。

2. 模板工程

（1）现浇混凝土梁、板、柱等结构采用的模板的种类和支撑材料。

（2）模板和支撑系统以及施工荷载的设计计算。

（3）立柱、扫地杆及剪刀撑的设置。

（4）安装、拆卸程序和安全操作规程。

（5）模板拆卸警戒和监护措施。

（6）模板拆除时混凝土强度的要求。

（7）大模板的存放及安全措施。

（8）验收内容和程序。

3. 脚手架工程

（1）脚手架的结构形式。

（2）钢管、扣件、脚手板和底座、垫板、悬挑梁的规格和材质要求。

（3）扫地杆、立杆、水平杆、剪刀撑和连墙杆设置位置、间距及连接方法。

（4）设计计算。包括纵向、横向水平杆等受弯杆件的强度和连接扣件的抗滑承载力，立杆地基承载力和立杆稳定性，以及连墙件的强度、稳定性和连接强度的计算。

（5）平面图、立面图、拉结点详图。

（6）基础和基础排水的设置。

（7）卸荷措施。

（8）防护栏杆和安全网防护的设置。

（9）人行通道的设置。

（10）安装、拆卸程序和安全操作规程。

（11）验收内容和程序。

（12）高处作业人员持证上岗的要求。

4. 临时用电工程

(1) 现场勘察的方法和内容。

(2) 用电负荷计算。

(3) 电源进线、配电室、总配电箱、分配电箱位置和线路走向。

(4) 变压器容量、导线截面以及配电箱、开关箱和电器元件的规格、型号。

(5) 电气平面图、立面图和接线系统图。

(6) 外电线路不能满足《施工现场临时用电安全技术规范》规定的安全距离应采取的防护措施。

(7) 防雷击措施。

(8) 安全用电和电气防火安全技术措施。

(9) 电气测试内容和周期。

(10) 电工持证上岗要求。

5. 起重吊装工程

(1) 现场环境。

(2) 起重机械的选择。

(3) 起重扒杆的设计计算。

(4) 吊装工艺。

(5) 地锚设计。

(6) 钢丝绳、吊具和索具以及滑轮和滑轮组设计与选用。

(7) 地耐力、作业平台和道路的要求。

(8) 起重作业、高处作业的防护措施和安全注意事项。

(9) 起重机司机、起重工和信号指挥工等特种作业人员持证上岗的要求。

6. 起重机械安装与拆卸工程

(1) 作业环境。

(2) 拟安装起重机械的规格、型号，确定安装位置。

(3) 辅助起重机械设备。

(4) 安装拆卸作业前检查的内容。

(5) 安装、拆卸工艺流程及安装要点。

(6) 升降及锚固作业工艺。

(7) 安装后的验收内容和试验方法。

(8) 各工序、各部位的安全防护措施。

(9) 安装、拆卸安全注意事项。

(10) 起重机司机、信号指挥工、起重工等特种作业人员持证上岗要求。

7. 拆除与爆破工程

(1) 拟拆除工程设计区域的地上、地下建筑及设施分布情况。

(2) 拆除建筑物外侧架空线路或电缆线路应采取的防护措施。

(3) 拟拆除工程毗邻建筑物、构筑物的安全保护措施。

(4) 拆除工程施工区围挡的设置形式和方法。

(5) 拟拆除建筑物与交通道路的安全距离不能满足要求时，应采取的安全隔离措施。

（6）拆除建筑物的施工方法（人工、机械、爆破）和程序。

（7）拟使用的施工机械、机具。

（8）采用爆破方法拆除所采用的爆破器材、爆破器材临时保管地点和监控措施。

（9）监测方式和监测人员。

（10）夜间施工照明的设置。

（11）安全标志的设置。

（12）作业人员应配备的劳动保护用品。

（13）拆除作业过程中的安全防护措施和安全注意事项。

（14）拆除吊装起重机司机、信号指挥工和从事爆破拆除施工作业人员持证上岗要求。

（四）专项施工方案的审批

（1）建筑企业应当组织不少于 5 人的专家组，对已编制的安全专项施工方案进行论证审查。

（2）安全专项施工方案专家组必须提出书面论证审查报告，施工企业应根据论证审查报告进行完善，施工企业技术负责人、总监理工程师签字后，方可实施。

（3）专家组书面论证审查报告应作为安全专项施工方案的附件，在实施过程中，施工企业应严格按照安全专项方案组织施工。

第四节　安全教育与培训

从目前我国安全生产事故的特点可以看出，重特大事故主要集中在建筑施工等劳动密集型的生产经营单位。从建筑企业的用工情况看在我国 4000 万建筑从业人员当中，有 80％的为农民工，这些从业人员多数文化水平不高，流动性大，也影响了部分生产经营单位在安全教育培训方面不愿做出更多投入，安全教育流于形式的情况较为严重，导致了从业人员对违章作业（或根本不知道本人的行为是违章）的危害认识不清，对作业环境中存在的危险、有害因素认识不清。因此，加强对从业人员的安全教育培训，提高从业人员对风险的辨识、控制、应急处置和避险自救能力，提高从业人员安全意识和综合、素质，是防止不安全行为，减少人为失误的重要途径。

一、安全教育与培训的内涵

凡是增进人们的知识和技能、影响人们的思想品德的活动，都是教育。培训则是一种有组织的知识传递、技能传递、标准传递、信息传递、信念传递、管理训诫行为。安全教育与培训是安全管理的两项重要工作，其目的是提高职工的安全意识，增强职工的安全操作技能和安全管理水平，最大限度减少人身伤害事故的发生。安全教育与培训不是简单的教育与培训的结合，而是一个有机的整体，是终身教育的一部分。它真正体现了"以人为本"的安全管理思想，是搞好企业安全管理的有效途径。

现代的安全教育与培训具有"人文"性、"强制"性和"时间"性三个重要特征。

（1）"人文"性。"教育"包含着"人文"性理念，"以德管理"需要进行思想教育，显露"人文"性的特征。

（2）"强制"性。"培训"包含着"强制"性的理念，"依法管理"必须加强培训工作，突出"强制"性的特征。例如：建筑企业的"三级安全教育"必须落实，安全员、特殊工种必须做到"先培训，后上岗"，企业负责人必须参加安全培训等。

（3）"时间"性。"教育培训"作为终身教育的一部分，"时间"特性显得十分突出，时间性表现在两个方面：一方面安全教育培训应贯穿于终身教育之中，存在于人的生命之中；另一方面，安全教育培训必须融入人们的思想、成为社会活动的一部分，宣传这一理念需要长久的努力。

安全教育培训工作是实现安全生产的一项重要基础工作。只有通过对广大建筑职工进行安全教育培训，才能提高职工搞好安全生产的自觉性、积极性，增强安全意识，掌握安全知识，提高安全操作水平，使安全技术规范、标准得到贯彻执行，安全规章制度得到有效落实。

二、安全生产教育培训的组织

《生产经营单位安全培训规定》对贯彻《安全生产法》的要求，从培训的人员、方式、内容等方面，做了具体、明确的规定。其中，国家安全生产监督管理总局组织、指导和监督中央管理的生产经营单位的总公司的主要负责人和安全生产管理人员的安全培训工作。省级安全生产监督管理部门组织、指导监督省属生产经营单位及所辖区域内中央管理的工矿商贸生产经营单位的分公司、子公司主要负责人和安全管理人员的培训工作；组织、指导和监督特种作业人员的培训工作。市级、县级安全生产监督管理部门组织、指导和监督本行政区域内除中央企业、省属生产经营单位以外其他生产经营单位的主要负责人和安全生产管理人员的安全培训工作。生产经营单位除主要负责人、安全生产管理人员、特种作业人员以外的从业人员的安全培训工作，由生产经营单位组织实施。

三、我国法规对安全教育和培训时间规定

根据建设建教〔1997〕83号文件印发的《建筑企业职工安全培训教育暂行规定》的要求如下：

（1）企业法人代表、项目经理每年不少于30学时。

（2）专职管理和技术人员每年不少于40学时。

（3）其他管理和技术人员每年不少于20学时。

（4）特殊工种每年不少于20学时。

（5）其他职工每年不少于15学时。

（6）特岗、转岗、换岗重新上岗前，接受一次不少于20学时的培训。

（7）新工人的公司、项目、班组三级培训教育时间分别不少于15学时、15学时、20学时。

四、教育和培训的内容与形式

（一）安全教育的内容

建设工程项目安全教育的主要内容可归纳为安全思想教育和安全技术教育两个方面：

1. 安全思想教育

安全思想教育，主要是经常对全体职工进行党和国家有关安全生产的方针、政策、法规、制度、纪律教育，并结合本项目部在安全生产方面的典型经验与事故教训进行教育。提高全体职工对安全生产重要性的认识，增强法制观念。自觉遵章守纪，消除违章指挥和违章作业，避免事故发生。

2. 安全技术教育

安全技术教育，主要是对专业管理人员，生产工人进行本专业、本工种的安全技术、安全技术操作规程、安全技术措施等方面的教育。其目的是为了使专业管理人员和生产工人掌握本专业、本工种安全的技能技巧。提高安全生产的技术水平，掌握正确处理事故的应变能力，以避免因无知或错误操作发生事故。

（二）安全教育培训的方法

1. 安全教育培训演示法

（1）安全教育讲座。

安全教育讲座法（Lecture）指培训者用语言传达安全教育的内容。这种学习的沟通主要是单向的——从培训者到听众。不论新技术如何发展，安全教育讲座一直是受欢迎的培训方法。

安全教育讲座是按照一定组织形式有效传递大量信息的成本最低、时间最节省的一种培训方法。讲座的形式之所以有用，也是因为它可向大批受训者提供受训。除了作为能够传递大量信息的主要沟通方法之外，安全教育还可作为其他培训方法的辅助手段，如行为示范和技术培训。

安全教育讲座也有不足之处。它缺少受训者的参与、反馈以及与实际工作环境的密切联系，这些都会阻碍学习和培训成果的转化。安全培训讲座不太能吸引受训者的注意，因为它强调的是信息的聆听，而且讲座使培训者很难迅速有效地把握学习者的理解程度。为克服这些问题，讲座常常会附加问答、讨论和案例研究。

（2）视听教学。

视听教学（Audiovisual Instruction）使用的媒体包括投影胶片、幻灯片和录像。录像是最常用的方法之一。它可以用来详细阐明一道程序（如焊接、模板支护）的要领。但是，录像方法很少单独使用，它通常与讲座一起向施工人员展示实际的工作中的经验和例子。

录像也是行为示范法和互动录像指导法借助的主要手段之一。在安全教育培训中使用录像有很多优点：第一，培训者可以重播、慢放或快放课程内容，这使他们可以根据受训者的专业水平来灵活调整安全教育培训内容；第二，可让受训者接触到不易解释说明的设备、难题和事件，如设备故障、其他紧急情况；第三，受训者可接受相同的指导，使项目内容不会受到培训者兴趣和目标的影响；第四，通过现场摄像可以让受训者亲眼目睹自己的绩效而无须培训者过多的解释。这样受训者就不能将绩效差归咎于外部评估人员。

2. 传递法

传递法（Hands-On Methods）指要求受训者积极参与学习的安全教育培训方法。

现场培训（On-the-Job Training，OJT）指新雇员或没有经验的从业人员通过观察并效仿同事或管理者工作时的行为来学习。现场培训适用于新入场工人，在引入新技术时帮助有经验的员工进行技术升级，在一个小组或项目部内对雇员进行交叉培训，以及帮助岗位发生变化或得到晋升的员工适应新工作。

现场安全教育培训是一种很受欢迎的方法，因为与其他方法相比，它在材料、培训者的工资或指导方案上投入的时间或资金相对较少。安全员、安全管理负责人和同事都可作为指导者。

但是使用这种缺乏组织的现场培训方法也有不足之处。安全员和同事完成一项任务的过程并不一定相同。他们也许既传授了有用的技能，也传授了不良习惯。同时，他们可能并不了解演示、实践和反馈是进行有效的现场培训的重要条件。没有组织的现场培训将可能导致员工接受不好的培训，他们可能使用无效或危险的方法来工作，并且诱发安全隐患。

为保证现场安全教育培训的有效性，必须采用结构化形式。

（1）自我指导学习（Self-Directed Learning）是指由雇员自己全权负责的学习，包括什么时候学习及谁将参与到学习过程中来。受训者不需要任何指导者，只需按照自己的进度学习预定的培训内容。培训者只是作为一名辅助者而已。

自我指导学习的一个主要不足在于它要求受训者必须愿意自学，即有学习动力。

自我指导学习在将来会越来越普遍，因为建筑企业希望能灵活机动地培训从业人员，不断使用新技术，并且鼓励员工积极参与学习而不是迫于安全的压力而学习。

（2）师带徒（Apprenticeship）是一种既有现场培训又有课堂培训的工作一学习培训方法。大部分师带徒培训项目被用于技能行业，如木工行业、电工行业及瓦工行业。

师带徒培训是一种有效的学习经历，因为它可以知道学院为什么这么做及如何执行好这道工艺流程。师带徒培训的缺点是无法保证培训结束后还能有职务空缺。还有一点就是师带徒项目只对受训者进行某一操作或工作的培训，缺少对安全管理工作的全面把握。

（3）仿真模拟（Simulation）是一种体现真实生活场景的培训方法，受训者的决策结果能反映出如果他在某个岗位上工作会发生的真实情况。模拟可以让受训者在一个人造的、无风险的环境下看清他们所作决策的影响，常被用来传授生产和加工技能及管理和人际关系技能。

（4）案例研究（Case Study）是关于雇员或组织如何应对困难情形的描述，要求受训者分析评价他们所采取的行动，指出正确的行为，并提出其他可能的处理方式。

（5）角色扮演（Role Plays）是指让受训者扮演分配给他们的角色，并给受训者提供有关情景信息（如工作或模拟安全事故的问题）。

角色扮演与模拟的区别在于受训者可选择的反应类型及情景信息的详尽程度。角色扮演提供的情景信息十分有限，而模拟所提供的情景信息通常都很详尽。模拟注重于物理反应，而角色扮演则注重人际关系反应（寻求更多的信息、解决安全问题）。

（6）行为示范（Behavior Modeling）是指向受训者提供一个演示关键安全行为的示范者，然后给他们机会去实践这些关键安全行为。更适于学习某一种操作或特定的安全行为，而不太适合于事实信息的学习。

3. 团队建设法

团队建设法（Group Building Methods）是用以提高小组或团队绩效的培训方法，旨在提高受训者的技能和团队的有效性。团队建设法让受训者共享各种观点和经历，建立群体统一性，了解人际关系的力量，并审视自身及同事的优缺点。

（1）冒险性学习（Adventure Learning）注重利用有组织的户外活动来开发团队协作和领导技能。也被称作野外培训或户外培训。最适合于开发与团队效率有关的技能，如自我意识、问题解决、冲突管理和风险承担。

（2）团队培训（Team Training）协调一起工作的单个人的绩效，从而实现共同目标。团队绩效的三要素：知识、态度和行为。

（3）行为学习（Action Learning）指给团队或工作小组一个实际工作中面临的问题，让他们共同解决并制订出行为计划，然后由他们负责实施该计划的培训方式。

（三）建设工程项目现场常用的几种安全教育形式

1. 新工人三级安全教育

对新工人（包括合同工、临时工、学徒工、实习和代培人员），必须按规定进行安全教育和培训，经考核合格，方可上岗。

三级安全教育是每个刚进企业的新工人必须接受的首次安全生产方面的基本教育，三级安全教育是指公司、项目、班组这三级。对新工人或调换工种的工人，必须按规定进行安全教育和技术培训、经考核合格，方准上岗。

（1）公司级。

新工人再分配到施工队之前，必须进行初步的安全教育，教育内容如下：

1）劳动保护的意义和任务的一般教育；

2）安全生产方针、政策、法规、标准、规范、规程和安全知识；

3）企业安全规章制度等。

（2）项目级。

项目级安全教育是新工人被分配到项目以后进行的安全教育。教育内容如下：

1）建筑工人安全技术操作一般规定；

2）施工现场安全管理规章制度；

3）安全生产纪律和文明生产要求；

4）在施工过程基本情况（包括现场环境、施工特点、可能存在的不安全因素）下的危险作业部位及必须遵守的事项。

（3）班组级。

岗位教育是新工人分配到班组后，开始工作前的一级教育。教育内容如下：

1）本人从事施工生产工作的性质，必要的安全知识，机具设备及安全防护设备的性能和作用；

2）本工种安全操作规程；

3）班组安全生产、文明施工基本要求和劳动纪律；

4）本工种事故案例剖析、易发事故部位及劳防用品的使用要求。

（4）三级安全教育的要求：

1）三级教育一般由企业的安全、教育、劳动、技术等部门配合进行；

2）受教育者必须经过考试合格后才准予进入生产岗位；

3）给每一名职工建立职工劳动保护教育卡，记录三级教育、变换工种教育等教育考核情况，并由教育者与受教育者双方签字后入册。

2. 特种作业人员培训

对劳动过程中容易发生人员伤亡事故，对操作者本人，尤其对他人及周围设施的安全有重大危害的作业，称为特种作业。直接从事特种作业者，称为特种作业人员。

建筑业的特种作业人员包括电工、架子工、电气焊工、爆破工、机械操作工、起重工、塔吊司机及指挥人员，物料提升机、外用电梯司机等人员，除对其进行一般安全教育外，还要执行《特种作业人员安全技术考核管理规划》（GB 5306）的有关规定，按国家、行业、地方和企业规定进行本工种作业培训、资格考核，取得"特种作业人员操作证"后上岗。

3. 特定情况下的适时安全教育

(1) 季节性,如,冬季、夏季、雪雨天、台风期施工。

(2) 节假日前后施工。

(3) 节假日加班或突击赶任务。

(4) 工作对象改变。

(5) 新工艺、新材料、新技术、新设备施工。

(6) 工种变换。

(7) 发现事故隐患或发生事故后。

(8) 新进入现场等。

4. 三类人员的安全培训教育

施工单位的主要负责人是安全生产的第一责任人,必须经过考核合格后,做到持证上岗。在施工现场,项目负责人是施工项目安全生产的第一责任者,也必须持证上岗,加强对队伍培训,使安全管理进入规范化。

5. 安全生产的经常性教育

企业在做好新工人入场教育、特种作业人员安全生产教育和各级领导干部、安全管理干部的安全生产培训的同时,还必须把经常性的安全教育贯穿于管理工作的全过程,并根据接受教育对象的不同特点,采取多层次、多渠道和多种方法进行。

6. 安全生产宣传教育形式

安全生产宣传教育形式多种多样,应贯彻及时性、严肃性、真实性、做到简明、醒目,具体形式如下:

(1) 施工现场(车间)入口处的安全纪律牌。

(2) 举办安全生产培训班、讲座、报告会、事故分析会。

(3) 建立安全保护教育室,举办安全保护展览。

(4) 举办安全保护广播,印发安全保护简报、通报等,办安全保护黑板报、宣传栏。

(5) 张挂安全保护挂图或宣传画、安全标志和标语口号。

(6) 举办安全保护文艺演出、放映安全保护音像制品。

(7) 组织家属做职工安全生产思想工作。

7. 班前安全活动

班组长在班前进行上岗交流、上岗教育,做好上岗记录。

(1) 上岗交底。

交当天的作业环境、气候情况、主要工作内容和各个环节的操作安全要求,以及特殊工种的配合等。

(2) 上岗检查。

查上岗人员的劳动防护情况,每个岗位周围作业环境是否安全无患,机械设备的安全保险装置是否完好有效,以及各类安全技术措施的落实情况等。

为了提高广大职工对劳动保护、安全生产、文明施工重要性的认识,使劳动保护、安全生产、文明施工工作具有广泛的群众基础,必须对广大职工开展多种形式的安全教育。建立安全管理制度,制定安全教育计划,明确有关安全部门对安全教育的职责。工会、宣传教育部门应与安全技术部门相互配合，依靠党、政、工、团、妇联等组织，大力度开展安全宣传教育工作，并使其制度化、经常化、群众化。

（四）项目其他相关人员的安全教育

（1）项目负责人的安全教育。

项目负责人的安全教育培训内容为：

1）国家有关安全生产的方针政策、法律法规、部门规章、标准及有关规范，本地区有关安全生产的法律、规章、标准及规范性文件；

2）建设工程项目安全生产管理的基本知识和相关专业知识；

3）重大事故防范、应急救援措施，报告制度及调查处理方法；

4）企业和项目安全生产责任制和安全生产规章制度的内容、制定方法；

5）施工现场安全生产监督检查的内容和方法；

6）国内外安全生产管理经验；

7）典型事故案例分析。

项目负责人的安全教育培训目标：

1）掌握多学科的安全技术知识。项目负责人除必须具备的建筑生产知识外，在安全方面还必须具备一定的知识、技能，应该具有企业安全管理、劳动保护、机械安全、电气安全、防火防爆、工业卫生、环境保护等多学科知识。

2）提高安全生产管理水平方法，这是项目负责人工作的重点。

3）熟悉国家的安全生产法规、规章制度体系。

4）具备安全系统理论、现代安全管理、安全决策技术、安全生产基本理论和安全规程知识。

（2）专职安全生产管理人员的安全教育培训。

专职安全生产管理人员安全教育培训的内容：

1）国家有关安全生产的法律，法规、政策及有关行业安全生产的规章、规程、规范和标准；

2）安全生产管理知识、安全生产技术、劳动卫生知识和安全文化知识，有关行业安全生产管理专业知识；

3）工伤保险的法律、法规、政策；

4）伤亡事故和职业病统计、报告及调查处理方法；

5）事故现场勘验技术，以及应急处理措施；

6）重大危险源管理与应急救援预案编制方法；

7）国内外先进的安全生产管理经验；

8）典型事故案例。

专职安全管理人员安全教育培训的目标：

随着建筑业的不断发展，建设工程项目安全管理工作对安全专职管理人员的要求越来越高。传统单一功能的安全员，即仅会照章检查的安全员，已经不能满足企业生产、经营、管理和发展的需要。通过对企业专职安全管理人员的安全教育，除了具有系列安全知识体系外，还应该要有广博的知识和敬业精神。

（五）培训效果检查

对安全教育与培训效果的检查主要有以下几个方面。

1. 检查单位的安全培训、安全教育制度

项目部要广泛开展安全生产的宣传教育，使项目相关人员真正认识到安全生产的重要性、必要性，懂得安全生产、文明施工的科学知识，牢固树立"安全第一"的思想，自觉地遵守各项安全生产法令和规章制度。

2. 检查新入厂工人的三级安全教育情况

中国 80% 的建筑工人来自农村，由于其文化水平相对较低，安全意识差，因此应该认真对待农民工安全培训、安全教育问题，新工人必须进行三级安全教育。主要检查施工单位、工区、班组对新入工人的三级教育考核记录。

3. 检查安全教育内容

这项工作主要检查每个工人包括特殊工种工人是否人手一册《建筑安装工人安全技术操作规程》，检查企业、工程处、项目经理部、班组的安全教育资料。

4. 检查变换工种时是否进行安全教育

这项工作主要检查变换工种的工人在调换工作时重新进行安全教育的记录；检查采用新技术、新工艺、新设备施工时，应有进行新技术操作安全的教育记录。

5. 检查工人对本工种安全技术操作的熟悉程度

该条主要是考核各种工人掌握《建筑工人安全技术操作规程》的熟悉程度，也是对项目部进行各种工人安全教育效果的检验。

6. 检查施工管理人员的年度培训

这里主要是检查施工管理人员是否按照相关规定进行安全培训，并且是否有年度培训记录。

7. 检查专职安全员的年度培训考核情况

相关部门应该按照上级建设行政管理部门和本企业有关安全生产管理文件，核查专职安全员是否进行年度培训考核及考核是否合格，未进行安全培训的或考核不合格的，是否仍在岗工作等。

在安全生产的具体实践过程中，生产经营单位还应采取其他宣传教育培训方法，如班组安全管理制度，警句、格言上墙活动，利用闭路电视、报纸、黑板报、橱窗等进行安全宣传教育，利用漫画等形式解释安全规程制度，在生产现场曾经发生过生产安全事故地点设置警示牌，组织事故回顾展览等。

生产经营单位还应以国家组织开展的"全国安全生产月"活动为契机，结合生产经营的性质、特点，开展丰富、灵活多样、具有针对性的各种安全教育培训活动，提高各级人员的安全意识和综合素质。目前我国许多建筑企业都在有计划、有步骤地开展企业安全文化建设，对保持安全生产局面稳定，提高安全生产管理水平，发挥了重要作用。

第五节　安全文明工地建设

安全文明工地是一个工地的荣誉称号，由各地方建设局、建设厅颁发这个荣誉称号及相关证书。颁发证书之前，各地建设局会制定相关条例，根据当地的实时情况，制定申报"安全文明工地"条件，然后对申报的工地进行审查工作，符合申报条件的工地通过审查并开会讨论是否给予"安全文明工地"称号。安全文明工地不仅仅是一个荣誉称号，它还是建设工程项目安全管理的重要组成，安全文明工地包含了两个层面的内容，第一个层面是安全文明工地向现场生产作业人员提供了一种良好的作业环境，大大降低了环境中的不安全因素；第二个层面是安全文明工地体现了人员良好的素质和行为，通过科学有效地管理，极大地降低了人员的不安全行为。

一、安全文明工地类别

建筑施工安全文明工地分为国家级、省级、市级和县级四个层次，分别由建设部和省、市、县建筑业主管部门管理与表彰。

二、安全文明工地政策

省级安全文明工地实行申报制，即由企业申报，市建筑业主管部门推荐，省建筑施工安全监督管理机构组织考核、评审，复查验收，省建筑业主管部门审定、表彰。

三、安全文明工地申办标准

（一）创建文明工地先进单位标准

1. 领导重视，措施得力

单位领导班子有强烈的"创建"意识，能把创建工作纳入工作规划，经常进行研究布置，舍得投入，有负责创建工作的组织和人员，有详细的创建规划和具体步骤措施，有检查评比。

2. 教育扎实，活动深入

强化思想政治工作，通过有的放矢地开展各种教育，职工有较强的创建意识。创建目标、措施和要求深入人心，创建活动既轰轰烈烈，又扎扎实实，全员参与热情高，"创一流，争第一"意识强。

3. 成效显著，业绩突出

各工区必须开展创建文明工地活动，没有死角，项目管理制度严格，管理水平较高，必须在公司内外创出良好信誉，使管理处于领先水平。

（二）现场牌、图标识文明标准

（1）现场设置"六牌两图"，即工程简介牌、施工标牌、创优规划牌、安全生产措施牌、消防保卫牌、文明施工措施牌、施工现场平面布置图、工程效果图。

（2）工程简介牌内容：主要内容包括工程概况，主要工程数量、建设单位名称、设计单位名称、监理单位名称、施工单位名称，开工日期、竣工日期等。

（3）施工标牌：主要内容是介绍项目经理部有关情况，项目部组织机构设置，包括各主要负责人姓名、质量检查工程师、安全员、治安保卫负责人及应急联系电话等。

（4）创优规划牌：主要内容是创优目标，创优组织技术措施等。

（5）安全生产措施牌：主要内容是确保安全生产采取的措施，现场安全管理规定及要求等。

（6）消防保卫牌：主要内容是施工现场消防管理、安全保卫、门卫管理等措施及规定和要求，消防紧急措施等。

（7）文明施工措施牌：主要内容包括施工现场生活设施、生产设施、卫生条件、环保措施、劳动竞赛等方面的布置要求及采取的措施等。

（8）施工现场平面布置图：主要内容是展示施工现场总体布置情况，标明项目部和各施工队驻地位置，主要建筑物的位置及名称，施工道路及消防保卫设施位置等。

（9）以上图牌内容书写字体美观、正规、排放整齐有序。工程简介牌、创优规划牌、安全措施牌、施工标牌、施工现场平面示意图、施工形象进度图排成一列，位于施工现场醒目位置。建设单位有特殊要求的，要遵守其相关规定。

（三）安全文明工地工程相关标准

1. 工期保证

能优化施工组织设计，合理配置生产要素，完成实物工作量超计划，工程进度在参选单位中名列前茅，满足工期要求，业主满意。

2. 产品优质

工程有明确的质量目标，有具体的分阶段规划，有健全的质量体系和严格的控制措施，认真落实 ISO9002 质量标准，单位工程一次验评合格率 100%，单位工程优良率铁路综合工程达 85% 以上，公路工程达 80% 以上，房建工程达 40% 以上，其他工程达行业（合同）规定水平。

3. 安全达标

工地安全组织健全，制度完善，责任到人，教育常抓，检查认真，预防得力，安全防护符合施工规范标准，无因工死亡、重伤和重大机械设备事故，无火灾事故，无严重污染和扰民，无食物中毒和传染疾病。

4. 效益显著

强化合同管理，严格成本控制，处处精打细算，勤俭节约，工程无超拨款，职工工资按时发放，能够超额完成承包利润指标。

四、安全文明工地的申报

以山东省省级安全文明工地的申报为例：

（一）申报条件

（1）在山东省行政区域内已被评为省级安全文明工地的在建工程工地。

（2）建筑企业必须取得《建筑企业安全生产许可证》。

（3）企业安全管理人员经省建设行政主管部门或有关部门安全生产考核合格，并取得安全生产考核合格证书；特殊工程作业人员经有关部门专门培训考核合格，取得特种作业人员安全操作证书；急救员、资料员等培训合格，持证上岗。

（4）施工现场使用的安全防护用具及机械设备购置与使用符合有关规定。

（5）工程量符合以下规定：

优良工地：土建工程，面积大于等于 2600m²；安装、装饰装修工程造价大于等于 500 万元；

示范工地：土建工程，面积大于等于 5000m²；安装、装饰装修工程造价大于等于 500 万元；

施工小区：面积大于等于 80 000m²，单位工程数量大于等于 6 个。

（6）有以下情形的不得申报：

使用竹脚手架、木脚手架或单排扣件式钢管脚手架的；使用菱苦土板、纤维板板房做临时设施的；使用 QT60/80 塔式起重机、井架式塔式起重机的；使用不符合《山东省工程建设标准〈建筑施工物料提升机安全技术规程〉》（DBJ 14-015—2002）物料提升机的；使用不符合标准、自制高处作业吊篮的。

（二）申报材料

（1）《山东省建筑施工安全文明工地申报表》、《山东省建筑施工安全文明施工小区申报表》。

（2）《安全生产许可证》原件、复印件。

（3）市建筑施工安全监督机构推荐检查评分资料。

（4）创建安全文明工地方案与措施。

五、复查验收与评定标准

（一）复查验收内容

安全文明工地的复查验收以考核《建筑施工安全检查标准》规定的安全管理、文明施工、脚手架、基坑支护与模板工程、"三安、四口"防护、施工用电、物料提升机与外用电梯、塔吊、起重吊装和施工机具 10 项内容为主，同时考核建设工程项目部安全生产责任制建立与落实情况、规章制度的建立健全和执行情况、安全生产管理机构建立及力量配备和职责履行情况、安全事故应急救援预案演练情况、事故报告、调查、处理和行政责任追究规定执行情况、安全防护用具及机械设备使用情况、起重机械设备拆装等专业与劳务承包队伍资质认证情况、工程监理单位履行安全生产职责情况以及行业主管部门有关安全生产规章制度的执行情况等。

（二）检查程序

复查验收小组一般由从全省各地抽调建筑施工安全生产专家组成，复查验收工作的程序一般为：

（1）听取受检工程项目部安全生产文明施工工作汇报。

（2）查看受检企业提供的安全生产技术资料。

（3）按《建筑施工安全检查标准》确定的项目和标准检查施工现场。

（4）对施工现场存有的严重安全隐患和不规范行为进行记录。

（5）对受检企业经理、项目经理以及施工现场有关人员进行提问，检查其对施工安全知识的熟知和掌握情况。

（6）检查组向受检项目现场反馈检查情况：工程项目部的汇报一般应包括工程项目详细情况、创建文明工地的主要措施、主要经验等，也可以介绍一下企业的情况与特点。

（三）评定标准

优良工地：综合得分大于等于 80 分，其他符合有关规定；

示范工地：综合得分大于等于 90 分，其他符合有关规定；

施工小区：平均综合得分大于等于 80 分，且不小于 10％的单体工程综合得分大于等于 90 分，单体最低得分不小于 75 分，其他符合有关规定；

复查验收后，工程竣工验收质量不合格、被有关部门通报批评或群众举报存有不文明行为并经查实的、发生四级以上安全生产事故的，取消文明工地资格。

六、安全文明工地示例

安全文明工地示例图见图 3-2。

1. 基坑周边必须设置 1.2 m 高的临边防护栏杆,防护栏杆距坑边距离应大于 1 m,下杆离地 0.6 m(含挡水台),上杆离地 1.2 m,立杆间距 2 m。
2. 基坑边坡应设置连续挡水墙,挡水墙高度为 0.2 m。(可采用将挡水墙和防护栏杆合并的做法,防护栏杆可以直接绑入挡水墙。)
3. 坑边堆置土方距坑边上部边缘不少于 1.2 m,高度不超过 1.5 m。基坑周边不得堆放物料、机具等负荷较重的物料。
4. 基坑内必须设置专用人员上下通道。

基坑防护

上杆离地高度 1.2 m,下杆离地高度 0.6 m,立杆间距 2 m。并设置挡脚板或立网。挡脚板高度 20cm。挡脚板固定牢靠,高度一致。防护栏杆宜使用钢管,应牢固可靠,并刷红白相间警示色。抽薄要刷均匀,在刷漆前应将钢管、模板上的混凝土等清理干净。

临边防护

脚手架与建筑间每隔两层高度不超过 10 m 张挂一道平网,操作层设随层安全平网。架体上钢管、扣件、木方、混凝土块等,杂物必须清理干净,防止落物伤人。

脚手架防护

钢筋操作棚、木工操作棚、安全通道等应用组装式定型化产品。设置两道防砸及一道防雨设施。钢筋操作棚建议用挑槽式,弯曲机、切断机等应放置在挑槽下,方便吊运材料。

防护棚

钢筋操作棚

木工操作棚

场容场貌

图 3-2 安全文明工地示例图

第六节 建设工程项目安全信息管理

我国从工业发达国家引进项目管理的概念、理论、组织、方法和手段,历时 20 余年,在工程实践中取得了不少成绩。但是,至今多数业主方和施工方的信息管理水平还相当落后,其落后表现在尚未正确理解信息管理的内涵和意义,以及现行的信息管理组织、方法和手段基本还停留在传统的方式和模式上。应指出,我国建设工程项目管理中当前最薄弱的工作领域是信息管理。

应用信息管理可以提高建筑业生产效率，以及应用信息技术提升建筑业安全管理和项目管理的能力，是 21 世纪建筑业发展的重要课题。

一、建设工程项目安全信息管理的基本概念

信息管理指的是信息传输合理的组织和控制。项目的信息管理是通过对各个系统各项工作和各种数据的管理，使项目的信息能方便和有效地获取、存储、存档、处理和交流。

建设工程项目信息包括项目决策过程、实施过程、（设计准备、设计、施工和物资采购过程等）和运行过程中产生的信息，以及其他与项目建设相关的信息，它包括：项目的组织类信息、管理类信息、经济类信息、技术类信息和法规类信息。

建设工程项目安全信息管理是信息管理技术在建设工程项目安全管理过程的具体应用，它包括项目的安全机构组织信息、安全制度保障类信息、安全投入相关经济类信息、安全技术类信息、和相关安全生产法律法规类信息。

二、建设工程项目安全信息管理的意义

建设工程项目安全信息管理有利于提高建设工程项目的安全绩效，以达到为提高建设工程项目经济效益和社会效益的目的。

（1）建筑工程项目安全信息管理可以使工程管理信息资源的开发和信息资源得到充分利用，可吸取类似项目安全管理的正反两方面的经验和教训，许多有价值的安全管理组织信息、安全投入经济信息、安全技术信息和安全生产相关法律法规信息，这将有助于项目决策多种方案的选择，有利于项目实施期的项目安全生产目标控制，也有利于项目建设全生命周期的管理。

（2）建设工程项目安全管理是基于互联网的信息处理平台，利用该信息平台，通过电子邮件、互联网传递使建设项目和承包商、材料供应商等各项目参与方达到信息沟通，有效克服项目管理中的安全管理信息的不公开状态，同时增加了透明度，从而规范了项目实施过程中各方的安全行为，提高安全生产工作效率，降低了安全成本，降低交易成本，对双方长期合作经营关系起主导作用，对不安全行为进行有利控制，促进建筑工程项目安全信息管理的健康发展。

三、建设工程项目的档案管理

建立和健全安全生产档案是安全生产管理基础工作之一，也是检查考核落实安全生产责任制的资料依据，同时它为安全生产管理工作提供分析、研究资料，从而能够掌握安全动态，以便每个时期的安全生产工作进行目标管理，达到预测、预报、预防事故的目的，安全生产档案资料也是现代安全生产管理基础。为此，安全生产档案资料工作越来越引起重视，并对资料分类进行规范化、标准化的研究。

根据建设部《建筑施工安全检查标准》（JGJ 59）及其建筑安全规范，规程要求，建筑企业应建立安全生产管理基础档案资料，主要有以下几个方面的内容要求。

（一）安全生产组织机构

项目部成立安全生产领导小组及专职安全生产管理部门，领导成员要有具体分管安全生产的领导。以上组织机构都要用公司内部的文件形式发布并存档案备案。

（二）安全生产责任制度

各施工项目要根据国家和上级有关安全生产法规、指令和要求，结合公司的实际情况建立安全生产责任制。在建立健全安全生产责任制的基础上制定安全生产各项规章制度，同时根据本公司的从业情况，制定各工种的安全技术操作规程。在经济责任承包中要有安全生产指标，在项目承包合同中要有安全生产条款。要按规定配备专（兼）职安全员，对公司的管理人员安全生产责任制实行定期考核并有记录。

（三）安全生产目标管理制度

项目部制定安全生产管理目标（包括伤亡控制指标、安全指标、文明施工目标）。要将安全生产责任目标分解建立考核规定和考核办法。

（四）安全生产技术资料制度

项目部制定安全生产技术措施计划。工程施工组织设计要有安全生产技术措施，专业性较强的项目。要编制专项安全施工组织设计。分部、分项工程施工前要有针对性的安全技术交底。单位工程分阶段的竣工验收的同时要进行安全生产的验收，并有验收资料归档。

（五）安全生产检查制度

项目部有定期的安全生产检查制度，检查要有记录。安全生产检查中发现的事故隐患要有整改通知书，整改完后要有检查记录。项目对班组的安全生产检查评分表格要归档。

（六）安全生产宣传、教育培训制度

施工现场的安全生产宣传标牌、标志布置，施工总平面布置等，除采有书面记载外，还可采用摄影摄像进行记录归档。企业要制定安全生产教育制度，新工人入场前的三级安全教育、变换工种的安全教育、各工种工人的安全技术操作规程的培训、特种作业人员要经过培训取证、施工管理人员的定期安全技术培训、专职安全员的专业培训与考核等，都要有书面记录归档。

（七）班组安全生产活动制度

班组安全生产活动要有制度，班组安全生产活动要有针对性，每次活动要有记录。

（八）安全生产奖罚制度

在执行各项安全生产制度中，经过检查评比，对于安全和工作做出了显著成绩的单位和个人，对排除安全隐患有功人员，要给予奖励和表彰。对于安全责任心差，平时不重视安全生产，甚至于造成生产安全事故的单位和个人，要进行处分和处罚。一切安全生产奖罚资料有要有资料归档。

（九）工伤事故档案管理制度

凡发生工伤事故，要组织进行调查，写调查报告，分析发生事故的原因，提出整改的措施，使职工群众受到教育，对责任者提出处理意见，按照"四不放过"的原则进行处理。凡发生工伤事故都要按规定进行报告，并建立工伤事故档案。

（十）有关安全生产的文件和会议记录制度

项目部收集齐全国家和上级有关安全生产、劳动保护方面的法律、法规、规范、标准、条例、制度及文件通知。各种有关安全生产的会议，都要有记录，会议记录都要整理归档。

（十一）搞好安全生产管理资料的建档工作

首先要认真收集和积累资料，事前要有制度、有计划、有措施，过程中有检查、有记录、事后有资料；其次是要定期对资料进行整理和鉴定，保证资料的真实性、完整性和保存的价值性；其三是将资料分目、编号、装订归档。

四、建设工程项目安全信息化管理

（一）建设工程项目安全信息化管理基本概念

信息化是人类社会发展过程中一种特定现象，其表明了人类对信息资源的依赖程度越来越高。信息化是人类社会继农业革命、城镇化和工业化后迈入新的发展时期的重要标志。

信息化指的是信息资源的开发利用，以及信息技术的开发和应用。工程项目安全信息化是工程项目安全管理信息资源的开发和利用，以及信息技术在工程管理中的开发和应用。建设工程项目安全管理信息化属于领域信息化的范畴，它和项目信息化和企业信息化有密切的联系。

通过建设信息技术在工程项目安全管理中的开发和应用能实现：

（1）信息存储数字化的相对集中，有利于项目安全信息的检索和查询，有利于数据和文件版本的统一，并有利于项目安全管理文档的管理。

（2）信息处理和变换的程序化，有利于提高数据处理的准确性，并可提高数据处理的效率。

（3）信息传输的数字化和电子化，可提高数据传输的抗干扰能力，使数据传输不受距离限制并可提高数据传输的保真度和保密性。

（二）建筑工程项目安全管理信息化发展总体目标

"十二五"期间，基本实现建筑企业安全管理信息系统的普及应用，加快建筑信息模型（BIM）、基于网络的协同工作等新技术在工程项目安全管理中的应用，推动项目安全管理信息化标准建设，促进具有自主知识产权软件的产业化，形成一批信息技术应用达到国际先进水平的建筑企业。

（三）建筑工程项目安全管理信息化实施保障措施

1. 加强各级住房和城乡建设主管部门的引导作用

（1）加强建筑业信息化软科学研究，为建筑业安全管理信息化发展提供理论支撑。

（2）组织制定建筑企业信息化水平评价标准，推动建筑企业开展安全管理信息化水平评价，促进企业安全管理信息化水平的提高。

（3）鼓励建筑企业进行安全管理信息化标准建设，支持建筑企业安全管理信息化标准上升为行业标准。

（4）积极推动建筑企业安全管理信息系统安全等级保护工作和信息化保障体系的建设，提高建筑企业安全管理信息安全水平。

（5）组织开展建筑安全管理信息化示范工程，发挥示范企业与工程的示范带动作用，引导并推动本地区以及建筑行业整体信息化水平的提升。

（6）培育产业化示范基地，扶持自主产权软件企业，带动建筑业应用软件的产业化发展。

2. 发挥行业协会的服务作用

（1）组织编制行业安全管理信息化标准，规范信息资源，促进信息共享与集成。

（2）组织行业安全管理信息化经验和技术交流，开展建筑企业安全管理信息化水平评价活动，促进企业安全管理信息化建设。

（3）开展行业安全管理信息化培训，推动信息技术的普及应用。

（4）开展行业应用软件的评价和推荐活动，保障企业安全管理信息化的投资效益。

3. 加强建筑企业信息化保障体系建设

（1）加强建筑企业安全管理信息化管理组织建设，设立专职的安全管理信息化管理部门，推进企业信息化主管（CIO）制度。

　　（2）加强建筑企业安全管理信息化人才建设，建立和完善多渠道、多层次的信息化人才培养和考核制度，制定吸引与稳定信息化人才的措施。

　　（3）加大建筑企业安全管理信息化资金投入，每年应编制独立的信息化预算，保障安全管理信息化建设资金需要。

　　（4）重视建筑企业安全管理信息化标准建设工作，重点进行业务流程与安全管理信息的标准化。

　　（5）建立建筑企业安全管理信息安全保障体系，确保建筑企业安全管理信息安全。

第四章　建筑企业安全管理

第一节　建筑企业安全生产标准化

一、建筑企业安全生产标准化的有关概念

（一）标准化的概念

为在一定的范围内获得最佳秩序，对实际的或潜在的问题制定共同的和重复使用的规则的活动，称为标准化。它包括制定、发布及实施标准的过程。

（二）标准的概念

为在一定的范围内获得最佳秩序，对活动或其结果规定共同的和重复使用的规则、导则或特性的一种规范性文件，称为标准。该文件经协商一致制定并经一个公认机构的批准。标准应以科学、技术和经验的综合成果为基础，以促进最佳社会效益为目的。

（三）建筑企业安全生产标准化的基本概念

通过建立建筑企业安全生产责任制，制定安全管理制度和操作规程，排查治理隐患和监控重大危险源，建立预防机制，规范生产行为，使各生产环节符合有关安全生产法律法规和标准规范的要求，人、机、物、环处于良好的生产状态，并持续改进，不断加强企业安全生产规范化建设。企业安全生产标准化——是动态的、是一个过程。

二、建筑企业安全生产标准化总体要求和目标

（一）总体要求

深入贯彻落实科学发展观，坚持"安全第一、预防为主、综合治理"的方针，牢固树立以人为本、安全发展理念，全面落实《国务院通知》和《国办通知》精神，按照《企业安全生产标准化基本规范》（AQ/T 9006—2010，以下简称《基本规范》）和相关规定，制定完善安全生产标准和制度规范。严格落实企业安全生产责任制，加强安全科学管理，实现建筑企业安全管理的规范化。加强安全教育培训，强化安全意识、技术操作和防范技能，杜绝"三违"。加大安全投入，提高专业技术装备水平，深化隐患排查治理，改进建筑施工现场作业条件。通过安全生产标准化建设，实现岗位达标、专业达标和企业达标建筑企业的安全生产水平明显提高，安全管理和事故防范能力明显增强。

（二）目标任务

要建立健全建筑企业安全生产标准化评定标准和考评体系；进一步加强建筑企业安全生产规范化管理，推进全员、全方位、全过程安全管理；加强安全生产科技装备，提高安全保障能力；严格把关，分层次开展达标考评验收；不断完善工作机制，将安全生产标准化建设纳入建筑企业生产经营全过程，促进安全生产标准化建设的动态化、规范化和制度化，有效提高建筑企业本质安全水平。

三、建筑企业安全生产标准化建设实施方法

（一）打基础，建章立制

按照《基本规范》要求，将建筑企业安全生产标准化等级规范为一、二、三级。各地区、各有关部门要制定安全生产标准化建设实施方案，完善达标标准和考评办法，并于

2011 年 5 月底以前将本地区建筑安全生产标准化建设实施方案报国务院安委会办公室。建筑企业要从组织机构、安全投入、规章制度、教育培训、装备设施、现场管理、隐患排查治理、重大危险源监控、职业健康、应急管理以及事故报告、绩效评定等方面,严格对应评定标准要求,建立完善安全生产标准化建设实施方案。

(二) 重建设, 严加整改

建筑企业要对照规定要求,深入开展自检自查,建立建筑企业达标建设基础档案,加强动态管理,分类指导,严抓整改。对评为安全生产标准化一级的企业要重点抓巩固、二级企业着力抓提升、三级企业督促抓改进,对不达标的企业要限期抓整顿。各地区和有关部门要加强对安全生产标准化建设工作的指导和督促检查,对问题集中、整改难度大的企业,要组织专业技术人员进行"会诊",提出具体办法和措施,集中力量,重点解决;要督促企业做到隐患排查治理的措施、责任、资金、时限和预案"五到位",对存在重大隐患的企业,要责令停产整顿,并跟踪督办。对发生较大以上生产安全事故、存在非法违法生产经营建设行为、重大隐患限期整顿仍达不到安全要求,以及未按规定要求开展安全生产标准化建设且在规定限期内未及时整改的,取消其安全生产标准化达标参评资格。

(三) 抓达标, 严格考评

各地区、各有关部门要加强对建筑企业安全生产标准化建设的督促检查,严格组织开展达标考评。对安全生产标准化一级企业的评审、公告、授牌等有关事项,由国家有关部门或授权单位组织实施;二级、三级企业的评审、公告、授牌等具体办法,由省级有关部门制定。各地区、各有关部门在建筑企业安全生产标准化创建中不得收取费用。要严格达标等级考评,明确建筑企业的专业达标最低等级,有一个专业不达标则该企业不达标。

各地区、各有关部门要结合本地区建筑企业的实际情况,对安全生产标准化建设工作作出具体安排,积极推进,成熟一批、考评一批、公告一批、授牌一批。对在规定时间内经整改仍不具备最低安全生产标准化等级的企业,地方政府要依法责令其停产整改直至依法关闭。各地区、各有关部门要将考评结果汇总后报送国务院安委会办公室备案,国务院安委会办公室将适时组织抽检。

四、建筑企业安全生产标准化建设的工作要求

(一) 加强领导, 落实责任

按照属地管理和"谁主管、谁负责"的原则,建筑企业安全生产标准化建设工作由地方各级人民政府统一领导,明确相关部门负责组织实施。国家有关部门负责指导和推动建筑企业安全生产标准化建设,制定实施方案和达标细则。建筑企业是安全生产标准化建设工作的责任主体,要坚持高标准、严要求,全面落实安全生产法律法规和标准规范,加大投入,规范管理,加快实现建筑企业高标准达标。

(二) 分类指导, 重点推进

对于尚未制定建筑企业安全生产标准化评定标准和考评办法的地区,要抓紧制定;已经制定的,要按照《基本规范》和相关规定进行修改完善,规范已达标企业的等级认定。要针对不同地区的特点,加强工作指导,把影响安全生产的重大隐患排查治理、重大危险源监控、安全生产系统改造、产业技术升级、应急能力提升、消防安全保障等作为重点,在达标建设过程中切实做到"六个结合",即与深入开展执法行动相结合,依法严厉打击各类非法违法生产经营建设行为;与安全专项整治相结合,深化建筑企业隐患排查治理;与推进落实建筑企业安全生产主体责任相结合，强化安全生产基层和基础建设；与促进提高安全生产保障能力相结合，着力提高先进安全技术装备和物联网技术应用等信息化水平；与加强职业安全健康工作相结合，改善从业人员的作业环境和条件；与完善安全生产应急救援体系相结合，加快救援基地和相关专业队伍标准化建设，切实提高实战救援能力。

（三）严抓整改，规范管理

严格安全生产行政许可制度，促进隐患整改。对达标的建筑企业，要深入分析二级与一级、三级与二级之间的差距，找准薄弱点，完善工作措施，推进达标升级；对未达标的施工企业，要盯住抓紧，督促加强整改，限期达标。通过安全生产标准化建设，实现"四个一批"：对在规定期限内仍达不到最低标准、不具备安全生产条件、不符合国家产业政策、破坏环境、浪费资源，以及发生各类非法违法生产经营建设行为的建筑企业，要依法关闭取缔一批；对在规定时间内未实现达标的，要依法暂扣其生产许可证、安全生产许可证，责令停产整顿一批；对具备基本达标条件，但安全技术装备相对落后的，要促进达标升级，改造提升一批；对在建筑业内具有示范带动作用的建筑企业，要加大支持力度，巩固发展一批。

（四）创新机制，注重实效

各地区、各有关部门要加强协调联动，建立推进安全生产标准化建设工作机制，及时发现解决建设过程中出现的突出矛盾和问题，对重大问题要组织相关部门开展联合执法，切实把安全生产标准化建设工作作为促进落实和完善安全生产法规规章、推广应用先进技术装备、强化先进安全理念、提高建筑企业安全管理水平的重要途径，作为落实安全生产企业主体责任、部门监管责任、属地管理责任的重要手段，作为调整产业结构、加快转变经济发展方式的重要方式，扎实推进。要把安全生产标准化建设纳入安全生产"十二五"规划及建筑业发展规划。要积极研究采取相关激励政策措施，将达标结果向银行、证券、保险、担保等主管部门通报，作为企业绩效考核、信用评级、投融资和评先推优等的重要参考依据，促进提高达标建设的质量和水平。

（五）严格监督，加强宣传

各地区、各有关部门要分阶段组织实施，加强对安全生产标准化建设工作的督促检查，严格对有关评审和咨询单位进行规范管理。要深入基层、企业，加强对重点地区和重点企业的专题服务指导。加强安全专题教育，提高企业安全管理人员和从业人员的技能素质。充分利用各类舆论媒体，积极宣传安全生产标准化建设的重要意义和具体标准要求，营造安全生产标准化建设的浓厚社会氛围。国务院安委会办公室以及各地区、各有关部门要建立公告制度，定期发布安全生产标准化建设进展情况和达标企业、关闭取缔企业名单；及时总结推广有关地区、有关部门和企业的经验做法，培育典型，示范引导，推进安全生产标准化建设工作广泛深入、扎实有效开展。

五、建筑企业开展安全生产标准化的意义

（1）开展安全生产标准是落实建筑企业安全生产主体责任的必要途径。国家有关安全生产法律法规和规定明确要求，要严格企业安全管理，全面开展安全达标。建筑企业是建筑安全生产的责任主体，也是安全生产标准化建设的主体，要通过加强建筑企业每个岗位和环节的安全生产标准化建设，不断提高安全管理水平，促进建筑企业安全生产主体责任落实到位。

（2）开展安全生产标准是强化建筑企业安全生产基础工作的长效制度。安全生产标准化建设涵盖了增强人员安全素质、提高装备设施水平、改善作业环境、强化岗位责任落实等各个方面，是一项长期的、基础性的系统工程，有利于全面促进建筑企业提高安全生产保障水平。

（3）开展安全生产标准化是政府实施安全生产分类指导、分级监管的重要依据。实施安全生产标准化建设考评，将建筑企业划分为不同等级，能够客观真实地反映出各地区建筑企业安全生产状况和不同安全生产水平的企业数量，为加强安全监管提供有效的基础数据。

（4）开展安全生产标准化是有效防范事故发生的重要手段。深入开展安全生产标准化建设，能够进一步规范建筑业从业人员的安全行为，提高机械化和信息化水平，促进现场各类隐患的排查治理，推进安全生产长效机制建设，有效防范和坚决遏制事故发生，促进全国建筑业安全生产状况持续稳定好转。

各地区、各有关部门和企业要把深入开展企业安全生产标准化建设的思想行动统一到《国务院通知》的规定要求上来，充分认识深入开展安全生产标准化建设对加强安全生产工作的重要意义，切实增强推动企业安全生产标准化建设的自觉性和主动性，确保取得实效。

六、建筑企业开展安全生产标准化建设的内容

（一）确定目标

建筑企业应根据自身安全生产实际，制定总体和年度安全生产目标，制定安全生产指标和考核办法。

（二）设置机构，确定相关岗位职责

建筑企业按规定设立安全管理机构，配备安全生产管理人员。企业主要负责人安全法律法规赋予的职责，全面负责安全生产工作，并履行安全生产义务。

（三）安全生产投入保证

建筑企业应建立健全安全生产投入保障制度，完善和改进安全生产条件，按规定提取安全费用，专项用于安全生产，并建立安全费用台账。

（四）法律法规的执行与完善安全管理制度

建筑企业应建立识别和获取适用的安全生产法律法规、标准规范的制度，明确主管部门，确定获取的渠道、方式，及时识别和获取适用的安全生产法律法规、标准规范。企业各职能部门应及时识别和获取本部门适用的安全生产法律法规、标准规范，并跟踪、掌握有关法律法规、标准规范的修订情况，及时提供给本单位内负责识别和获取适用的安全生产法律法规的主管部门汇总。

建筑企业应将有关法律法规、标准规范及其他要求传达给从业人员。建筑企业应遵守安全生产法律法规、标准规范，并将相关要求及时转化为本单位的规则制度，贯彻到各项工作中。

（五）教育培训

建筑企业应确定安全教育培训主管部门，按规定及岗位需要，定期识别安全教育培训需求，制定、实施安全教育培训计划，提供相应的资源保证。应做好安全教育培训记录，建立健全安全教育培训档案，实施分级管理，并对培训效果进行评估和改进。

（六）生产设备设施管理

建筑企业用于建设工程项目的所有设备设施应符合有关法律法规、标准规范的要求；严格履行"三同时"制度、生产设备设施变更应执行变更管理制度，履行变更程序，并对变更的全过程进行隐患控制。

建筑企业应对设备设施进行规范化管理，保证其安全运行。应有专人负责管理各种安全设施，建立台账，定期检维修。对安全设备设施应制定检维修计划。设备设施检维修前应制

定方案，检维修方案应包含作业行为分析和控制措施，检维修过程应执行隐患控制措施并进行监督检查。安全设备设施不得随意拆除、挪用或弃用；确因检维修拆除的，应采取临时安全措施，检维修完毕后立即复原。

设备的设计、制造、安装、使用、检测、维修、改造、拆除和报废，应符合有关法律、法规、标准规范的要求。执行生产设备设施到货验收和报废管理制度，应使用质量合格、设计符合要求的生产设备设施。拆除的设备设施应按规定进行处置。拆除的生产设备设施涉及危险物品的，须制定危险物品处置方案和应急措施，并严格按照规定组织实施。

（七）作业安全

1. 施工现场管理和生产过程控制

建筑企业应加强施工现场安全管理和生产过程控制。对生产过程及物料、设备设施、器材、通道、作业环境等存在的隐患，应进行分析和控制。对动火作业、起重作业、临时用电作业、高处作业等危险性较高的作业活动实施作业许可管理，严格履行审批手续。作业许可证应包括危害因素分析和安全措施等内容。

2. 作业行为管理

建筑企业应加强生产作业行为安全管理，对作业行为隐患、设备设施使用隐患、工艺技术隐患等进行分析，采取控制措施，实现人、机、环境的和谐统一。

3. 安全警示标志

根据建筑施工现场的情况，在有较大危险因素的作业场所和设备设施上，设置明显的安全警示标志，进行危险提示、警示、告知危险的种类、后果及应急措施等。

4. 相关方管理

建筑企业应执行分包商、供应商等相关管理制度，对其资格预审、选择、服务前准备、作业过程、提供的产品、技术服务、表现评估等进行管理。

建立合格相关方的名录和档案，根据服务作业行为定期识别服务行为风险，并采取行之有效的控制措施。对进入同一作业区的相关方进行统一安全管理。不得将项目委托给不具备相应资质或条件的相关方。企业和相关方的项目协议应明确规定双发的安全生产责任义务，或签订专门的安全协议，明确双方的安全责任。

5. 变更管理

建筑企业应执行变更管理制度，对机构、人员、工艺、技术、设备设施、作业过程及环境等永久性或暂时性的变化进行有计划的控制。变更的实施应履行审批及验收程序，并对变更过程及变更所产生的隐患进行分析控制。

（八）隐患排查和治理

建筑企业应组织事故隐患排查工作，对隐患进行分析评估，确定隐患等级，登记建档，及时采取处理措施。

1. 排查前提及依据

法律法规、标准规范发生变更或有新的发布，以及操作条件或工艺改变，新建、改建、扩建项目建设，相关方进入、撤出或改变，对事故、事件、其他信息有新的认识，组织机构发生大的调整的，应及时组织隐患排查。

2. 排查范围与方法

隐患排查的范围应包括所有与项目相关的场所、环境、人员、设备设施和活动。建筑企业应根据安全生产的需要和特点，采用综合检查、专业检查、专项检查等方式进行隐患排查。

3. 隐患治理

根据隐患排查的结果，制定隐患治理方案，对隐患及时进行治理。隐患治理方案应包括目标和任务、方法和措施、经费和物资、机构和人员。重大事故隐患在治理前应采取临时控制措施并制定应急预案。

隐患治理措施包括：工程技术措施、管理措施、教育措施、防护措施和应急措施。治理完成后，应对治理情况进行验证和效果评估。

4. 预测预警

建筑企业应根据生产经营状况及隐患排查治理情况，运用定量的安全生产预测预警技术，建立体现本单位安全生产状况及发展趋势的预警指数系统。

（九）重大危险源监控

建筑企业应根据国家重大危险源有关标准对本单位的危险设施或场所进行重大危险源辨识与安全评估。对构成国家规定的重大危险源应及时登记建档，并按规定向政府有关部门备案。建筑企业应建立健全重大危险源安全管理制度，制订重大危险源安全管理技术措施。

（十）职业健康

1. 职业健康管理

建筑企业应按照法律法规、标准规范的要求，为从业人员提供符合职业健康要求的工作环境和条件，配备与职业健康保护相适应的设施、工具。

定期对作业现场职业危害进行检测，在检测点设置标示牌予以告知，并将检测结果录入职业健康档案。

对可能引发急性职业危害的有毒、有害工种场所，应设置报警装置，制定应急预案，配置现场急救用品、设备，设置应急撤离通道和必要的泄险区。

各种防护用具应定点存放在安全便于取用的地方，并有专人负责保管，定期校验和维护。应对现场急救用品设备和防护品进行经常性的检修，定期检测其性能，确保其处于正常状态。

2. 职业危害告示和警示

建筑企业在和工人订立劳动合同时，应将工作过程中可能产生的职业危害及其后果和防护措施如实告知从业人员，并在劳动合同中写明。

建筑企业应采取有效方式对从业人员及相关方进行宣传，使其了解生产过程中的职业危害，预防和应急处理措施，降低或消除危害后果。对存在严重职业危害的作业岗位，应设置警示标识和警示说明。警示说明应载明职业危害的种类、后果、预防和应急救治措施。

3. 职业危害申报

建筑企业应按规定及时、如实向当地主管部门申报生产过程中存在的职业危害因素，并依法接受其监督。

（十一）应急救援

1. 应急机构和队伍

建筑企业应建立安全生产应急管理机构，指定专人负责安全生产应急管理工作，建立与本企业生产特点相适应的专兼职应急救援队伍，或指定专职应急救援人员，并组织训练；无需建立应急救援队伍的，可与附近具备专业资质的应急救援队伍签订服务协议。

2. 应急预案

建筑企业应按规定制定生产安全事故应急预案，并针对重点作业岗位制定应急处置方案或措施形成应急预案体系。应急预案应根据规定报当地主管部门备案，并通报有关应急协作单位。应急应定期评审，并根据评审结果或实际情况的变化进行修订和完善。

3. 应急设施、装备、物资

建筑企业应按规定建立应急设施，配备应急装备，储备应急物资，并进行经常性的检查、维护、保养，确保其完好、可靠。

4. 应急演练

建筑企业应组织生产安全事故应急演练，并对演练效果进行评估。根据评估结果，修订、完善应急预案，改进应急管理工作。

5. 事故救援

发生事故后，应立即启动相关应急预案，积极开展事故救援。

（十二）事故管理

1. 事故报告

建筑企业发生事故后，应按规定及时向上级单位、政府有关部门报告，并妥善保护事故现场及有关证据，必要时向相关单位和人员通报。

2. 事故调查处理

发生事故后，应按规定成了事故调查组，明确其职责与权限，进行事故调查或配合上级部门的事故调查。

事故调查应查明事故发生的时间、经过、原因和人员伤亡情况及直接经济损失等。事故调查组应根据有关证据、资料，分析事故的直接、间接原因和事故责任，提出整改措施和处理建议，编制事故调查报告。

（十三）绩效评估和持续改进

建筑企业应每年至少一次对本单位安全生产标准化的实施情况进行评定，验证各项安全生产制度措施的适宜性、充分性和有效性，检查安全生产工作目标、指标的完成情况。主要负责人应对绩效评定工作全面负责。评定工作应形成正式文件，并将结果向所有部门、所属单位和从业人员通报，作为年度考评的重要依据。在年内如发生死亡事故后，应重新进行评定。

建筑企业应根据安全生产标准化评定结果和安全生产预警指数系统所反映的趋势，对安全生产目标、指标、规章制度、操作规程等进行修改完善，持续改进，不断提高安全生产管理水平。

第二节 建筑企业战略管理层与安全管理

在企业中，高层和领导者的作用和使命就是要促使集体和个人做好本职工作，为企业目标的实现做出积极的贡献。自上而下全方位的支持，尤其是管理层的积极、务实和持续支持，是确保安全和效益的关键之一。联合国职业健康和安全管理署（OSHA）已经确认了领导者在安全管理中的作用和"权力"，并且把管理层领导定义为安全体系设计中的一个关键性要素。英国健康和安全管理标准中将影响安全文化的组织因素归纳为：最高管理层承诺、管理风格、各级雇员之间的沟通（管理活动）和健康安全与生产目标的平衡（管理目标）等。

鉴于安全生产在建筑企业处于特殊的重要地位，安全与生产矛盾处理难度大，建筑安全生产的第一责任人必须是企业的主要负责人，只有这样才能把安全与生产从组织领导上统一起来，使安全管理体系得以有效运行。

对于各层次的管理者，除负责各自管理范围内的生产经营管理职责外，还应负责其运行范围内的安全生产管理，确保管理范围内的安全生产管理体系正常运行和安全业绩的持续改进。安全生产责任体系由纵向与横向展开。

一、企业战略管理层在安全管理中的作用

领导是企业中组织的核心，组织的运行就是围绕着领导而展开的。任何组织都具有固定的组织结构、行政体系和工作目标，安全作为组织的目标之一，领导的功能也在这里体现出来。

1. 安全目标设计是公司高层领导的第一个功能

安全目标是领导者在制定工作目标中必须考虑的目标和内容，并且在其发展的过程中不断补充、完善。领导对安全目标的设计和调整，就是为了保证组织中的人的行为与工作目标始终处在同一个水平上，进行目标设计是组织赋予领导的使命。

2. 公司高层领导具有协调组织内部、组织安全与环境关系的调整功能

在考虑组织安全运行与发展问题时，必须考虑到文化中的环境因素对安全的影响。组织中的成员都是以工作为导向的，换句话说每个人都有具体的工作。领导的工作是双向的。一方面，组织内部的各项工作时通过领导者对组织施加影响；另一方面，帮助组织对变化中的环境做出适应性调整，以保持组织的相对稳定性。事实上，领导的这两项功能都是为了一个目的，即协调组织内部和外部的各种关系，使组织处在有效安全的循环系统之中。

3. 高层领导是保证组织安全的内部动力

领导是企业安全工作的核心，起着监督、协调、指挥、导向的作用。企业中的组织由不同层次、不同部门构成的，不可避免地会产生各种各样的冲突，从而成为组织的内耗，此时，领导必须缓和、解决冲突，转化不利因素。

4. 高层领导对组织成员的激励功能

企业中的每个成员有着不同的动机、需求，领导必须最大限度的在工作中帮助他们达成各种愿望，提高他们对工作的满意度，与此同时，又不能使之偏离企业共同的安全目标。激励是促进组织和个人发展的手段。

综上所述，高层领导的功能决定了企业高层在存在的必然性，此外，高层领导者在组织的最高水平，决定着组织的发展和命运，他们必须从长远的利益出发确定组织发展战略和目标。因此，高层领导者必须善于从宏观的角度，思考组织安全问题。另一方面，他们又是组织的某种象征，组织成员的安全行为是以他们的安全行为为核心导向的。

二、企业战略管理层的安全管理意识

在建筑企业的生产过程中，由于安全意识薄弱，侥幸心理而导致安全事故发生的情形有很多。安全意识属于意识的一种，是人所特有的一种对安全生产现实的高级心理反映形式，是人们头脑中建立起来的生产必须安全的观念，也就是人们在生产活动中各种各样有可能对自己或他人造成伤害的外在环境条件的一种戒备和警觉的心理状态。人的安全意识具有能动

性质，可以对生产过程中操作行动具有调节作用。反过来，生产过程也会影响安全意识的形成。安全意识水平低下，会直接导致对信息处理能力的变弱，影响人对事物的关注能力，降低警觉程度，引发事故。

在现代企业管理中，决定企业竞争力的首要因素就是人。因此，只有重视人在生产经营中的作用，企业才可能实现可持续发展。对人的重视同时也反映在安全管理中，安全管理的基本出发点是关心人、理解人、爱护人、尊重人，其最终目标是为了人的生命健康。作为企业决策层，安全管理意识的树立首先从尊重、生命开始，不仅尊重自己的生命，而且要重视员工，现场操作人员以及用户的生命。尊重了生命，尊重生命的价值体现，企业价值观得到员工的认同，势必会激发员工工作的积极性，这正是生产与安全相辅相成的体现。

三、战略管理层安全教育培训的知识体系

对决策层的安全教育培训重点在方针政策、安全法现、标准的教育。具体地可以从以下几个方面进行教育。

（一）熟悉安全法规、标准及方针政策

建筑企业决策层应有意地培养自己的安全法规和安全技术素质，认真学习国家和行业主管部门颁发的安全法规文件和有关安全技术法规，掌握事故发生规律。安全生产的技术法规包括安全生产的管理标准，劳动生产设备、工具安全卫生标准，生产工艺安全卫生标准，防护用品标准；重大责任事故的治安处罚与行政处罚；违反安全生产法律应承担的相应的民事责任；违反安全生产法律应承担的相应的刑事责任；在什么情况下构成重大责任事故罪等。

（二）安全管理能力培养

决策层只有具备较高的安全管理素质才能真正担负"安全生产第一责任人"的责任，在安全生产问题上正确运用决定权、否决权、协调权、奖惩权；在机构、人员、资金、执法上为安全生产提供保障条件。安全管理素质主要由四个方面所决定的，即知识结构、管理经验、人格魅力、身体素质。在工作过程中，企业的决策层应当有意识地从以上四个方面，不断提高自身的水平。除了参加企业正常的安全教育培训，还应当积极学习和吸收先进的管理理念和管理方法，并用先进的管理理念、防范指导企业的生产经营，并不断总结在安全生产中的经验教训，关爱职工、加强自身修养方面的锻炼和培养。

（三）树立正确的安全思想

领导者要重视人的生命价值，具有强烈的安全事业心和高度的安全责任感，并建立应有的安全道德。作为企业领导必须具备正直、善良、公正、无私的道德情操和关心职工、体恤下属的职业道德，对于贯彻安全法规制度，要以身作则，身体力行。企业的决策层对于企业组织起到模范和表率的作用，企业决策层的一言一行会成为整个企业组织成员模仿的对象。因此，企业决策层树立了正确的安全思想，才能保证行为与思想保持一致。

（四）形成求实的工作作风

在市场经济体制下，要对企业决策层进行求实的工作作风教育，防止口头上重视安全，实际上忽视安全。根据企业的现实状况，建立适合企业生产经营的安全管理体系，积极参与与申请ISO180000的管理体系的认证。在生产过程中，把安全工作落在实处，把"人"看成第一位要素，深化对企业员工的安全教育、保证安全生产费用和物质的投入，加强对现场施工过程中的安全监督和检查。

第三节　建筑企业安全管理组织机构

一、安全管理机构

根据近几年来发生的生产安全事故分析可知，在诸多的事故原因中，生产经营单位没有设置相应的安全管理机构和配备必要的安全管理人员，安全生产失控，是事故发生的一个重要原因。对此，国家出台了相应的法律法规对此进行了严格的规定，其中《安全生产法》规定："矿山、建筑施工单位和危险物品的生产、经营、储存单位应当设置安全生产管理机构或者配备专职安全生产管理人员"。《建筑工程安全生产管理条例》明确规定："施工单位应当设立安全生产管理机构，配备专职安全生产管理人员"。随后，建设部颁布的《建筑企业安全生产管理机构设置及专职安全生产管理人员配备办法》中，对建筑企业安全生产管理机构的设置做了明确的规定。

安全管理机构是指建筑企业及其在建设工程项目中设置的负责安全生产管理工作的独立职能部门。依据国家有关规定，建筑企业应当设立安全生产管理机构，并根据企业规模大小、承包工程性质等情况决定配置的专职安全管理人员数量、专业等。

二、安全管理机构设置

（一）安全生产管理机构的职责

建筑企业及其所属的分公司、区域公司等较大的分支机构应当各自独立设置安全生产管理机构，负责本企业的安全生产管理工作；建筑企业及其所属分公司、区域公司等较大的分支机构应当各自独立设置安全生产管理机构，负责本企业的安全生产管理工作；建筑企业及其所属公司、区域公司等较大的分支机构必须在建设工程项目中设立安全生产管理机构。

安全生产管理机构必须落实国家有关安全生产法律、法规、标准，编制并适时更新安全生产管理制度，组织开展全员安全教育培训及安全检查等活动。对安全生产管理机构的考核指标必须与安全生产监督管理绩效挂钩，不具体承担其他生产任务或完成生产经营活动中的经济考核指标。

（二）机构设置要求

《建筑工程安全生产管理条例》第二十三条规定："施工单位应当设立安全生产管理机构，配备专职安全生产管理人员。"建筑企业及其所属的分公司、区域公司等较大的分支机构应当各自独立设置安全生产管理机构，负责本企业的安全生产管理工作；建筑企业及其所属分公司、区域公司等较大的分支机构必须在建设工程项目中设立安全生产管理机构。根据《安全生产法》第十九条规定："矿山、建筑施工单位和危险物品的生产、经营、储存单位，应当设置安全生产管理机构或者配备专职安全生产管理人员。"具体是否设置安全生产管理机构应根据生产经营单位危险性的大小、从业人员的多少、生产经营规模的大小等因素确定。

安全生产管理机构的主要职责：落实国家有关安全生产法律、法规和标准，编制并适时更新安全生产管理制度，组织开展全员安全教育培训及安全检查等活动。

（三）人员配备要求

1. 机构人员

建筑企业安全生产管理机构的成员，一般包括建筑企业主要负责人、项目负责人、专职安全管理人员、其他涉及安全责任的管理人员等。

2. 机构人数

关于建筑企业安全生产管理机构成员人数的要求，目前现有的法规只对建筑总承包企业、建筑工程项目的专职安全生产管理人员配备做出了明确规定。建筑企业安全生产管理机构专职安全生产管理人员的配备应满足下列要求，并应根据企业经营规模、设备管理和生产需要予以增加：

（1）建筑总承包资质序列企业：特级资质不少于6人；一级资质不少于4人；二级和二级以下资质企业不少于3人。

（2）建筑专业承包资质序列企业：一级资质不少于3人；二级和二级以下资质企业不少于2人。

（3）建筑劳务分包资质序列企业：不少于2人。

（4）建筑企业的分公司、区域公司等较大的分支机构（以下简称分支机构）应依据实际生产情况配备不少于2人的专职安全生产管理人员。

承包单位配备项目专职安全生产管理人员应当满足下列要求：

（1）建筑工程、装修工程按照建筑面积配备：

1）1万 m² 以下的工程不少于1人；

2）1万～5万 m² 的工程不少于2人；

3）5万 m² 及以上的工程不少于3人，且按专业配备专职安全生产管理人员。

（2）土木工程、线路管道、设备安装工程按照工程合同价配备：

1）5000万元以下的工程不少于1人；

2）5000万～1亿元的工程不少于2人；

3）1亿元及以上的工程不少于3人，且按专业配备专职安全生产管理人员。

分包单位配备项目专职安全生产管理人员应当满足下列要求：

（1）专业承包单位应当配置至少1人，并根据所承担的分部分项工程的工程量和施工危险程度增加。

（2）劳务分包单位施工人员在50人以下的，应当配备1名专职安全生产管理人员；50人～200人的，应当配备2名专职安全生产管理人员；200人及以上的，应当配备3名及以上专职安全生产管理人员，并根据所承担的分部分项工程施工危险实际情况增加，不得少于工程施工人员总人数的5‰。

三、安全管理机构的管理

建筑企业垂直管理的模式是企业各直属职能管理部门直接派出相关人员和机构到项目对应的职能部门实行管理，这种模式可以强化建筑企业对建设工程项目的宏观调控能力。建筑企业的安全管理机构采取垂直管理模式可以保证企业安全管理的管理理念、管理制度、管理方法等得到可靠地继承和延展，加强企业决策层对安全管理的重视，有助于建筑企业对项目的安全管理实施监督管理，促进建筑企业安全文化的建设。垂直管理模式尤其可以加强我国建筑企业对项目的控制力，改变建筑企业对工程项目"以包代管"的落后管理模式，实现现代化的项目管理理念。

第四节 安全生产责任制度

《建筑法》规定，建筑工程安全生产管理必须坚持"安全第一、预防为主"的方针，建立健全安全生产的责任制度和群防群治制度。建筑企业应当建立健全劳动安全生产教育培训制度，加强对本企业职工安全生产的教育培训，未经安全生产教育培训的人员，不得上岗。

《安全生产法》规定："生产经营单位……应当建立健全安全生产责任制度……"。《建筑工程安全管理条例》进一步规定，建筑企业应当建立健全安全生产责任制度和安全生产培训制度，制定安全生产规章制度和操作规程，保证本单位安全生产条件所需资金的投入，对所承担的建设工程进行定期和专项安全检查，并做好安全检查记录。

根据我国的法律法规，建筑企业必须依法加强对建筑企业安全生产的管理，执行安全生产责任制，采取有效措施，防止伤亡和其他安全生产事故的发生。安全生产责任制是建筑企业最基本的安全管理制度，是建筑企业安全生产的核心和中心环节。

一、安全生产责任制度制定原则

建筑企业制定安全生产责任制度应当遵循以下原则。

（一）合法性

必须符合国家有关法律、法规和政策、方针的要求，并及时修订。

（二）全面性

明确每个部门和人员在安全生产生产方面的权利、责任和义务，做到安全工作层层有人负责。

（三）可操作性

要保证安全生产责任的落实，必须建立专门的考核机构，形成监督、检查和考核机制，保证安全生产责任制度得到真正地落实。

二、安全生产

安全生产责任制是按照安全生产管理方针和"管生产的同时必须管安全"的原则，将各级负责人、各级职能部门及其工作人员和各岗位生产工人在安全生产方面应做到的事情及应负的责任加以明确规定的一种制度。具体来说就是将安全生产责任分解到相关单位的主要负责人、项目负责人、班组长以及每个岗位的作业人员身上。

（一）公司经理（实际负责人）的责任

公司经理是建筑企业安全生产工作的第一责任人，对本企业安全生产负全面领导责任。

（1）认真贯彻执行国家和各省、市有关安全生产的方针政策和法规、规范，掌握本企业安全生产动态，定期研究安全工作，对本企业安全生产负全面领导责任。

（2）领导编制和实施本企业中、长期整体规划及年度、特殊时期安全工作实施计划。建立健全本企业的各项安全生产管理制度及奖罚办法。

（3）建立健全安全生产的保证体系，保证安全技术措施经费的落实。

（4）领导并支持安全管理部门或人员的监督检查工作。

（5）在事故调查组的指导下，领导、组织本企业有关部门或人员，做好重大伤亡事故调查处理的具体工作和监督防范措施的制定和落实，预防事故重复发生。

（二）公司生产经营责任

（1）对本企业安全生产工作负直接领导责任，协助分公司经理认真贯彻执行安全生产方针、政策、法规，落实本企业各项安全生产管理制度。

（2）组织实施本企业中、长期、年度、特殊时期安全工作规划、目标及实施计划，组织落实安全生产责任制及施工组织设计。

（3）参与编制和审核施工组织设计、特殊复杂工程项目或专业工程项目施工方案。审批本企业工程生产建设项目中的安全技术管理措施，制定施工生产中安全技术措施经费的使用计划。

（4）领导组织本企业的安全生产宣传教育工作，确定安全生产考核指标，领导、组织外包工队长的培训、考核与审查工作。

（5）领导组织本企业定期和不定期的安全生产检查，及时解决施工中的不安全生产问题。

（6）认真听取、采纳安全生产的合理化建议，保证安全生产保障体系的正常运转。

（7）发生生产安全事故，组织实施生产安全事故应急救援。

（三）公司技术经理责任

（1）贯彻执行国家和上级的安全生产方针、政策，协助公司经理做好安全方面的技术领导工作，在本企业施工安全生产中负责技术领导责任。

（2）领导制定年度和季节性施工计划时，要确定指导性的安全技术方案。

（3）组织编制和审批施工组织设计、特殊复杂工程项目或专业性工程项目施工方案时，应严格审查是否具备安全技术措施及其可行性，并提出决定性意见。

（4）领导安全技术活动，确定劳动保护研究项目，并组织鉴定验收。

（5）对本企业使用的新材料、新技术、新工艺从技术上负责，组织审查其使用和实施过程中的安全性，组织编制或审定相应的操作规程，重大项目应组织安全技术交底工作。

（6）参加伤亡事故的调查，从技术上分析事故原因，制定防范措施。

（7）贯彻实施"一图九表"现场管理法及业内资料管理标准。参与文明施工安全检查，监督现场文明安全管理。

（四）安全部门责任

（1）积极贯彻和宣传上级的各项安全规章制度，并监督检查公司范围内责任制的执行情况。

（2）制定定期安全工作计划和方针目标，并负责贯彻实施。

（3）协助领导组织安全活动和检查。制定或修改安全生产管理制度，负责审查企业内部的安全操作规程，并对执行情况进行监督检查。

（4）对广大职工进行安全教育，参加特种作业人员的培训、考核，签发合格证。

（5）开展危险预知教育活动，逐级建立定期的安全生产检查活动。监督检查公司每月一次、项目经理部每周一次、班组每日一次。

（6）参加施工组织设计、会审；参加架子搭设方案、安全技术措施、文明施工措施、施工方案会审；参加生产会，掌握信息，预测事故发生的可能性。参加新建、改建、扩建工程项目的设计、审查和竣工验收。

（7）参加暂设电气工程的设计和安装验收，提出具体意见，应监督执行。参加自制的中小型机具设备及各种设施和设备维修后在投入使用前的验收，合格后批准使用。

（8）参加一般及大、中、异型特殊手架的安装验收，及时发现问题，监督有关部门或人员解决落实。

（9）深入基层研究不安全动态，提出改正意见，制止违章，有权停止作业和罚款。

（10）协助领导监督安全保证体系的正常运转，对削弱安全管理工作的单位，要及时汇报领导，督促解决。

（11）鉴定专控劳动保护用品，并监督其使用。

（12）凡进入现场的单位或个人，安全人员有权监督其符合现场及上级的安全管理规定，发现问题立即改正。

（13）督促班组长按规定及时领取和发放劳动保护用品，并指导工人正确使用。

（14）参加因工伤亡事故的调查，进行伤亡事故统计、分析，并按规定及时上报，对伤亡事故和重大未遂事故的责任者提出处理意见、采纳安全生产的合理化建议，保证本企业"一图九表法"、业内资料管理标准和安全生产保障体系正常运转。

（15）在事故调查组的指导下，组织伤亡事故的调查、分析及处理中的具体工作。

（五）技术部门责任

（1）认真学习、贯彻执行国家和上级有关安全技术及安全操作规程规定，保障施工生产中的安全技术措施的制定与实施。

（2）在编制施工组织设计和专业性方案的过程中，要在每个环节中贯穿安全技术措施，对确定后的方案，若有变更，应及时组织修订。

（3）检查施工组织设计和施工方案中安全措施的实施情况，对施工中涉及安全方面的技术性问题，提出解决办法。

（4）对新技术、新材料、新工艺、必须制定相应的安全技术措施和安全操作规程。

（5）对改善劳动条件、减轻笨重体力劳动、消除噪声等方面的治理进行研究解决。

（6）参加伤亡事故和重大已、未遂事故中技术性问题的调查，分析事故原因，从技术上提出防范措施。

（六）其他组织部门的责任

1. 劳资、物资

（1）对职工（含分包单位员工）进行定期的教育考核，将安全技术知识列为工人培训、考工、评级内容之一，对招收新工人（含分包单位员工）要组织入厂教育和资格审查，保证提供的人员具有一定的安全生产素质。

（2）严格执行国家和省、市特种作业人员上岗作业的有关规定，适时组织特种作业人员的培训工作，并向安全部门或主管领导通报情况。

（3）认真落实国家和省、市有关劳动保护的法规，严格执行有关人员的劳动保护待遇，并监督实施情况。

（4）参加因工伤亡事故的调查，从用工方面分析事故原因，提出防范措施，并认真执行对事故责任者的处理意见。

2．人事

（1）根据国家和省、市有关安全生产的方针、政策及企业实际，配齐具有一定文化程度、技术和实施经验的安全干部，保证安全干部的素质。

（2）组织对新调入、转业的施工、技术及管理人员的安全培训、教育工作。

（3）按照国家和省、市有关规定，负责审查安全管理人员资格，有权向主管领导建议调整和补充安全监督管理人员。

（4）参加因工伤亡事故的调查，认真执行对事故责任者的处理决定。

3．教育

（1）组织与施工生产有关的学习班时，要安排安全生产教育课程。

（2）各专业主办的各类学习班，要设置劳动保护课程（课时应不少于总课时的1%～2%）。

（3）将安全教育纳入职工培训教育计划，负责组织职工的安全技术培训和教育。

（七）计划部门

（1）在编制年、季、月生产计划时，必须树立"安全第一"的思想，组织均衡生产，保障安全工作与生产任务协调一致。对改善劳动条件、预防伤亡事故的项目必须视同生产任务，纳入生产计划优先安排。

（2）在检查生产计划实施情况的同时，要检查安全措施项目的执行情况，对施工中重要安全防护设施、设备的实施工作（如拆装脚手架、安全网等）要纳入计划，列为正式工序，给予时间保证。

（3）坚持按合理施工顺序组织生产，要充分考虑到职工的劳逸结合，认真按施工组织设计组织施工。

（4）在生产任务与安全保障发生矛盾时，必须优先解决安全工作的实施。

（八）项目经理责任

（1）对承包项目工程生产经营过程中的安全生产负全面领导责任。

（2）贯彻落实安全生产方针、政策、法规和各项规章制度，结合项目工程特点及施工全过程的情况，制定本项目部各项目安全生产管理办法，或提出要求并监督其实施。

（3）在组织项目工程承包，聘用业务人员时，必须本着安全工作只能加强的原则，根据工程特点确定安全工作的管理体制和人员，并明确各业务承包人的安全责任和考核指标，支持、指导安全管理人员的工作。

（4）健全和完善用工管理手续，录用外包工队必须及时向有关部门申报，严格用工制度与管理，适时组织上岗安全教育，要对外包工队的健康与安全负责，加强劳动保护工作。

（5）组织落实施工组织设计中安全技术措施，组织并监督项目工程施工中安全技术交底制度和设备、设施验收制度的实施。

（6）领导、组织施工现场定期的安全生产检查，发现施工生产中不安全问题，组织制定措施，及时解决。对上级提出的安全生产与管理方面的问题，要定时、定人、定措施予以解决。

（7）发生事故，要做好现场保护与抢救工作，及时上报；组织、配合事故的调查，认真落实制定的防范措施，吸取事故教训。

（8）对外包队加强文明安全管理，并对其进行评定。

（九）项目技术负责人责任

（1）对项目工程生产经营中的安全生产负责技术责任。

（2）贯彻、落实安全生产方针、政策，严格执行安全技术规范、规程、标准。结合项目工程特点，主持项目工程的安全技术交底和开工前的全面安全技术交底。

（3）参加或组织编制施工组织设计，编制、审查施工方案时，要制订、审查安全技术措施，保证其具有可行性与针对性，并随时检查、监督、落实。

（4）主持制定技术措施计划和季节性施工方案的同时，制订相应的安全技术措施应监督执行。及时解决执行中出现的问题。

（5）项目工程应用新材料、新技术、新工艺，要及时上报，经批准后方可实施，同时要组织上岗人员的安全技术培训、教育。认真执行相应的安全技术措施与安全操作工艺、要求，预防施工中因化学物品引起的火灾、中毒或其新工艺实施中可能造成的事故。

（6）主持安全防护设施和设备的验收。发现设备、设施的不正确情况应及时采取措施。严格控制不符合标准要求的防护设备、设施投入使用。

（7）参加每月四次的安全生产检查，对施工中存在的不安全因素，从技术方面提出整改意见和办法予以消除。

（8）贯彻实施"一图九表"法及业内资料管理标准。确保各项安全技术措施有针对性。

（9）参加、配合因工伤亡及重大未遂事故的调查，从技术上分析事故原因，提出防范措施、意见。

（10）加强外包平米包干的结构安全评定及文明施工的检查评定。

（十）项目工长、施工员责任

（1）认真执行上级有关安全生产规定，对所管辖班组（特别是外包工队）的安全生产负直接领导责任。

（2）认真执行安全技术措施及安全操作规程，针对生产任务特点，向班组（包括外包工队）进行书面安全技术交底，履行签认手续，并对规程、措施、交底要求执行情况经常检查，随时纠正作业违章行为。

（3）经常检查所管辖班组（包括外包工队）作业环境及各种设备、设施的安全状况，发现问题及时纠正解决。对重点、特殊部位施工，必须检查作业人员及安全设备、设施技术状况是否符合安全要求，严格执行安全技术交底，落实安全技术措施，并监督其执行，做到不违章指挥。

（4）每周或不定期组织一次所管辖班组（包括外包工队）学习安全操作规程，开展安全教育活动，接受安全部门或人员的安全监督检查，及时解决提出的不安全问题。

（5）对分管工程项目应用的符合审批手续的新材料、新工艺、新技术要组织作业工人进行安全技术培训；若在施工中发现问题，立即停止使用，并上报有关部门或领导。

（6）发现因工伤亡或未遂事故要保护好现场，立即上报。

（十一）项目班组长责任

（1）认真执行安全生产规章制度及安全操作规程，合理安排班组人员工作，对本班组人员在生产中的安全和健康负责。

（2）经常组织班组人员学习安全操作规程，监督班组人员正确使用个人劳保用品，不断提高自我保护能力。

（3）认真落实安全技术交底，做好班前讲话，不违章指挥、冒险蛮干，进现场戴好安全帽，高空作业系好安全带。

（4）经常检查班组作业现场安全生产状况，发现问题及时解决并上报有关领导。

（5）认真做好新工人的岗位教育。

（6）发生因工伤亡及未遂事故，保护好现场，立即上报有关领导。

（十二）作业工人责任

（1）认真学习，严格执行安全技术操作规程，模范遵守安全生产规章制度。

（2）积极参加安全活动，认真执行安全交底，不违章作业，服从安全人员的指导。

（3）发扬团结友爱精神，在安全生产方面做到互相帮助、互相监督，对新工人要积极传授安全生产知识，维护一切安全设施和防护用具，做到正确使用，不准拆改。

（4）对不安全作业要积极提出意见，并有权拒绝违章指令。

（5）发生伤亡和未遂事故，保护现场并立即上报。

（6）进入施工现场要戴好安全帽，高空作业系好安全带。

（7）有权拒绝违章指挥或检查。

（十三）工会组织

（1）依法组织职工参加本企业安全生产工作的民主管理和民主监督。

（2）对侵害职工在安全生产方面的合法权益的问题进行调查，代表职工与企业进行交涉。

（3）参加对生产安全事故调查处理，向有关部门提出处理意见。

第五节 建筑企业安全管理目标与要点

一、安全管理目标

安全管理目标是依据行为科学的原理，以系统工程理论为指导，以科学方法为手段，围绕企业生产经营总目标和上级对安全生产考核指标及要求，结合本企业中长期安全管理规划和近期安全管理状况，制定出一个时期的安全工作目标，并为这个目标的实现建立安全保证体系，制订一系列行之有效的保证措施。安全管理目标的要素包括目标确定、目标分解、目标实施、检查考核四个部分。

建筑企业实行安全管理目标，有利于激发职工在安全生产工作中的责任感，提高职工安全技术素质，促进科学安全管理方式的推行，充分体现了"安全生产，人人有责"的原则，促进安全管理工作科学化、系统化、标准化和制度化，实现安全管理全面达标。

（一）确定安全管理目标的主要依据

安全目标应易于考核，目标制定应综合考虑以下因素：

（1）建筑企业应依据国家安全生产方针、政策、和法律、法规。

（2）行业主管部门和地方政府确定的安全生产管理目标；建筑企业的总体发展目标，制定建筑企业安全生产年度及中长期管理目标。

（3）政府部门的相关要求。

（4）建筑企业的安全生产管理现状。

（5）建筑企业的生产经营规模及特点。

（6）建筑企业的技术、工艺和设施设备。

（7）事故控制目标应为事故负伤频率及各类生产安全事故发生率控制指标。

安全生产、文明施工管理目标应为企业安全标准化管理及文明施工基础工作要求的组合。

（二）安全管理目标的主要内容

建筑企业安全管理目标的主要内容包括：

1. 生产安全事故控制目标

建筑企业可根据本企业生产经营目标和上级有关安全生产指标确定事故控制目标，包括确定死亡、重伤、轻伤事故的控制指标。

2. 安全达标目标

建筑企业应当根据年度在建工程项目情况，确定安全达标的具体目标。

3. 文明施工实现目标

建筑企业应当根据当地主管部门的工作部署，制订创建省级、市级安全文明工地的总体目标。

4. 其他管理目标

建筑企业安全教育培训目标、行业主管部门要求达到的其他管理目标等。

（三）安全管理目标确定的原则

确定安全目标，要根据施工单位的实际情况科学分析，综合考虑各方面的因素，做到重点突出、方向明确、目标措施对应、先进可行。目标确定应遵循以下原则。

1. 重点性

确定目标要主次分明、重点突出、按职定责。安全管理目标要突出生产安全事故、安全达标等方面的指标。

2. 先进性

目标的先进性即它的适用性和挑战性。确定的目标略高于实施者的能力和水平，使之经过努力可完成。

3. 可比性

尽量使目标的预期成果做到具体化、定量化，做到有参照。

4. 综合性

制订目标要保证上级下达指标的完成，又要兼顾企业各个环节，各个部门和每个职工的能力。

5. 对应性

每个目标、每个环节要有针对性措施保证目标实现。

安全管理目标应分解到各管理层及相关职能部门，并定期进行考核。建筑企业各管理层和相关职能部门应根据企业安全管理目标的要求制定自身管理目标和措施，共同保证目标实现。

（四）安全管理目标体系与分解

建筑企业应当建立安全目标管理体系，将安全管理目标分解到各个部门、工程项目部和人员。安全目标管理体系由目标体系和措施体系组成。

1. 目标体系

目标体系就是将安全目标网络化、细分化，目标体系是安全管理目标的核心，由总目标、分目标和子目标组成。安全总目标是企业所需要达到的目标，各部门和各项目部要根据自身具体情况，为完成安全总目标提出部门、项目部的分目标、子目标。

目标分解要做到横向到边，纵向到底，纵横连锁，形成网络。横向到边就是把施工单位的安全总目标分解到各个职能部门、科室；纵向到底就是把安全总目标自上而下地一层一层分解，明确责任，使责任落实到人，形成个人保班组、班组保项目、项目保公司的多层管理安全目标连锁体系。

2. 措施体系

措施体系是安全目标实现的保证。措施体系就是安全措施（包括组织保证、技术保证和管理保证措施等）的具体化、系统化，是安全目标管理的关键。

根据目标层层分解的原则，保证措施也要层层落实，做到目标和保证措施相对应，使每个目标值都有具体保证措施。

（五）建筑工程项目安全管理目标的实施

安全目标的实施是安全目标取得成效的关键环节，安全管理目标的实施就是执行者根据安全管理目标的要求、措施、手段和进度将安全管理目标进行落实，保证按照目标要求完成任务。安全管理目标的实施应做好以下工作：

（1）建立建筑企业分级负责安全责任制度。各项目部、各部门、人员的责任制度，明确各个部门、人员的权利和责任。

（2）建立各级目标管理组织，加强对企业安全目标管理的组织领导工作。

（3）建立危险性较大的分部分项工程跟踪监控体系。发现事故隐患及时进行整改，保证施工安全。

（4）建立安全保证体系。通过安全保证体系，形成网络，使各层次互相配合、互相促进。推进目标管理顺利展开。

（六）建筑企业安全管理目标的检查考核

建筑企业安全管理目标的检查考核时在目标实施之后，通过检查对成果作出评价并进行奖惩，总结经验教训，为下阶段目标做准备。进行建筑企业安全管理目标的检查考核应该做好以下几个方面。

1. 建立企业考核机构

建筑企业应当建立安全目标管理考核机构，负责对企业经理、项目经理、技术员、施工员等各类人员进行考核。

2. 制定考核办法

（1）考核机构人员构成。

（2）考核内容。

（3）考核周期。

（4）奖惩办法。

3. 实施检查考核的要求

（1）检查考核应严格按考核办法进行，防止流于形式。

（2）实行逐级考核制度。建筑企业考核机构对各职能部门和项目负责人进行检查考核，项目考核机构对项目部管理人员和施工班组进行考核。

（3）根据考核结果实施奖惩。对考核优良的按考核办法给予奖励，对考核不合格的给予处罚。

（4）做好考核总结工作。每次考核结束，被考核单位和部门要认真总结目标完成情况，并制定整改措施，认真落实整改。

二、安全生产保证体系文件

（一）安全生产保证体系文件的概述

安全生产保证体系文件是项目现场安全管理有关的信息及其承载媒体，其真正的价值在于传递如何一致地完成安全管理活动和过程所需要的信息。安全生产保证体系文件包括安全保证计划；工程项目所属上级制订的各类安全管理标准；相关的国家、行业、地方法律和法规文件；各类记录、报表和台账。因此，安全生产保证体系文件是安全生产保证体系运行的保障，它使施工现场的安全生产活动做到"有法可依、有章可循"。

（二）安全生产保证体系文件的内容

1. 施工现场安全生产保证计划

安全保证计划是围绕安全生产总目标而展开的各类安全活动计划。安全保证计划是施工组织设计中的一个重要组成部分，可以以独立的形式出现。

安全保证计划的制订一般须经过一个策划过程，策划的内容有 7 个方面：

（1）配备必要的设施、装备和专业人员，确定控制和检查手段、措施。

（2）确定整个施工过程中应执行的文件、规范，如脚手架工程（含特殊脚手架）、高空作业、机械作业、临时用电、动用明火、沉井、深基础施工和爆破工程等作业规定。

（3）冬季、雨、雪天施工的安全技术措施及夏季的防暑降温工作。

（4）确定危险部位和过程，对风险较大和专业性较强的工程项目进行安全论证。同时采取相适应的安全技术措施，并得到有关部门的认可。

（5）做出因本工程项目的特殊性而需补充的安全操作规定。

（6）选择或制订施工各阶段针对安全技术交底的文本。

（7）制订安全记录的表式，确定搜集、整理和记录各种安全活动的人员和职责。

2. 施工组织设计

（1）施工组织设计的概念。

施工组织设计是以整个建设工程项目或群体工程为编制对象，依据初步设计或扩大初步设计以及现场施工条件和其他相关资料编制的，用以规划和指导整个建设项目施工全过程各项施工活动的全局性、综合性和控制性技术经济文件。其编制目的是对整个建设项目或群体工程的活动进行通盘考虑，全面规划，总体控制。

施工组织设计是施工单位在施工期，按照国家和行业法律、法规、标准等有关规定，从施工全局出发，根据工程概况、施工工期、场地环境等条件，以及机械设备、施工机具和变配电设施的配备计划等方面的具体条件，拟定工程施工工序、施工流向、施工顺序、施工进度、施工方法、施工人员、技术措施、材料供应，以及运输道路、设备设施和水电能源等现场设施的布置和建设作出规划，以便对施工中的各种需要和变化，做好事前准备，使施工建立在科学合理的基础上，从而取得最好的经济效益和社会效益。施工组织设计是组织工程施工的纲领性文件，是保证安全生产的基础。

（2）施工组织设计的分类。

1）按编制目的不同分类：

①投标性施工组织设计：在投标前，由企业有关职能部门（如总工办）负责牵头编制，在投标阶段以招标文件为依据，为满足投标书和签订施工合同的需要编制。

②实施性施工组织设计：在中标后施工前，由项目经理（或项目技术负责人）负责牵头编制，在实施阶段以施工合同和中标施工组织设计为依据，为满足施工准备和施工需要编制。

2）按编制对象范围不同分类：

①施工组织总设计。它是以整个建设项目或群体工程为对象，规划其施工全过程各项活动的技术、经济的全局性、指导性文件，是整个建设项目施工的战略部署，内容比较概括。

一般是在初步设计或扩大设计批准之后，由总承包单位的总工程师负责，会同建设、设计和分包单位的总工程师共同编制。对整个项目的施工过程起统筹规划、重点突出的作用。

②单位（单项）工程施工组织设计。它是以单位（单项）工程为对象编制的，是用以直接指导单位（单项）工程施工全过程各项活动的技术，经济的局部性、指导性文件，是施工组织总设计的具体化，具体地安排人力、物力和实施工程。是施工单位编制月旬作业计划的基础性文件，是拟建工程施工的战术安排。

它是在施工图设计完成后，以施工图为依据，由工程项目的项目经理或主管工程师负责编制的。对单位工程的施工过程起指导和约束作用。

③分部（分项）工程施工组织设计。一般针对工程规模大、特别重要的、技术复杂、施工难度大的建筑物或构筑物，或采用新工艺、新技术的施工部分，或冬雨季施工等为对象编制，是专门的、更为详细的专业工程设计文件。在编制单位（单项）工程施工组织设计之后，由单位工程的技术人员负责编制。其设计应突出作业性。注意三者的联系和区别。

3）按设计阶段分类：

①当项目按三阶段设计时，在初步设计完成后，可编制施工组织设计大纲（施工组织条件设计）；技术设计完成后，可编制施工组织总设计；在施工图设计完成后，可编制单位工程施工组织设计。

②当项目按两阶段设计时，对应于初步设计和施工图设计，分别编制施工组织总设计和单位工程施工组织设计。

3. 施工组织设计编制原则

（1）必须执行基本建设程序。

（2）满足招标文件或施工合同中有关工程造价、质量、进度、安全、环境保护等方面的要求。

（3）采用先进的施工技术，积极推广新技术、新工艺、新材料和新设备，科学地确定施工方案，提高建筑产品工业化程度，提高机械化水平。

（4）采用科学的管理方法，坚持合理的施工程序和施工顺序，采用流水施工和网络计划等方法，合理配置资源，采取有效季节性施工措施，实现均衡施工，达到合理的经济技术指标。

（5）与质量、环境和职业健康安全三个管理体系有效结合。

（6）采取必要的技术管理措施，实现环保、节能和绿色施工。

4. 施工组织设计的审批

施工组织设计以由施工单位技术负责人组织有关人员进行编制，施工单位的施工技术、安全、设备等部门进行会审，经施工单位技术负责人和工程监理单位总监理工程师审批签字。

5. 施工组织设计的实施

（1）施工组织设计的实施。

施工单位必须严格执行施工组织设计。不得擅自修改经过审批的施工组织设计。如因设计、结构等因素发生变化，确需修订的，应重新履行会审、审批程序。

（2）施工组织设计的监督实施。

施工单位的项目负责人应当组织项目管理人员认真落实施工组织设计。在施工组织设计实施过程中，专职安全管理人员和工程监理单位的监理人员要进行现场监督，发现不按照施工组织设计进行施工的行为要予以制止；施工作业人员要严格按照安全技术交底进行施工，将安全技术措施落实到实处；施工单位的施工技术、安全、设备等有关部门应当对施工组织设计的实施进行监督落实，保证各分部分项工程按照施工组织设计顺利进行。

（三）安全生产保证体系文件的基本要求

（1）项目部应制定安全保证计划，并在实施前按规定由项目部的上级，即建筑业企业主管部门负责召集并主持审核确认；工程项目安全负责人和相关部门负责人参加审核，以确定安全设施、安全技术、安全管理、安全控制的可靠性，在评价后，予以确认。

（2）项目部应在施工组织设计中编制各类安全技术措施，并经上级技术主管部门审核批准，方可实施。

（3）项目部应根据工程实际情况编制专项施工方案，并进行备案。需要专家论证应及时进行。先方案后施工，必须做到按方案施工。

（4）项目现场各项管理制度是由项目部制定，各项管理制度要符合我国的有关法律、法规及规定，也要符合所在企业以及当时当地的施工生产实际。

（5）项目部应按要求编制应急救援预案，并按要求进行备案。施工期间，其内容应当在施工现场显著位置予以公示。

第六节　安全技术措施计划

一、安全技术措施计划

安全技术措施计划是企业为了保护职工在生产过程中的安全和健康，在本年度或一定时期内根据需要而确定的改善劳动条件的项目和措施。过去安全技术措施计划是企业生产财务计划的主要内容，现在是企业综合计划即生产、经营、财务计划的组成部分。

有计划地改善劳动条件是我国安全生产的方针、政策，也是社会主义制度优越性的具体体现。早在1953年，中财委就向各企业主管部门提出编制安全技术措施计划的建议，要求各地区、产业和企业单位在编制生产财务计划时编制安全生产措施计划。1954年，为深入开展这项工作，原劳动部在总结各地经验的基础上，发出了《关于厂矿企业编制安全技术劳动保护措施计划的通知》，要求企业认真做好这项工作。为规范和完善安全技术措施计划的内容，1956年，原劳动部和全国总工会联合发布《安全技术措施计划的项目总名称表》，使企业安全技术措施项目的确立有据可依。1979年，国家劳动总局、中华全国总工会发出通知，要求继续贯彻两部门联合发布的《安全技术措施计划的项目总名称表》。1963年，国务院在《关于加强企业生产中安全工作的几项规定》中特别提出："企业单位在编制生产、技术、财务计划的同时，必须编制安全技术措施计划"，"企业领导人应该对安全技术措施计划的编制和贯彻执行负责"。1993 年，国务院在《关于加强安全生产工作的通知》中指出："要增加安全生产的资金投入，用好措施经费，通过技术改造消除事故隐患，改善劳动条件。"2006 年财政部、国家安全监督管理总局颁布的《高危行业企业安全生产费用财务管理暂行办法》（财企〔2006〕478 号）等法规和文件中均对编制安全技术措施计划提出了明确具体的要求。经过几十年的努力，编制安全技术措施计划已经成为企业安全工作的重要内容，为企业有计划地改善劳动条件提供了有效途径。

二、编制安全技术措施计划的意义

编制安全技术措施计划的意义在于：

（1）安全技术措施计划的编制使建筑企业劳动条件的改善计划化和制度化。安全技术措施计划纳入建筑企业生产经营、财务计划，使安全技术措施的发展与生产发展相匹配、相协调，既可克服安全生产两层皮的现象，又可使历史遗留的不安全、不卫生问题逐步得到解决，克服了工作中的盲目性，使工作有的放矢。

（2）合理使用有限资金。劳动条件的改善需要经济作保障，没有充分的资金，安全技术措施计划就得不到有效实施。在安全管理中资金短缺是企业的普遍现象。因此，把有限资金用在"刀刃"上，保证企业重大安全问题能够得到解决，并使劳动条件按轻重缓急逐步得到改善，是编制安全措施计划的又一重要作用。

（3）调动职工积极性，减少决策失误。安全技术措施计划从提出、审查到批准执行的全过程是与群众紧密相联的。这里凝聚了群众的智慧，反映了群众的呼声，解决了群众所需，体现了群众利益。这样既可调动群众的积极性，又可减少编制计划过程的盲目性、主观性，尽量避免决策失误。

三、安全技术措施计划的编制

（一）编制安全技术措施计划的原则

1. 必要性与可行性

编制安全措施计划时，一方面要考虑安全生产的实际需要，如针对在安全生产检查中发现的隐患，可能引发伤亡事故和职业病的主要原因，新技术、新工艺、新设备等的应用，安全技术革新项目和职工提出的合理化建议等方面编制安全技术措施；另一方面，还要考虑技术可行性与经济承受能力。

2. 要从实际出发

安全技术措施计划的内容既要使建筑企业劳动条件符合国家法规和标准的要求，将确实需要改善的项目列入计划，又要结合企业生产、技术设备状况和发展以及人力、财力、物力的实际，做到既要花钱少又要效果好，讲求实效，防止贪大求洋。

3. 区别轻重缓急，突出治理重点

对危害严重、危害区域大、涉及人员多的问题，要集中人、财、物力优先解决；对因技术经济条件一时解决不了的，要制订规划分阶段治理。要做到建筑企业劳动条件年年有改善。

4. 尽可能应用现代化技术和方法

要大力推广以无毒代有毒、以低毒代高毒的生产工艺和方法。尽可能采用机械化、自动化控制和操作，减轻工人劳动强度。

（二）编制安全技术措施计划的依据、内容和范围

编制安全措施计划的依据是：

（1）党中央、国务院发布的有关安全生产的方针政策、法律法规等。

（2）国务院所属各部委与地方人民政府发布的行政法规和技术标准。

（3）在安全卫生检查中发现尚未解决的问题。

（4）因生产发展需要所应采取的安全技术与劳动卫生技术措施。

（5）安全技术革新的项目和现场职工提出的合理化建议。

（三）编制安全技术措施计划的内容

安全技术措施计划应包括下列内容：

（1）措施名称及所在项目。

（2）目前安全生产状况及拟定采取的措施。

（3）所需资金、设备、材料及来源。

（4）项目完成后的预期效果。

（5）设计施工单位或负责人。

（6）开工及竣工日期。

（四）建筑企业安全技术措施计划项目的范围

1. 安全技术措施计划的应列项目

安全技术措施计划项目范围包括以改善建筑企业劳动条件、防止工伤事故和职业病为目的的一切技术措施。大致可分为四类：

（1）安全技术措施。它包括以防止工伤事故为目的的一切措施。如各种设备、设施以及安全防护装置、保险装置、信号装置和安全防爆设施等。

（2）卫生技术措施。它是指以改善作业条件防止职业病为目的的一切措施。如防尘、防毒、防噪声、通风、降温、防寒、防射线，以及防物理因素危害的措施。

（3）辅助房屋及设施。它指有关劳动卫生方面所必需的房屋及一切设施。如为职工设置的淋浴、盥洗设施，消毒设备，更衣室、休息室、取暖室、妇女卫生室等。

（4）宣传教育设施。它是指安全宣传教育所需的设施、教材、仪器，以及举办安全技术培训班、展览会，设立教育室等。

2. 严格区别易被误列为安全技术措施计划的项目

在安全技术措施计划编制过程中，会涉及某些项目既与改善作业环境、保证劳动者安全健康有关，也与生产经营、消防或福利设施相关，对此必须进行区分，避免将所有这些项目都列入安全技术措施计划内。区分时应注意以下几点：

（1）安全技术措施与改进生产措施，应根据措施的主要目的和效果加以区分。有些措施项目虽与安全有关，但从改进生产的观点看，又是直接需要的措施，不应列入安全技术措施计划。而应列入生产经营计划中。

（2）制造新机器设备时，应包括该机器设备所需的安全防护装置，由制造单位负责，不得列为安全技术措施项目。

（3）建筑企业使用新机器、新设备。采用新技术所需的安全技术措施是该项设备或技术所必需的，不得列为安全技术措施项目。

（4）机器设备检修与保证工人安全相关，但其主要目的在于保证机器设备正常运转、延长机器寿命，不应列为安全技术措施项目。

（5）辅助房屋及设施与集体福利设施要严格区分。如公共食堂、公共浴室、托儿所、疗养所等，这些福利设施对于保护工人在生产中的安全和健康，并没有直接关系，不应列为安全技术措施项目。

（6）个人防护用品及专用肥皂、药品、饮料等属于劳动保护日常开支，不列为安全技术措施项目。

四、安全措施计划的编制方法

（一）确定措施计划编制时间

年度安全技术措施计划应与同年度的生产、技术、财务、供销等计划同时编制。

（二）布置措施计划编制工作

建筑企业领导应根据本单位具体情况向下属单位或职能部门提出编制措施计划具体要求，并就有关工作进行布置。

（三）确定措施计划项目和内容

下属单位确定本单位的安全技术措施计划项目，并编制具体的计划和方案，经讨论后，报上级安全部门。安全部门联合技术、计划部门对上报的措施计划进行审查、平衡、汇总后，确定措施计划项目，并报有关领导审批。

（四）编制措施计划

安全技术措施计划项目经审批后，由安全管理部门和下属单位组织相关人员，编制具体的措施计划和方案，经讨论后，送上级安全管理部门和有关部门审查。

（五）审批措施计划

上级安全、技术、计划部门对上报安全技术措施计划进行联合会审后，报有关领导审批。安全措施计划一般由总工程师审批。

（六）下达措施计划

单位主要负责人根据总工程师的意见，召集有关部门和下属单位负责人审查、核定计划。根据审查、核定结果，与生产计划同时下达到有关部门贯彻执行。

安全技术措施计划落实到有关部门和下属单位后，计划部门应定期检查。建筑企业领导在检查生产计划时，应同时检查安全技术措施计划的完成情况。安全管理与安全技术部门应经常了解安全技术措施计划项目的实施情况，协助解决实施中的问题，及时汇报并督促有关单位按期完成。

已完成的计划项目要按规定组织竣工验收。竣工验收时一般应注意：所有材料、成品等必须经检验部门检验；外购设备必须有质量证明书；负责单位应向安全技术部门填报交工验收单，由安全技术部门组织有关单位验收；验收合格后，由负责单位持交工验收单向计划部门报完工，并办理财务结算手续；使用单位应建立台账，按《劳动保护设施管理制度》进行维护管理。

（七）实施

安全技术措施计划项目审批后应正式下达。安全技术措施计划落实到各执行部门后，安全管理部门应定期对计划的完成情况进行监督检查，对已完成的项目，应由验收部门负责组织验收。安全技术措施验收后，应及时补充、修订相关管理制度、操作规程、开展对相关人员的培训工作，建立相关的档案和记录。

对不能按期完成的项目，或没有达到预期效果的项目，必须认真分析原因，制定出相应的补救措施，经上级部门审批的项目，还应上报上级相关部门。

第七节　安　全　检　查

一、安全检查主要内容

安全检查是建筑安全管理对安全目标实施控制的重要措施，建筑企业的安全检查主要是指两个层面的安全检查：一是对企业安全管理体系运行情况监督与检查；二是对在建工程项目生产过程的安全检查。

（一）建筑企业安全管理体系的检查

建筑企业安全管理体系的检查是在安全管理机构领导指导下进行的，主要是阶段性对企业安全管理体系运行状况的检查，及时发现企业安全管理体系存在的不足，进行及时的纠正和预防。检查的主要内容有：企业安全管理目标设置的科学性和合理性评价；安全责任是否落实；对建筑企业安全管理文件体系进行检查；安全管理的工作流程是否顺畅高效；企业的安全管理制度是否完备；安全管理机构人员的安全教育培训是否满足企业安全管理的需求等。安全检查的形式可以采取会议、访谈、实地调研等。

（二）对在建工程项目生产过程的安全检查

在建筑企业中的安全检查涉及的内容很多，其主要为查安全思想、查安全责任、查安全制度、查安全措施、查安全防护、查设备设施、查安全教育培训、查操作行为、查劳动防护用品使用和查伤亡事故等。建筑企业安全检查要根据建筑企业生产经营的特点，具体确定检查的项目和检查的标准。

（1）查安全思想主要是检查以企业经理为首的安全管理机构全体员工（包括项目部人员）的安全生产意识和对安全生产工作的重视程度。

（2）查安全责任主要是检查建筑企业安全生产责任制度的建立；安全生产责任目标的分解落实和考核情况；对安全生产责任制与责任目标的一致性，以及具体的落实情况也要给予确认。

（3）查安全制度主要是检查建筑企业各项安全生产规章制度和安全技术操作规程的建立和执行情况。

（4）查教育培训主要是检查建筑企业教育培训岗位、教育培训人员、教育培训内容是否明确、具体、有针对性；三级安全教育制度和特种作业人员持证上岗的落实情况是否到位；教育培训档案资料是否真实、齐全。

（5）查安全措施主要是检查建设项目现场的安全措施计划，以及各项安全专项施工方案的检查、审核、审批及实施情况；重点检查方案的内容是否全面，措施是否具体并有针对性，现场的实时运行是否与方案规定的内容相符。

（6）查安全防护主要是检查建设项目现场临边、洞口等各项安全防护设计是否到位，有无安全隐患。

（7）查设备设施主要是检查建设项目现场投入使用的设备设施的购置、租赁、安装、验收、使用、过程维护保养等各个环节是否符合要求；设备设施的安全装置是否齐全、灵敏、可靠、有无安全隐患。

（8）查操作行为主要是检查建设项目现场施工作业过程中有无违章指挥、违章作业、违反劳动纪律的行为发生。

（9）查劳动防护用品的使用主要是检查现场劳动用品、用具的购置、产品质量、配备数量和使用情况是否符合安全与职业卫生的要求。

（10）查伤亡事故处理主要是检查现场是否发生伤亡事故，对发生的伤亡事故是否已按照"四不放过"原则进行了调查处理，是否已有针对性地制定了纠正与预防措施；制定的纠正与预防措施是否已落实并取得实效。

二、建设工程施工安全检查的主要形式

建设工程施工的安全检查形式一般可分为日常检查、专项检查、定期安全检查、经常性安全检查、季节性安全检查、节假日安全检查，开工、复工安全检查、专业性安全检查和设备设施安全检查等。

安全检查的组织形式应当根据检查的目的、内容来确定，因此参加安全检查的参与人员也不尽相同。

1. 定期安全检查

建筑企业应建立定期分级安全检查制度，定期安全检查属于全面性和考核性的检查。定期安全生产检查一般是通过有计划、有组织、有目的的形式来实现，一般由施工企业统一组织实施。检查周期的确定，应根据企业的规模、性质以及地区气候、地理环境等确定。定期安全检查一般具有组织规模大、检查范围广、有深度，能及时发现并解决问题等特点。定期安全检查一般和重大危险源评估、现状安全评价等工作结合开展。

2. 经常性安全检查

建设工程施工应经常开展预防性的安全检查工作，以便于及时发现并消除事故隐患，保证施工生产正常进行。施工现场经常性安全检查的形式有：

（1）现场专（兼）职安全生产管理人员以及安全值班人员每天例行开展的安全巡视、巡查。

（2）现场项目经理、责任工程师以及相关专业技术管理人员在检查生产工作的同时进行的安全检查。

（3）交接班检查。交接班检查是指在交接班前，岗位人员对岗位作业环境、管辖的设备及系统安全运行状况进行检查，交班人员要向接班人员说清楚，接班人员根据自己检查的情况和交班人员的交代，做好工作中可能发生问题及应急处理措施的预想。

（4）班中检查。班中检查包括岗位作业人员在工作过程中的安全检查，以及企业领导、安全生产管理部门和车间班组领导或安全监督人员对作业情况的巡视或抽查等。

（5）特殊检查。特殊检查是针对设备、系统存在的异常情况，所采取的加强监视运行的措施。一般来讲，措施由工程技术人员制定，岗位作业人员执行。

（6）交接班检查和班中岗位的自行检查，它一般应制定检查路线、检查项目、检查标准，并设置专用的检查记录本。

（7）岗位经常性检查。岗位经常性检查发现的问题记录在记录本上，并及时通过信息系统和电话逐级上报。一般来讲，对危及人身和设备安全的情况，岗位作业人员应根据操作规程、应急处理措施的规定，及时采取紧急处理措施，不需请示，处置后则立即汇报。

3. 季节性安全检查

季节性安全检查主要是针对气候特点（如暑季、雨季、风季、冬季等）可能给安全生产造成的不利影响或带来的危害而组织进行的安全检查。

4. 节假日安全检查

在节假日、特别是重大或传统节假日前后和节日期间，为了防止现场管理人员和作业人员思想麻痹、纪律松懈等进行的安全检查。节假日加班，更要认真检查各项安全防范措施的落实情况。

5. 开工、复工安全检查

针对建设工程项目开工、复工之前进行的安全检查，主要是检查施工现场是否具备保障安全生产的条件。

6. 专业性安全检查

由有关专业人员对现场某项专业安全问题或施工生产过程中存在的比较系统性的安全问题进行的单项检查。这类检查专业性强，主要应由专业工程技术人员、专业安全管理人员参加。

7. 设备设施安全检验检查

针对现场塔吊等起重设备、外用施工电梯、龙门架及井架物料提升机、电气设备、脚手架、现浇混凝土模板支撑系统等设备设施在安全、搭设过程中或完成后进行的安全验收、检查。

8. 职工代表不定期对安全生产的巡查

根据《工会法》及《安全生产法》的有关规定，建筑企业的工会应定期或不定期组织职工代表进行安全检查。重点查国家安全生产方针、法规的贯彻执行情况，各级人员安全生产责任和规章制度的落实情况，从业人员安全生产权利的保障情况，生产现场的安全状况等。

三、安全检查的要求

（1）根据检查内容配备力量，抽调专业人员，确定检查负责人，明确分工。

（2）应有明确的检查目的和检查项目、内容及检查标准、重点、关键部位。对大面积或数量多的项目可采取系统的观感和一定数量的测点相结合的检查方法。检查时尽量采用检测工具，用数据说话。对现场管理人员和操作工人不仅要检查是否有违章指挥和违章作业行为，还应进行"应知应会"的抽查，以便了解管理人员及操作人员的安全素质。对于违章指挥、违章作业行为，检查人员可以当场指出、进行纠正。

（3）认真、详细进行检查记录，特别是对隐患的记录必须具体，如隐患部位、危险性程度以及处理意见等。采用安全检查评分标的，应记录每项扣分的原因。

（4）检查中发现隐患的应该登记，发出整改通知，引起整改单位的重视，整改后应对整改情况进行复查，并作出记录。对即发型事故危险的隐患，检查人员应责令停工，待整改消除、复查后才能复工。

（5）尽可能系统、定量地作出检查结论，进行安全评价。

四、检查的内容

安全生产检查的内容包括软件系统和硬件系统。软件系统主要是查思想、查意识、查制度、查管理、查事故处理、查隐患、查整改。硬件系统主要是查生产设备、查辅助设施、查安全设施、查作业环境。

安全生产检查具体内容应本着突出重点的原则进行确定。对于危险性大、易发事故、事故危害大的生产系统、部位、装置、设备等应加强检查。一般应重点检查：易造成重大损失的易燃易爆危险物品、剧毒物品、锅炉、压力容器、起重设备、运输设备、冶炼设备、电气设备、冲压机械、高处作业和本企业易发生工伤、火灾爆炸等事故的设备、工种、场所及其作业人员；易造成职业中毒或职业病的尘毒产生点及其岗位作业人员；直接管理的重要危险点和有害点的部门及其负责人。

五、安全检查的方法

建设工程安全检查可以采用的方法有"听"、"问"、"看"、"量"、"测"、"运转试验"等方法进行。

"听"，听取基层管理人员或施工现场安全员汇报安全生产情况，介绍现场安全工作经验、存在问题、今后的发展方向。

"问"，主要是指通过询问、提问，对项目经理为首的现场管理人员和操作工人进行的应知应会的抽查，以便了解现场管理人员和操作工人的安全意识和安全素质。

"看"，主要是指查看施工现场安全管理资料和对施工现场进行巡视。查看项目负责人、专职安全管理人员、特种作业人员等的持证上岗的情况；现场安全标志设置情况；劳动防护用品的使用情况；现场安全设施及机械设备安全装置配置情况等。

"量"，主要是指使用测量工具对施工现场的一些设施、装置进行实测实量。如：脚手架各种杆件间距、现场安全防护栏杆的高度、电器开关箱的安装高度、在建工程与外电边线安全距离的测量。

"测"，主要是指使用专用仪器、仪表等监测器对特定对象关键特性技术参数的测试。如漏电保护器测试仪对漏电保护漏电动作电流、漏电动作时间的测试；使用经纬仪对塔吊、外用电梯安装垂直度的测试等。

"运转试验"，主要是指由具有专业资格的人员对机械设备进行实际操作、试验、检验其运转的可靠性或安全限位装置的灵敏性。如对塔吊力矩限制器、变幅限位器等安全装置的试验。

六、安全生产检查的工种程序

（一）安全检查准备

（1）确定检查对象、目的、任务。

（2）查阅、掌握有关法规、标准、规程的要求。

（3）了解检查对象的工艺流程、生产情况、可能出现危险和危害情况。

（4）制订检查计划，安排检查内容、方法、步骤。

（5）编写安全检查表或检查提纲。

（6）准备必要的检测工具、仪器、书写表格或记录本。

（7）挑选和训练检查人员并进行必要的分工等。

（二）实施安全检查

实施安全检查就是通过访谈、查阅文件和记录、现场观察、仪器测量的方式获取信息。

（1）访谈。通过与有关人员谈话来检查安全意识和规章制度执行情况等。

（2）查阅文件和记录。检查设计文件、作业规程、安全措施、责任制度、操作规程等是否齐全，是否有效；查阅相应记录，判断上述文件是否被执行。

（3）现场观察。对施工现场的生产设备、安全防护设施、作业环境、人员操作等进行观察，寻找不安全因素、事故隐患、事故征兆等。

（4）仪器测量。利用一定的检测检验仪器设备，对在用的设施、设备、器材状况及作业环境条件等进行测量，以发现隐患。

（三）综合分析

经现场检查和数据分析后，检查人员应对检查情况进行综合分析，提出检查结论和意见。一般来讲，建筑企业自行组织的各类安全检查，应有安全管理部门会同有关部门对检查结果进行综合分析；上级主管部门或地方政府负有安全生产监督管理职责的部门组织的安全检查，统一研究得出检查意见或结论。

七、提出整改要求

针对检查发现的问题，应根据问题性质的不同，提出立即整改、限期整改等措施要求。建筑企业自行组织的安全检查，由安全管理部门会同有关部门，共同制订整改措施计划并组织实施。上级主管部门或地方政府负有安全生产监督管理职责的部门组织的安全检查，检查组应提出书面的整改要求，施工单位制订整改措施计划。

八、整改落实

对安全检查发现的问题和隐患，建筑企业应从管理的高度，举一反三，制订整改计划并积极落实整改。

九、信息反馈及持续改进

建筑企业自行组织的安全检查，在整改措施计划完成后，安全管理部门应组织有关人员进行验收。对于上级主管部门或地方政府负有安全生产监督管理职责部门组织的安全检查，在整改措施完成后，应及时上报整改完成情况，申请复查或验收。

对安全检查中经常发现的问题或者反复出现的问题，生产经营单位应从规章制度的健全和完善、从业人员的安全教育培训、设备系统的更新改造、加强现场检查和监督等环节入手，做到持续改进，不断提高安全生产管理水平，防范生产安全事故的发生。

第八节　安全投入与风险抵押

一、安全生产投入的基本要求

新中国成立以来，党中央、国务院一直重视安全生产投入问题，从1963年国务院颁发的《关于加强企业安全生产中安全工作的几项规定》开始，逐步明确。规范和加大安全生产投入。《安全生产法》第十八条规定："生产经营单位应当具备的安全生产条件所必需的资金投入，由生产经营单位的决策机构、主要负责人或者个人经营的投资人予以保证，并对由于安全生产所必需的资金投入不足导致的后果承担责任。"

《国务院关于进一步加强安全生产工作的决定》（国发〔2004〕2号）明确："建立企业提取安全费用制度。为保证安全生产所需资金投入，形成企业安全生产投入的长效机制，借鉴煤矿提取安全费用的经验，在条件成熟后，逐步建立对高危行业生产企业提取安全费用制度。企业安全费用的提取，要根据地区和行业的特点，分别确定提取标准，由企业自行提取，专户储存，专项用于安全生产。"

二、建筑企业安全生产费用管理办法

为了建立企业安全生产投入长效机制，加强安全生产费用管理，保障建筑企业安全生产资金投入，维护企业、职工以及社会公共利益，根据《中华人民共和国安全生产法》等有关法律法规和国务院有关决定，财政部、国家安全生产监督管理总局联合制定了《企业安全生产费用提取和使用管理办法》。

三、安全费用的提取

为了建立建筑企业安全生产投入长效机制，加强安全生产费用管理，保障建筑企业安全生产资金投入，维护企业、职工以及社会公共利益，依据《中华人民共和国安全生产法》等有关法律法规和《国务院关于加强安全生产工作的决定》（国发〔2004〕2 号）和《国务院关于进一步加强企业安全生产工作的通知》（国发〔2010〕23 号），制定本办法。在中华人民共和国境内直接从事煤炭生产、非煤矿山开采、建设工程施工、危险品生产与储存、交通运输、烟花爆竹生产、冶金、机械制造、武器装备研制生产与试验（含民用航空及核燃料）的企业以及其他经济组织（以下简称企业）适用本办法。本办法所称安全生产费用（以下简称安全费用）是指企业按照规定标准提取在成本中列支，专门用于完善和改进企业或者项目安全生产条件的资金。安全费用按照"企业提取、政府监管、确保需要、规范使用"的原则进行管理。

建筑企业以建筑安装工程造价为计提依据。各建设工程类别安全费用提取标准如下：

（1）矿山工程为 2.5%。

（2）房屋建筑工程、水利水电工程、电力工程、铁路工程、城市轨道交通工程为 2.0%。

（3）市政公用工程、冶炼工程、机电安装工程、化工石油工程、港口与航道工程、公路工程、通信工程为 1.5%。

建筑企业提取的安全费用列入工程造价，在竞标时，不得删减，列入标外管理。国家对基本建设投资概算另有规定的，从其规定。

总包单位应当将安全费用按比例直接支付分包单位并监督使用，分包单位不再重复提取。

中小微型企业和大型企业上年末安全费用结余分别达到本企业上年度营业收入的 5% 和 1.5% 时，经当地县级以上安全生产监督管理部门、煤矿安全监察机构商财政部门同意，企业本年度可以缓提或者少提安全费用。

企业规模划分标准按照工业和信息化部、国家统计局、国家发展和改革委员会、财政部《关于印发中小企业划型标准规定的通知》（工信部联企业〔2011〕300 号）规定执行。

企业在上述标准的基础上，根据安全生产实际需要，可适当提高安全费用提取标准。

本办法公布前，各省级政府已制定下发企业安全费用提取使用办法的，其提取标准如果低于本办法规定的标准，应当按照本办法进行调整；如果高于本办法规定的标准，按照原标准执行。

新建企业和投产不足一年的企业以当年实际营业收入为提取依据，按月计提安全费用。

混业经营企业，如能按业务类别分别核算的，则以各业务营业收入为计提依据，按上述标准分别提取安全费用；如不能分别核算的，则以全部业务收入为计提依据，按主营业务计提标准提取安全费用。

四、安全费用的使用

（一）建筑企业安全费用的使用范围

（1）完善、改造和维护安全防护设施设备支出（不含"三同时"要求初期投入的安全设施），包括施工现场临时用电系统、洞口、临边、机械设备、高处作业防护、交叉作业防护、防火、防爆、防尘、防毒、防雷、防台风、防地质灾害、地下工程有害气体监测、通风、临时安全防护等设施设备支出。

（2）配备、维护、保养应急救援器材、设备支出和应急演练支出。

（3）开展重大危险源和事故隐患评估、监控和整改支出。

（4）安全生产检查、评价（不包括新建、改建、扩建项目安全评价）、咨询和标准化建设支出。

（5）配备和更新现场作业人员安全防护用品支出。

（6）安全生产宣传、教育、培训支出。

（7）安全生产适用的新技术、新标准、新工艺、新装备的推广应用支出。

（8）安全设施及特种设备检测检验支出。

（9）其他与安全生产直接相关的支出。

（二）危险品生产与储存企业安全费用的使用范围

（1）完善、改造和维护安全防护设施设备支出（不含"三同时"要求初期投入的安全设施），包括车间、库房、罐区等作业场所的监控、监测、通风、防晒、调温、防火、灭火、防爆、泄压、防毒、消毒、中和、防潮、防雷、防静电、防腐、防渗漏、防护围堤或者隔离操作等设施设备支出。

（2）配备、维护、保养应急救援器材、设备支出和应急演练支出。

（3）开展重大危险源和事故隐患评估、监控和整改支出。

（4）安全生产检查、评价（不包括新建、改建、扩建项目安全评价）、咨询和标准化建设支出。

（5）配备和更新现场作业人员安全防护用品支出。

（6）安全生产宣传、教育、培训支出。

（7）安全生产适用的新技术、新标准、新工艺、新装备的推广应用支出。

（8）安全设施及特种设备检测检验支出。

（9）其他与安全生产直接相关的支出。

在本办法规定的使用范围内，企业应当将安全费用优先用于满足安全生产监督管理部门、煤矿安全监察机构以及行业主管部门对企业安全生产提出的整改措施或者达到安全生产标准所需的支出。

企业提取的安全费用应当专户核算，按规定范围安排使用，不得挤占、挪用。年度结余资金结转下年度使用，当年计提安全费用不足的，超出部分按正常成本费用渠道列支。

主要承担安全管理责任的集团公司经过履行内部决策程序，可以对所属企业提取的安全费用按照一定比例集中管理，统筹使用。

五、监督管理

企业应当建立健全内部安全费用管理制度，明确安全费用提取和使用的程序、职责及权限，按规定提取和使用安全费用。

企业应当加强安全费用管理，编制年度安全费用提取和使用计划，纳入企业财务预算。企业年度安全费用使用计划和上一年安全费用的提取、使用情况按照管理权限报同级财政部门、安全生产监督管理部门、煤矿安全监察机构和行业主管部门备案。

企业安全费用的会计处理，应当符合国家统一的会计制度的规定。

企业提取的安全费用属于企业自提自用资金，其他单位和部门不得采取收取、代管等形式对其进行集中管理和使用，国家法律、法规另有规定的除外。

各级财政部门、安全生产监督管理部门、煤矿安全监察机构和有关行业主管部门依法对企业安全费用提取、使用和管理进行监督检查。

企业未按本办法提取和使用安全费用的，安全生产监督管理部门、煤矿安全监察机构和行业主管部门会同财政部门责令其限期改正，并依照相关法律法规进行处理、处罚。

建设工程施工总承包单位未向分包单位支付必要的安全费用以及承包单位挪用安全费用的，由建设、交通运输、铁路、水利、安全生产监督管理、煤矿安全监察等主管部门依照相关法规、规章进行处理、处罚。

各省级财政部门、安全生产监督管理部门、煤矿安全监察机构可以结合本地区实际情况，制定具体实施办法，并报财政部、国家安全生产监督管理总局备案。

生产经营单位是安全生产的责任主体，也是安全生产费用提取、使用和管理的主体。安全生产投入的决策程序，因生产经营单位的性质不同而异。但其项目计划、费用预测大体相同，即生产经营单位主管安全生产的部门牵头，工会、职业危害管理部门参加，共同制定安全技术措施计划，经财务或生产费用主管部门审核，经分管领导审查后提交主要负责人和安全生产委员会审定。

六、企业安全生产风险抵押金的要求

近些年来，由于一些企业经济能力有限或者有意逃避责任，常常在发生重特大事故后躲避逃逸，把抢险救灾和事故善后处理全部推给地方人民政府，造成极坏的社会影响，严重影响事故抢险、救援和善后处理工作。扭转当前这种恶劣现象，强化企业安全生产意识，落实安全生产责任，需要建立风险抵押机制，依法确定对危险性较大的企业，存储一定数额的安全生产风险抵押金，专项用于企业生产经营期间发生生产安全事故的抢险救灾和善后处理。

2004 年 11 月，国务院下发了《国务院进一步加强安全生产工作的决定》，文件第十八条规定："建立企业安全生产风险抵押金制度。为强化生产经营单位的安全生产责任，各地区可结合实际，依法对矿山、道路交通运输、建筑施工、危险化学品、烟花爆竹等领域从事生产经营活动的企业，收取一定数额的安全生产风险抵押金，企业生产经营期间发生生产安全事故的，转作事故抢险救灾和善后处理所需资金。具体办法由国家安全生产监督管理部门会同财政部研究制定。"

据此，财政部、国家安全生产监督管理总局、中国人民银行联合印发了《企业安全生产风险抵押金管理暂行办法》（财建［2006］369 号）。

七、风险抵押金的存储和使用

（一）风险抵押金存储标准

建筑施工等行业或领域从事生产经营活动的企业存储标准：

（1）小型企业存储金额不低于人民币 30 万元（不含 30 万元）。

（2）中型企业存储金额不低于人民币 100 万元（不含 100 万元）。

（3）大型企业存储金额不低于人民币 150 万元（不含 150 万元）。

（4）特大型企业存储金额不低于人民币 200 万元（不含 200 万元）。

风险抵押金存储原则上不超过 500 万元。

企业规模划分标准按照国家统一规定执行。

（二）风险抵押金存储的要求

（1）风险抵押金由企业按时足额存储。企业不得因变更企业法定代表人或合伙人、停产整顿等情况迟（缓）存、少存或不存风险抵押金，也不得以任何形式向职工摊派风险抵押金。

（2）风险抵押金存储数额由省、市、县级安全生产监督管理部门及同级财政部门核定下达。

（3）风险抵押金实行专户管理。企业到经省级安全生产监督管理部门及同级财政部门指定的风险抵押金代理银行（以下简称代理银行）开设风险抵押金专户，并于核定通知送达后 1 个月内，将风险抵押金一次性存入代理银行风险抵押金专户；企业可以在本办法规定的风险抵押金使用范围内，按国家关于现金管理的规定通过该账户支取现金。

（4）风险抵押金专户资金的具体监管办法，由省级安全监管部门及同级财政部门共同制定。

（三）风险抵押金的使用

（1）为处理本企业生产安全事故而直接发生的抢险、救灾费用支出。

（2）为处理本企业生产安全事故善后事宜而直接发生的费用支出。

企业发生生产安全事故后产生的抢险、救灾及善后处理费用，全部由企业负担，原则上应当由企业先行支付，确实需要动用风险抵押金专户资金的，经安全生产监督管理部门及同级财政部门批准，由代理银行具体办理有关手续。

发生下列情形之一的，省、市、县级安全生产监督管理部门及同级财政部门可以根据企业生产安全事故抢险、救灾及善后处理工作需要，将风险抵押金部分或者全部转作事故抢险、救灾和善后处理所需资金：

（1）企业负责人在生产安全事故发生后逃逸的；

（2）企业在生产安全事故发生后，未在规定时间内主动承担责任，支付抢险、救灾及善后处理费用的。

八、风险抵押金的管理

风险抵押金实行分级管理，由省、市、县级安全生产监督管理部门及同级财政部门按照属地原则共同负责。中央管理企业的风险抵押金，由所在地省级安全生产监督管理部门及同级财政部门确定后报国家安全生产监督管理总局及财政部备案。

企业持续生产经营期间，当年未发生生产安全事故、没有动用风险抵押金的，风险抵押金自然结转，下年不再增加存储。当年发生生产安全事故、动用风险抵押金的，省、市、县级安全生产监督管理部门及同级财政部门应当重新核定企业应存储的风险抵押金数额，并及时告知企业；企业在核定通知送达后1个月内按规定标准将风险抵押金补齐。

企业生产经营规模如发生较大变化，省、市、县级安全生产监督管理部门及同级财政部门应当于下年度第一季度结束前调整其风险抵押金存储数额，并按照调整后的差额通知企业补存（退还）风险抵押金。

企业依法关闭、破产或者转入其他行业的，在企业提出申请，并经过省、市、县级安全生产监督管理部门及同级财政部门核准后，企业可以按照国家有关规定自主支配其风险抵押金专户结存资金。企业实施产权转让或者公司制改建的，其存储的风险抵押金仍按照本办法管理和使用。

风险抵押金实际支出时适用的税务处理办法由财政部、国家税务总局另行制定。具体会计核算问题，按照国家统一会计制度处理。

每年年度终了后3个月内，省级安全生产监督管理部门及同级财政部门应当将上年度本地区风险抵押金存储、使用、管理有关情况报国家安全生产监督管理总局及财政部备案。

风险抵押金应当专款专用，不得挪用。安全生产监督管理部门、同级财政部门及其工作人员有挪用风险抵押金等违反本办法及国家有关法律、法规行为的，依照国家有关规定进行处理。

第九节　安全事故应急预案

建设工程的施工生产安全事故多具有突发性、紧迫性的特点，如果实现做好充分的应急准备工作，就可以在短时间内组织有效救援，防止事故扩大，减少人员伤亡和财产损失。

《建设工程安全生产管理条例》规定，施工单位应当制订本单位生产安全事故应急救援预案，建立应急救援组织或者配备应急救援人员，配备必要的应急救援器材、设备，并定期组织演练。

《突发事件应对法》规定，建筑施工单位应当制定具体应急预案，并对生产经营场所、有危险物品的建筑物、构筑物及周边环境开展隐患排查，及时采取措施消除隐患，防止发生突发事件。应急预案是对特定的潜在事件和紧急情况发生时所采取措施的计划安排，是应急响应的行动职能。编制应急预案的目的是防止一旦经济情况发生时出现混乱，按照合理的相应程序采取适当的救援措施，预防和减少可能随之引发的职业健康安全和环境影响。建筑企业安全事故应急救援预案，是指建筑企业根据本企业的实际情况，针对可能发生的事故类别、性质、特点和范围等，制订的事故发生时组织、技术措施和其他应急措施。

应急预案的制订，首先必须与重大环境因素和重大危险源相结合，特别是与这些环境因素和危险源一旦控制失效可能导致的后果相适应，还要考虑在实施应急救援过程中产生新的伤害和损失。

安全事故应急救援预案要有以下作用：

一是事故预防。通过危险源辨识，事故后果分析，采用技术和管理手段降低事故发生的可能性，使可能发生的事故控制在局部，防止事故蔓延。

二是应急处理。一旦发生事故，有应急处理程序和方法，能快速反映处理故障或将事故消除在萌芽状态。

三是抢险救援。采用预定现场抢险和抢救的方式，控制或减少事故造成的损失。

一、应急预案及其体系构成

应急预案应形成体系，针对各级各类可能发生的事故和所有危险源指定专项应急预案和现场应急处置方案，并明确事前、事发、事中、侍候的各个过程中相关部门和有关人员的职责。三者之间应当相互衔接，并与安全事故所涉及的其他单位的应急预案相互衔接。

（一）综合应急预案

综合应急预案是从总体上阐述事故的应急方针、政策，应急组织结构及相关应急职责，应急预案体系构成应急行动、措施和保障等基本要求和程序，是应对各类事故的综合性文件。

（二）专项应急预案

专项应急预案是针对具体事故类别、危险源和应急保障而制定的计划或方案，是综合应急预案的组成部分，应按照综合应急预案的程序和要求组织制定，并作为综合应急预案的附件。专项应急预案应制定明确的救援程序和具体的应急救援措施。

（三）现场处置方案

现场处置方案是针对具体的装置、场所或设施、岗位所制订的应急处置措施。现场处置方案应具体、简单、针对性强。现场处置方案应根据风险评估及危险性控制措施逐一编制，要做到事故相关人员应知应会，熟练掌握，并通过应急演练，做到迅速反应、正确处置。

现场处置方案的另一特殊形式为单项预案。单项预案可以是针对大型公众聚集活动或高风险的建设施工或维修活动而制订的临时性应急行动方案。随着这些活动的结束，预案的有效性也随之终结。单项预案主要是针对临时活动中可能出现的紧急情况，预先对相关应急机构的职责、任务和预防性措施作出的安排。

二、应急预案编制的基本要求

编制应急预案必须以客观的态度，在全面调查的基础上，以各相关方共同参与的方式，开展科学分析和论证，按照科学的编制程序，扎实开展应急预案编制工作，使应急预案中的内容符合客观情况，为应急预案的落实和有效应用奠定基础。

2006年9月20日国家安全生产监督管理总局颁布了《生产经营单位安全生产事故应急预案编制导则》（AQ/T 9002—2006），并于2006年11月1日实施。该导则明确了应急预案应包含的内容和编制要求，为应急预案的规范化建设提供了依据。根据有关法规及该导则的要求，编制应急预案时应进行合理策划，做到重点突出，反映主要的重大事故风险，并避免预案互相独立、交叉和矛盾。

《生产安全事故应急预案管理办法》（国家安全生产监督管理总局令第17号）第五条规定："应急预案的编制应当符合下列基本要求：

（1）符合有关法律法规、规章、和标准的规定。

（2）结合本地区、本部门、本单位的安全生产实际情况。

（3）结合本地区、本部门、本单位的危险性分析情况。

（4）应急组织和人员的职责分工明确，并有具体的落实措施。

（5）有明确、具体的事故预防措施和应急程序，并与其应急能力相适应。

（6）有明确的应急保障措施，并能满足本地区、本部门、本单位的应急工作要求。

（7）预案基本要素齐全、完整，预案附件提供的信息准确。

（8）预案内容与相关应急预案相互衔接。"

三、应急预案编制的工作程序

预案编制工作针对性强，要紧密结合企业工作实际，明确工作机构，借鉴同行业事故教训，全面分析企业危险因素，客观评价企业应急能力，采取应对措施，编制步骤可按照以下程序进行，如图4-1所示。

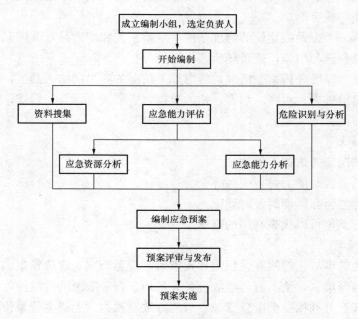

图4-1　应急预案编制工作程序

（一）成立工作组

应急预案从编制、维护到实施都应该有各级各部门的广泛参与，在预案实际编制工作中往往会由编制组执笔，但是在编制过程中或编制完成之后，要征求各部门的意见，包括高层管理人员，中层管理人员，人力资源部门，工程与维修部门，安全、卫生和环境保护部门，邻近社区，市场销售部门，法律顾问，财务部门等。

（二）危险与应急能力分析

1. 法律法规分析

分析国家法律、地方政府法规与规章，如安全生产与职业卫生法律、法规，环境保护法律、法规，消防法律、法规与规程，应急管理规定等。

调研现有预案内容包括政府与本单位的预案，如疏散预案、消防预案、企业停产关闭的规定、员工手册、危险品预案、安全评价程序、风险管理预案、资金投入方案、互助协议等。

2. 风险分析

风险分析通常应考虑下列因素：

（1）历史情况。本单位及其他兄弟单位，所在社区以往发生过的紧急情况，包括火灾、危险物质泄漏、极端天气、交通事故、地震、飓风、龙卷风等。

（2）地理因素。单位所处地理位置，如邻近洪水区域，地震断裂带和大坝；邻近危险化学品的生产、贮存、使用和运输企业；邻近重大交通干线和机场，邻近核电厂等。

（3）技术问题。某工艺或系统出现故障可能产生的后果，包括火灾、爆炸和危险品事故，安全系统失灵，通信系统失灵，计算机系统失灵，电力故障，加热和冷却系统故障等。

（4）人的因素。人的失误可能是因为下列原因造成的：培训不足，工作没有连续性，粗心大意，错误操作，疲劳等。

（5）物理因素。考虑设施建设的物理条件，危险工艺和副产品，易燃品的贮存，设备的布置，照明，紧急通道与出口，避难场所邻近区域等。

（6）管制因素。彻底分析紧急情况，考虑如下情况的后果：出入禁区，电力故障，通信电缆中断，燃气管道破裂；水害，烟害，结构受损，空气或水污染，爆炸，建筑物倒塌，化学品泄漏等。

3. 应急能力分析

对每一紧急情况应考虑如下问题：

（1）所需要的资源与能力是否配备齐全。

（2）外部资源能否在需要时及时到位。

（3）是否还有其他可以优先利用的资源。

4. 编制应急预案

针对可能发生的事故，按照有关规定和要求编制应急预案。应急预案编制过程中，应注重全体人员的参与与培训，使所有与事故有关人员均掌握危险源的危险性、应急处置方案和技能。应急预案应充分利用社会应急资源，与地方政府预案、上级主管单位以及相关部门的预案相互衔接。

5. 应急预案的评审与发布

生产经营单位或管理部门应急组织开展预案的评审工作。包括内部评审外部评审，以确保应急预案的规范性、科学性和可操作性。预案经评审善后，由生产经营单位主要负责人签署发布，并按规定报有关部门备案。

6. 应急预案的实施

预案批准发布后，生产经营单位应组织落实预案中的各项工作，进一步明确各项职责和任务分工；并对广大从业人员加强应急知识的宣传、教育和培训，定期组织应急预案演练，实现应急预案持续改进。

四、应急预案主要内容

应急预案是整个应急管理体系的反映，它不仅包括事故发生过程中的应急响应和救援措施，而且还应包括事故发生前的各种应急准备和事故发生后的短期恢复，以及预案的管理与更新等。《生产经营单位安全生产事故应急预案编制导则》（AQ/T 9002—2006）第五条至第八条详细规定了综合预案、专项预案和现场处置方案的主要内容。

通常，完整的应急预案应包括以下内容：

（一）总则

1. 编制目的

简述预案编制的目的、作用和必要性等。

2. 编制依据

简述预案编制所依据的国家法律法规、行政规章，地方性法规和规章，有关行业管理规定和技术规范等要求。

3. 适用范围

说明预案适用范围、启动条件、申请程序及批准权限。

4. 预案体系

说明生产经营单位生产安全事故应急预案体系由哪些预案构成，具体指出预案的名称。

生产经营单位应急预案体系的主要划分为综合预案、专项预案、现场预案三个层次。

5. 工作原则

简述预案编制的原则，原则要简明扼要，明确具体（如以人为本、安全第一，统一领导、分级负责，资源共享、协同应对，依靠科学、依法规范，反应快捷、措施果断，预防为主、平战结合等）。

（二）生产经营单位概况

1. 生产经营单位概况

简述生产经营单位的地址、经济性质、从业人数、隶属关系、主要产品、产量等内容，重点说明企业危险源，以及周边交通、重要设施、目标、场所等情况。

2. 危险分析

（1）危险因素：说明本单位可能导致重大人员伤亡、财产损失、环境破坏的各种危险因素。

（2）脆弱性：说明本单位一旦发生危险事故，哪些位置和环节容易受到破坏和影响。

（3）风险分析：说明重大事故发生时，对本单位内部或外部造成破坏（或伤害）的可能性，以及这些破坏（或伤害）可能导致的严重程度。

（4）风险及隐患治理：说明本单位针对存在的风险及隐患所采取的综合治理措施。

（三）组织机构及职责

1. 应急组织体系

以组织结构图的形式把本单位自上到下，把参与重大事故应急的部门或单位组织体系结构图表示出来。

2. 应急职能部门的职责

明确本单位参与生产安全事故应急相应的职能部门名称，以及在应急工作中的具体职责。

3. 应急救援指挥机构及成员构成

列出应急救援指挥部组成情况，同时详细说明应急救援指挥部总指挥、副总指挥由谁担任，以及指挥机构其他人员的构成情况。另外也要说明指挥机构是否下设相关应急救援单位，如果设立，说明具体构成情况。

4. 现场指挥机构及职责

列出现场应急救援指挥部组成情况，明确指挥部的总指挥、副总指挥及指挥部各救援小组的具体职责。救援小组中要有应急救援的专家参与，所有部门和人员的职责应当涵盖所有现场应急救援活动的应急功能。

（四）预防预警

1. 危险源监控

生产经营单位按照《关于规范重大危险源监督与管理工作的通知》（安监总协调字〔2005〕125号）要求，对重大危险源进行监控和管理，对可能引发事故的信息进行监控和分析，采取有效预防措施。

2. 预警行动

生产经营单位应明确预防预警方式方法、渠道以及监督检查措施，信息交流与通报，预警信息发布程序。重点是建立本单位重大危险源信息监测方法与程序，进行分级，根据事故级别和影响程度，及时确定应对方案，通知有关部门、单位采取相应行动。

3. 信息报告与沟通

（1）接警与通知。

生产经营单位应明确24 h报警电话，建立接警和事故通报程序；当接事故报警后应尽快将事故信息通知本单位内部的有关应急部门及人员。

（2）信息上报。

事故发生后，生产经营单位应当明确向上级主管部门报告事故信息的流程以及报告内容。当发生的事故波及周边的社会时，生产经营单位同时应明确向当地政府或同级相关部门进行通报的程序以及通报的形式与内容。

（3）公众信息交流。

当发生的事故波及周边的社会时，生产经营单位必须明确通知场外社会公众及有关单位方法和程序，使其尽快采取紧急避险措施，减少事故造成的后果和损失。

（五）应急响应

根据应急响应级别，建立应急响应程序，应急程序分为基本应急程序和专项应急处置程序。

1. 应急分级

事故响应按照分级负责的原则，生产经营单位可针对事故危害程度、影响范围和单位内部控制事态的能力将生产安全事故应急行动分为不同的等级，由相应的职能部门利用现有资源，采取有效应对措施。

2. 基本应急程序

（1）指挥与控制。

明确统一的应急指挥、协调和决策程序，便于对事故进行初始评估，确认紧急状态，从而迅速有效地进行应急响应。

（2）资源调度程序。

明确在紧急情况下，应急救援队伍、应急物资、应急装备等应急资源的紧急调度程序。

（3）医疗救护程序。

明确在紧急状态下，事故现场展开医疗救护的基本程序，包括医疗机构联络、现场急救、伤员运送、治疗等所作的安排。

（4）应急人员的安全防护程序。

应明确在救援活动中，保护应急救援人员安全所作的准备和规定。

（5）事态监测与评估程序。

明确在事故应急救援过程中对事态发展进行持续监测和评估的程序，便于在事故处置过程中提前采取合理的应急措施。

3. 专项应急处置方案

针对某种具体的、特定类型的紧急情况，如危险物质泄漏、火灾、某单一事故类型的应急而制定的处置方案〔如煤矿企业重大事故应急专项处置方案包括水灾事故、冒顶（片帮）事故、瓦斯事故、火灾等专项处置方案，电网企业大面积停电应急处置方案，危险化学品企业的火灾、爆炸、中毒等专项处置方案〕。

生产经营单位制订专项应急处置方案时，应充分考虑：

（1）本单位特定危险的特点。

（2）对应急组织机构、应急活动等更为具体的阐述。

（3）专项应急处置方案的程序应与基本应急程序有机衔接起来。

（4）生产经营单位可以根据本单位特点，编制多个专项应急处置方案。

4. 应急结束

明确应急终止的条件，以及应急状态解除的程序、机构或人员，并注意区别于现场抢救活动的结束。

（六）后期处置

明确生产安全事故应急结束后，生产经营单位进行污染物收集、清理与处理、设施重建、生产恢复等程序。

（七）保障措施

1. 通信与信息保障

建立通信系统维护以及信息采集等制度，确保应急期间信息通畅。明确参与应急活动的所有部门通信方式，分级联系方式，并提供备用方案和通讯录。

2. 应急队伍保障

要求列出各类应急响应的人力资源，以及专业应急救援队伍的组织与保障方案，以及应急能力保持方案等。

3. 应急装备保障

明确应急救援期间，需要使用的应急设备类型、数量、性能和存放位置，备用措施等内容。

4. 经费保障

明确应急专项经费来源、使用范围、数量和管理监督措施，提供应急状态时生产经营单位经费的保障措施。

5. 其他保障

生产经营单位根据本单位的实际情况而确定其他相关保障措施，如交通运输保障、治安保障、技术保障等。

（八）培训与演习

1. 培训

应说明对生产经营单位各级领导、应急管理和救援人员的上岗前培训、常规性培训，应说明培训的计划及方式。

2. 演习

应明确本单位演习的频次、范围、内容、组织等方面的规定。

（九）应急预案的管理

1. 预案的备案

按照国家有关规定执行应急预案的备案制度。

2. 预案的维护和更新

应明确预案维护和更新的计划和要求。

3. 制订与解释部门

注明本预案负责解释部门以及相应联系人、电话。

4. 预案实施或生效时间

要列出预案实施和生效的具体时间。

（十）附件

1. 有关应急部门、机构或人员的联系方式

应急工作中需要联系的有关部门、机构或人员。

2. 关键应急救援装备的名录或清单

要列出应急救援过程中可能用到的关键装备和器材的名称、型号、获取方式等内容。

3. 各种规范化格式文本

预案启动、应急结束、新闻发布及各种通报的格式等。

4. 关键的路线、标识和图纸

主要包括：

（1）警报系统分布及覆盖范围；

（2）重要防护目标一览表、分布图；

（3）疏散路线、重要地点等的标识；

（4）相关平面布置图纸、救援力量的分布图纸等。

5. 相关应急预案名录

列出与本预案相关的或相衔接的应急预案名称。

6. 有关协议或备忘录

与相关应急救援部门签订的应急支援协议或备忘录。

五、应急预案的评审

（1）地方各级生产监督管理部门应当组织有关专家对本部门编制的应急预案进行审定，必要时可以召开听证会，听取社会有关方面的意见。涉及相关部门职能或者需要有关部门配合的，应当征得有关部门的意见。

（2）参加应急预案评审的人员应当包括应急预案涉及的政府部门工作人员和有关安全生产及应急管理方面的专家。

（3）评审人员与所评审预案的生产经营单位有利害关系的，应当回避。

（4）应急预案的评审或者论证应当注意应急预案的实用性、基本要素的完整型、预防措施的针对性、组织体系的科学性、响应程序的操作性、应急保障措施的可行性，应急预案的衔接性等内容。

六、应急预案的备案

（1）地方各级安全生产监督管理部门的应急预案，应当报送同级人民政府和上一级安全生产监督管理部门备案。其他负有安全生产监督管理职责的部门的应急预案，应当抄送同级安全生产监督管理部门。

（2）中央管理的总公司（总厂、集团公司、上市公司）的综合应急预案和专项应急预案，根据国务院国有资产监督管理部门、国务院安全生产监督管理部门和国务院有关主管部门备案；其所属单位的应急预案分别抄送所在地的省、自治区、直辖市或设区的市人民政府安全生产监督管理部门和有关主管部门备案。

（3）上述规定以外的其他生产经营单位中涉及实行安全生产许可证的，其综合应急预案和专项应急预案，按照隶属关系报所在地县级人民政府安全生产监督管理部门和有关主管部门备案，未实行安全生产许可的，其综合应急预案和专项应急预案，由省、自治区、直辖市人民政府安全生产监督管理部门确定。

七、应急预案的培训与演练

（1）生产经营单位应当采取多种形式开展应急预案的宣传教育，普及生产安全事故预防、避险、自救和互救知识，提高从业人员安全意识和应急处置技能。

生产经营单位应当组织开展本单位的应急预案培训活动，使有关人员了解应急预案内容，熟悉应急职责，应急程序和岗位应急处置方案。应急预案的要点和程序应当张贴在应急地点和应急指挥场所，并设有明显的标志。

（2）生产单位应当制定本单位的应急预案演练计划，根据本单位的事故预防重点，每年至少组织一次综合应急预案演练或者专项应急预案演练，每半年至少组织一次现场处置方案演练。应急预案演练结束后，应急预案演练组织单位应当对应急预案演练效果进行评估，撰写应急演练评估报告，分析存在的问题，并对应急预案提出修订意见。

另外，需要注意的是，应急预案编制是应急预案管理的一项重要工作，为加强生产安全事故应急预案管理，2009 年 4 月 1 日国家安全生产监督管理总局发布了《生产安全事故应急预案管理办法》（国家安全监管总局令第 17 号）；为贯彻实施《生产安全事故应急预案管理办法》，规范应急预案评审工作，2009 年 4 月 29 日国家安全生产监督管理总局办公厅下发了《生产经营单位生产安全事故应急预案评审指南（试行）》。

第五章 建设安全评价

第一节 建设安全评价概述

一、建设安全评价的定义与分类

（一）安全评价定义

安全评价（Safe Assessment）也称为安全性评价、风险评价或危险评价。它是以实现系统安全为目的，应用安全系统工程原理和方法，对系统中存在的危险、有害因素进行辨识与分析，判断系统发生事故和职业危害的可能性及其严重程度，从而为制订防范措施和管理决策提供科学依据。

判别一个系统是否能满足安全生产的要求，需要建立一套科学有效的评价方法。安全评价要综合运用系统方法。它通过对工程项目中存在的危险源和控制措施的评价来客观地描述系统的危险程度，最终指导人们采取预定的防范措施来降低系统的危险性。安全评价的基本内容见表 5-1。

表 5-1　　　　　　　　　　安全评价的基本内容

安全评价	确认危险源	查找危险源：是否有新的危险源出现，危险源有哪些变化
		危险性定量：确认发生概率、发生后果等
	评价危险性	危险源的控制能力：降低危险性的措施是否可行，能否落实；消除的可能性，有没有采取措施等
		允许界限：社会对危险性的允许界限、企业对危险性的允许界限、部门对危险性允许的界限、专业组对危险性的允许界限

（二）建设安全评价定义

建设安全评价则是以实现项目建设过程安全为目的，对建设工程系统中存在的危险因素进行识别和分析，以判断建设工程系统发生事故和职业安全危害的可能性及其严重程度，从而为建设工程项目的安全实施与运行制定防范对策措施，为安全管理决策提供科学依据。建设安全评价既需要安全评价理论的支撑，又需要理论与实际经验的结合，二者缺一不可。

（三）建设安全评价分类

1. 按对象系统的实施阶段分类

（1）建设安全预评价。

在建设项目可行性研究阶段，根据相关的基础资料，辨识与分析建设项目潜在的危险、有害因素，确定其与安全生产法律法规、规章、标准、规范的符合性，预测发生事故的可能性及其严重程度，提出科学、合理、可行的安全对策措施建议，做出安全评价结论的活动。

（2）建设安全现状评价。

针对建设工程项目建设过程中的事故风险、安全管理等情况，辨识与分析其存在的危险、有害因素，审查确定其与安全生产法律法规、规章、标准、规范要求的符合性，预测发生事故或造成职业危害的可能性及其严重程度，提出科学、合理、可行的安全对策与措施建议，做出安全现状评价结论的活动。

（3）建设安全验收评价。

在建设项目竣工后正式生产运行前，通过检查建设工程项目安全设施与主体工程同时设计、同时施工、同时投入生产和使用的情况，检查安全生产管理措施到位情况，检查安全生产规章制度健全情况，检查事故应急救援预案建立情况，审查确定建设项目满足安全生产法律法规、规章、标准、规范要求的符合性，从整体上确定建设项目运行状况和安全管理情况，做出安全验收评价结论的活动。

2. 按评价性质分类

可将建设安全评价分为：系统固有危险性评价、系统安全状况评价和系统现实危险性评价。

3. 按评价的内容分类

可将建设安全评价分为：设计评价、安全管理评价、生产设备安全可靠性评价、行为安全性评价、作业环境评价和重大危险、有害因素危险性评价。

4. 按评价对象分类

可将建设安全评价分为：劳动安全评价和劳动卫生评价。

5. 按评价方法的特征分类

可将建设安全评价分为：定性评价、定量评价和综合评价。

二、建设安全评价的作用与意义

建筑产品的社会影响较大，建筑产品为人们提供生产和生活的空间，对人身的安全健康影响大，并且工程建设活动与一般的工业产品的生产不同，整个建设工程受外界环境影响大，项目参与人员复杂，具体的建设操作层面的人员素质参差不齐。因此，对工程建设全过程进行安全评价对保护人员和财产安全，维护社会稳定以及和谐发展都有着重要的意义。其具体表现为：

（1）使项目建设者充分了解事故发生的机理。通过安全评价可以使项目建设者掌握所建项目的安全状况，从宏观上把握安全事故的发生，并有利于从源头进行安全控制。

（2）使施工人员充分认识各种危险源的发生状况和演变规律。作业员工处于生产第一线，其工作的质量直接关系到安全评价的结果，通过安全评价也可以使施工人员更清楚的认识所从事工程的安全状况，随时对自己的工作做出调整。

（3）安全评价的最终评价结果可作为项目建设决策者的决策依据。决策者虽然不直接参与施工作业，但是通过安全评价的结果，可以制定相应的安全预防措施，所以，评价结果直接影响决策者的判断方向。

（4）为后续安全生产工作提供有效的预防措施。通过安全评价，施工作业的安全工作就更有针对性，按照评价结果制订相应的改进措施，目的明确，可以做到有的放矢。

三、建设安全评价的基本内容

（一）建设工程项目安全评价的主要内容

建设工程项目安全评价的主要内容包括识别和确认建设工程危险源以及评价其危害性。建设工程项目危险源的识别主要从人的因素、物的因素、环境因素以及管理因素等四个方面进行识别。其中，人的因素包括建筑作业人员的心理、生理性危险和有害因素；行为性危险和有害因素。物的因素包括物理性、化学性以及施工机械的危险和有害因素。环境因素包括室内外以及自然环境、作业环境的不良。管理因素包括制度、组织机构、投入等方面的因素。评价其危害性主要根据危险源发生的概率及其发生后的损失的综合值进行判断其危害性的大小，以便制定切实有效的风险防范对策和措施。

（二）建筑企业安全评价的主要内容

建筑企业安全评价的主要内容包括：公司基本概况、安全生产管理制度、资质机构与人员管理、安全技术管理、设备与设施管理、施工企业安全生产业绩。其中，公司基本概况包括：评级申请表、安全生产管理机构设置文件、企业概述与评分表等。安全生产管理制度包括：安全生产责任制度、安全管理目标、经济承包合同、安全生产奖罚制度、安全生产资金保障制度、安全生产资金计划、安全生产教育制度、安全生产培训计划、安全检查制度、生产安全事故报告处理制度、事故调查处理报告、安全生产事故档案、企业安全生产事故应急救援预案、安全生产文明施工管理制度等。资质机构与人员管理包括：安全物资合格供方名录、工程分包评价表、合格分包方档案、企业安全管理组织网络图等。安全技术管理包括：安全技术交底制度、施工组织设计与方案编审制度、安全生产规章制度、企业有效地标准、规范、操作规程的目录清单、施工组织设计封皮目录、危险源辨识、危险源辨识与评价、危险源辨识与清单汇总表、危险源清单、危险源现场安全警示标志的统一规定、危险源应急救援预案、职业危害防治措施、重大危险清单汇总表、施工组织设计等。设备与设施管理包括：特种设备安全目标管理规定、安全监测工具、设备管理制度、设备台账、起重设备拆装方案、特种设备管理规定等。施工企业安全生产业绩包括：安全生产档案、安全管理机构设置文件、企业安全管理组织网络图、项目部安全保证体系等。

四、安全评价管理

（一）安全评价对象

（1）对于法律法规、规章所规定的、存在事故隐患可能造成伤亡事故或其他有特殊要求的情况，应进行安全评价，也可根据实际需要自愿进行安全评价。

（2）评价对象应自主选择其具备相应资质的安全评价机构按有关规定进行安全评价。

（3）评价对象应为安全评价机构创造必备的工作条件，如实提供所需的资料。

（4）评价对象应根据安全评价报告提出的安全对策措施建议及时进行整改。

（5）同一对象的安全预评价和安全验收评价，宜由不同的安全评价机构分别承担。

（6）任何部门和个人不得干预安全评价机构的正常活动，不得指定评价对象接受特定安全评价机构开展安全评价，不得以任何理由限制安全评价机构开展正常业务活动。

（二）工作规则

1. 资质和资格管理

（1）安全评价机构实行资质许可制度。

安全评价机构必须依法取得安全评价机构资质许可，并按照取得的相应资质等级、业务范围开展安全评价。

（2）安全评价机构需通过安全评价结构年度考核保持资质。

（3）取得安全评价机构资质应经过初审、条件核查、许可审查、公示、许可决定等程序。

1）条件核查包括材料核查、现场核查、会审等三个阶段。

2）条件核查实行专家组核查制度。材料核查 2 人为一组；现场核查 3～5 人为 1 组，并设组长 1 人。

3）条件核查应适用规定格式的核查记录文件。核查组独立完成核查、如实记录并做出评判。

4）条件核查的结论由专家组通过会审的方式确定。

5）政府主管部门依据条件核查的结论，经许可审查合格，并向社会公示无异议后，做出资质许可决定；对公示期间存在异议或受到举报的申报机构，应在进行调查核实后再做出决定。

6）政府主管部门依据社会区域经济结构、发展水平和安全生产工作的实际需要，制定安全评价机构发展规划，对总体规模进行科学、合理控制，以利于安全评价工作的有序、健康发展。

（4）业务范围。

1）依据国民经济行业分类类别和安全生产监管工作的现状，安全评价的业务范围划分为两大类，并根据实际工作需要适时调整。

2）建设工程项目的各类安全评价按有关标准规定的原则实施。

3）安全评价机构的业务范围由政府主管部门根据安全评价机构的专职安全评价人员的人数、基础专业条件和其他有关设施设备等条件确定。

（5）安全评价人员应按有关规定参加安全评价人员继续教育保持资格。

（6）取得《安全评价人员资格证书》的人员，在履行从业登记，取得从业登记编号后，方可从事安全评价工作。安全评价人员应在所登记的安全评价机构从事安全评价工作。

（7）安全评价人员不得在两个或两个以上安全评价机构从事安全评价工作。

（8）从业的安全评价人员应按规定参加安全评价人员的业绩考核。

2. 运行规则

（1）安全评价机构与被评价对象存在投资咨询、工程设计、工程监理、工程咨询、物资供应等各种利益关系的，不得参与其关联项目的安全评价活动。

（2）安全评价机构不得以不正当手段获取安全评价业务。

（3）安全评价机构、安全评价人员应遵纪守法、恪守职业道德、诚实守信，并自觉维护安全评价市场秩序，公平竞争。

（4）安全评价机构、安全评价人员应保守被评价单位的技术和商业秘密。

（5）安全评价机构、安全评价人员应科学、客观、公正、独立地开展安全评价。

（6）安全评价机构、安全评价人员应真实、准确地做出评价结论，并对评价报告的真实性负责。

（7）安全评价机构应自觉按要求上报工作业绩并接受考核。

（8）安全评价机构、安全评价人员应接受政府主管部门的监督检查。

（9）安全评价机构、安全评价人员应对在当时条件下做出的安全评价结果承担法律责任。

（三）过程控制

（1）安全评价机构应编制安全评价过程控制文件，规范安全评价过程和行为、保证安全评价质量。

（2）安全评价过程控制文件主要包括机构管理、项目管理、人员管理、内部资源管理和公共资源管理等内容。

（3）安全评价机构开展业务活动应遵循安全评价过程控制文件的规定，并依据安全评价过程控制文件及相关的内部管理制度对安全评价全过程实施有效的控制。

第二节　建设安全评价的程序与方法

根据《安全评价通则》（AQ 8001—2007），建设安全评价程序应包括前期准备，辨识与分析危险、有害因素，划分评价单元，定性、定量评价，提出安全对策措施建议，做出评价结论，编制安全评价报告。具体的安全评价程序与步骤如图 5-1 所示。

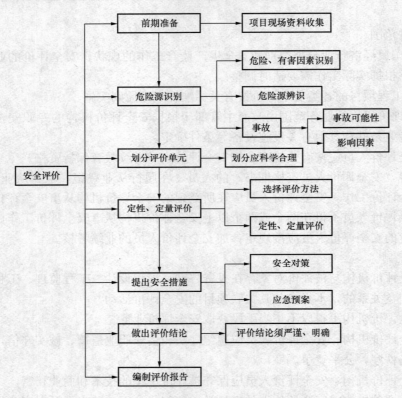

图 5-1　建设安全评价程序与步骤

（一）前期准备

明确评价对象，备齐有关安全评价所需的设备、工具，收集国内外相关法律法规、技术标准及工程、系统的技术资料。

（二）辨识与分析危险、有害因素

根据被评价对象的具体情况，辨识和分析危险、有害因素，确定危险、有害因素存在的部位、存在的方式和事故发生的途径及其变化的规律。

（三）划分评价单元

在辨识和分析危险有害因素的基础上，划分评价单元。评价单元的划分应科学、合理，便于实施评价、相对独立且具有明显的特征界限。

（四）定性、定量评价

根据评价单元的特征，选择合理的评价方法，对评价对象发生事故的可能性及其严重程度进行定性、定量评价。

（五）安全对策措施建议

依据危险、有害因素辨识结果与定性、定量评价结果，遵循针对性、技术可行性、经济合理性的原则，提出消除或减弱危险、有害因素的技术和管理措施建议。

（六）安全评价结论

根据客观、公正、真实的原则，严谨、明确地作出评价结论。

（七）安全评价报告的编制

依据安全评价的结果编制相应的安全评价报告。安全评价报告是安全评价过程的具体体现和概括总结，是评价对象完善自身安全管理、应用安全技术等方面的重要参考资料；是由第三方出具的技术咨询文件，可为政府安全生产管理、安全监察部门和行业主管部门等相关单位对评价对象的安全行为进行法律、标准、行政规章、规范的符合性判别所用；是评价对象实现安全运行的技术指导文件。

第三节 建设安全评价方法

安全评价方法是进行定性、定量安全评价的工具，安全评价内容十分丰富，安全评价目的和对象的不同，安全评价的内容和指标也不同。目前，安全评价方法有很多种，每种评价方法都有其适用范围和应用条件。在进行安全评价时，应该根据安全评价对象和想要实现的安全评价目标，选择适用的安全评价方法。

一、常用安全评价方法

（一）安全检查表法

1. 方法概述

安全检查表（Safety Checklist Analysis，SCA）是依据相关的标准、规范，对工程、系统中已知的危险类别、设计缺陷以及与一般工艺设备、操作、管理有关的潜在危险性和有害性进行判别检查。为了避免检查项目遗漏，事先把检查对象分割成若干系统，以提问或打分的形式，将检查项目列表，这种表就称为安全检查表。它是系统安全工程的一种最基础、最简便、应用最广泛的系统危险性评价方法。目前，安全检查表在我国不仅用于查找系统中各种潜在的事故隐患，还对各检查项目给予量化，用于进行系统安全评价。

2. 安全检查表的编制依据

（1）国家、地方的相关安全法规、规定、规程、规范和标准，行业、企业的规章制度、标准及企业安全生产操作规程。

（2）国内外行业、企业事故统计案例，经验教训。

（3）行业及企业安全生产的经验，特别是本企业安全生产的实践经验，引发事故的各种潜在不安全因素及成功杜绝或减少事故发生的成功经验。

（4）系统安全分析的结果，即是为防止重大事故的发生而采用事故树分析方法，对系统进行分析得出能导致引发事故的各种不安全因素的基本事件，作为防止事故控制点源列入检查表。

3. 安全检查表编制步骤

要编制一个符合客观实际、能全面识别、分析系统危险性的安全检查表，首先要建立一个编制小组，其成员应包括熟悉系统各方面的专业人员。其主要步骤有：

（1）熟悉系统。

熟悉系统包括系统的结构、功能、工艺流程、主要设备、操作条件、布置和已有的安全消防设施。

（2）搜集资料。

搜集有关的安全法规、标准、制度及本系统过去发生事故的资料，作为编制安全检查表的重要依据。

（3）划分单元。

按功能或结构将系统划分成若干个子系统或单元，逐个分析潜在的危险因素。

（4）编制检查表。

针对危险因素，依据有关法规、标准规定，参考过去事故的教训和本单位的经验确定安全检查表的检查要点、内容和为达到安全指标应在设计中采取的措施，然后按照一定的要求编制检查表。

1）按系统、单元的特点和预评价的要求，列出检查要点、检查项目清单，以便全面查出存在的危险、有害因素。

2）针对各检查项目、可能出现的危险、有害因素，依据有关标准、法规列出安全指标的要求和应设计的对策措施。

（5）编制复查表，其内容应包括危险、有害因素明细，是否落实了相应设计的对策措施，能否达到预期的安全指标要求，遗留问题及解决办法和复查人等。

4. 编制检查表应注意事项

编制安全检查表力求系统完整，不漏掉任何能引发事故的危险关键因素，因此，编制安全检查表应注意如下问题：

（1）检查表内容要重点突出，简繁适当，有启发性。

（2）各类检查表的项目、内容，应针对不同被检查对象有所侧重，分清各自职责内容，尽量避免重复。

（3）检查表的每项内容要定义明确，便于操作。

（4）检查表的项目、内容能随工艺的改造、设备的更新、环境的变化和生产异常情况的出现而不断修订、变更和完善。

（5）凡能导致事故的一切不安全因素都应列出，以确保各种不安全因素能及时被发现或消除。

5. 应用检查表应注意的事项

为了取得预期安全检查目的，应用安全检查表时，应注意以下几个问题：

（1）各类安全检查表都有适用对象，专业检查表与日常定期检查表要有区别。专业检查表应详细、突出专业设备安全参数的定量界限，而日常检查表尤其是岗位检查表应简明扼要，突出关键和重点部位。

（2）应用安全检查表实施检查时，应落实安全检查人员。企业厂级日常安全检查，可由安技部门现场人员和安全监督巡检人员会同有关部门联合进行。车间的安全检查，可由车间主任或指定车间安全员检查。岗位安全检查一般指定专人进行。检查后应签字并提出处理意见备查。

（3）为保证检查的有效定期实施，应将检查表列入相关安全检查管理制度，或制定安全检查表的实施办法。

（4）应用安全检查表检查，必须注意信息的反馈及整改。对查出的问题，凡是检查者当时能督促整改和解决的应立即解决，当时不能整改和解决的应进行反馈登记、汇总分析，由有关部门列入计划安排解决。

（5）应用安全检查表检查，必须按编制的内容，逐项目、逐内容、逐点检查。有问必答，有点必检，按规定的符号填写清楚。为系统分析及安全评价提供可靠准确的依据。

（二）专家评议法

1. 专家评议法定义

专家评议法是一种吸收专家参加，根据事物的过去、现在及发展趋势，进行积极的创造性思维活动，对事物的未来进行分析、预测的方法。

2. 专家评议法分类

专家评议法的种类有下面两种：

（1）专家评议法。

根据一定的规则，组织相关专家进行积极的创造性思维，对具体问题共同探讨、集思广益的一种专家评价方法。

（2）专家质疑法。

该法需要进行两次会议。第一次会议是专家对具体的问题进行直接谈论；第二次会议则是专家对第一次会议提出的设想进行质疑。专家质疑法主要做以下工作：

1）研究讨论有碍设想实现的问题；

2）论证已提出设想的实现可能性；

3）讨论设想的限制因素及提出排除限制因素的建议；

4）在质疑过程中，对出现的新的建设性的设想进行讨论。

3. 专家评议法步骤

采用专家评议法应遵循以下步骤：

（1）明确具体分析、预测的问题。

（2）组成专家评议分析、预测小组，小组组成应由预测专家、专业领域的专家、推断思维能力强的演绎专家等组成。

（3）举行专家会议，对提出的问题进行分析、讨论和预测。

（4）分析、归纳专家会议的结果。

（三）预先危险分析法

1. 预先危险分析方法概述

预先危险分析（Preliminary Hazard Analysis，PHA）又称初步危险分析。预先危险分析是系统设计期间危险分析的最初工作，也可运用它作运行系统的最初安全状态检查，是系统进行的第一次危险分析。通过这种分析找出系统中的主要危险，对这些危险要作估算，或许要求安全工程师控制它们，从而达到可接受的系统安全状态。最初 PHA 的目的不是为了控制危险，而是为了认识与系统有关的所有状态。PHA 的另一用处是确定在系统安全分析的最后阶段采用怎样的故障树。当开始进行安全评价时，为了便于应用商业贸易研究中的这种研究成果（在系统研制的初期或在运行系统情况中都非常重要）及安全状态的早期确定，在系统概念形成的初期，或在安全的运行系统情况下，就应当开始危险分析工作。所得到的结果可用来建立系统安全要求，供编制性能和设计说明书等。另外，预先危险分析还是建立其他危险分析的基础，是基本的危险分析。英国 ICI 公司就是在工艺装置的概念设计阶段，或工厂选址阶段，或项目发展过程的初期，用这种方法来分析可能存在的危险性。

在预先危险分析中，分析组应该考虑工艺特点，列出系统基本单元的可能性和危险状态。这些是概念设计阶段所确定的，包括原料、中间物、催化剂、三废、最终产品的危险特性及其反应活性；装置设备；设备布置；操作环境；操作及其操作规程；各单元之间的联系；防火及安全设备。当识别出危险情况后，列出可能的原因、后果以及可能的改正或防范措施。

2. 预先危险分析步骤

（1）通过经验判断、技术诊断或其他方法调查确定危险源（即危险因素存在于哪个子系统中），对所需分析系统的生产目的、物料、装置及设备、工艺过程、操作条件以及周围环境等，进行充分详细的了解。

（2）根据过去的经验教训及同类行业生产中发生的事故或灾害情况，对系统的影响、损坏程度，类比判断所要分析的系统中可能出现的情况，查找能够造成系统故障、物质损失和人员伤害的危险性，分析事故或灾害的可能类型。

（3）对确定的危险源分类，制成预先危险性分析表。

（4）转化条件，即研究危险因素转变为危险状态的触发条件和危险状态转变为事故（或灾害）的必要条件，并进一步寻求对策措施，检验对策措施的有效性。

（5）进行危险性分级，排列出重点和轻、重、缓、急次序，以便处理。

（6）制订事故或灾害的预防性对策措施。

3. 预先危险性分析的等级划分

为了评判危险、有害因素的危害等级以及它们对系统破坏性的影响大小，预先危险性分析法给出了各类危险性的划分标准。该法将危险性划分 4 个等级，见表 5-2。

表 5-2 危 险 性 等 级 划 分 表

级别	危险程度	可能导致的后果
I	安全的	不会造成人员伤亡及系统损坏
II	临界的	处于事故的边缘状态，暂时还不至于造成人员伤亡
III	危险的	会造成人员伤亡和系统损坏，要立即采取防范措施
IV	灾难性的	造成人员重大伤亡及系统严重破坏的灾难性事故，必须予以果断排除并进行重点防范

4. 预先危险分析的结果

预先危险分析的结果一般采用表格的形式列出。表格的格式和内容可根据实际情况确定。

5. 预先危险分析注意事项

在进行 PHF 分析时，应注意的几个要点：

（1）应考虑生产工艺的特点，列出其危险性和状态：

1）原料、中间产品、衍生产品和成品的危害特性；

2）作业环境；

3）设备、设施和装置；

4）操作过程；

5）各系统之间的联系；

6）各单元之间的联系；

7）消防和其他安全设施。

（2）PHA分析过程中应考虑的因素：

1）危险设备和物料，如燃料、高反应活动性物质、有毒物质、爆炸高压系统、其他储运系统；

2）设备与物料之间与安全有关的隔离装置，如物料的相互作用、火灾、爆炸的产生和发展、控制、停车系统；

3）影响设备与物料的环境因素，如地震、洪水、振动、静电、湿度等；

4）操作、测试、维修以及紧急处置规定；

5）辅助设施，如储槽、测试设备等；

6）与安全有关的设施设备，如调节系统、备用设备等。

（四）故障假设分析法

1. 方法概述

故障假设分析（What…If Analysis）方法是对某一生产过程或工艺过程的创造性分析方法。使用该方法时，要求人员应对工艺熟悉，通过提出一系列"如果……怎么办？"的问题，来发现可能和潜在的事故隐患从而对系统进行彻底检查的一种方法。

故障假设分析通常对工艺过程进行审查，一般要求评价人员用"What…If"作为开头对有关问题进行考虑，从进料开始沿着流程直到工艺过程结束。任何与工艺有关的问题，即使它与之不太相关也可以提出加以讨论。故障假设分析结果将找出暗含在分析组所提出的问题和争论中的可能事故情况。这些问题和争论常常指出了故障发生的原因。通常要将所有的问题记录下来，然后进行分类。

该方法包括检查设计、安装、技改或操作过程中可能产生的偏差。要求评价人员对工艺规程熟知，并对可能导致事故的设计偏差进行整合。

2. 故障假设分析步骤

故障假设分析很简单，它首先提出一系列问题，然后再回答这些问题。评价结果一般以表格的形式显示，主要内容包括：提出的问题，回答可能的后果，降低或消除危险性的安全措施。

故障假设分析法由三个步骤组成，即分析准备、完成分析、编制结果文件。

（1）分析准备。

1）人员组成。进行该分析应由2～3名专业人员组成小组。要求成员要熟悉生产工艺，有评价危险经验。

2）确定分析目标。首先要考虑的是取什么样的结果作为目标，目标又可以进一步加以限定。目标确定后就要确定分析哪些系统。在分析某一系统时应注意与其他系统的相互作用，避免遗漏掉危险因素。

3）资料准备。进行分析时，要充分把有关项目的资料准备齐全，并且要保证资料真实、有效。特别是数据要翔实、准确。

（2）完成分析。

1）了解情况，准备故障假设问题。分析会议开始应该首先由熟悉整个装置和工艺的人员阐述生产情况和工艺过程，包括原有的安全设备及措施。参加人员还应该说明装置的安全防范、安全设备、卫生控制规程。

分析人员要向现场操作人员提问，然后对所分析的过程提出有关安全方面的问题。有两种会议方式可以采用。一种是列出所有的安全项目和问题，然后进行分析；另一种是提出一个问题讨论一个问题，即对所提出的某个问题的各个方面进行分析后再对分析组提出的下一个问题（分析对象）进行讨论。两种方式都可以，但是通常最好是在分析之前列出所有的问题以免打断分析组的"创造性思维"。

2）按照准备好的问题，从工艺进料开始，一直进行到成品产出为止，逐一提出如果发生那种情况，操作人员应该怎么办？分别得出正确答案。

（五）故障树分析法

1. 方法概述

故障树分析法（Fault Tree Analysis，FTA）是 20 世纪 60 年代以来迅速发展的系统可靠性分析方法，它采用逻辑方法，将事故因果关系形象的描述为一种有方向的"树"：把系统可能发生或已发生的事故（称为顶事件）作为分析起点，将导致事故原因的事件按因果逻辑关系逐层列出，用树形图表示出来，构成一种逻辑模型，然后定性或定量的分析事件发生的各种可能途径及发生的概率，找出避免事故发生的各种方案并优选出最佳安全对策。FTA 法形象、清晰、逻辑性强，它能对各种系统的危险性进行识别评价，既适用于定性分析，又能进行定量分析。

顶事件通常是由故障假设、HAZOP 等危险分析方法识别出来的。故障树模型是原因事件（即故障）的组合（称为故障模式或失效模式），这种组合导致顶上事件。而这些故障模式称为割集，最小割集是原因事件的最小组合。若要使顶事件发生，则要求最小割集中的所有事件必须全部发生。

2. FTA 的基本操作步骤

（1）熟悉分析系统。

首先要详细了解要分析的对象，包括工艺流程、设备构造、操作条件、环境状况及控制系统和安全装置等。同时还可以广泛收集同类系统发生的事故。

（2）确定分析对象系统和分析的对象事件（顶上事件）。

通过实验分析、事故分析以及故障类型和影响分析确定顶上事件；明确对象系统的边界、分析深度、初始条件、前提条件和不考虑条件。

（3）确定分析边界。

在分析之前要明确分析的范围和边界，系统内包含哪些内容。特别是化工、石油化工生产过程都具有连续化、大型化的特点，各工序、设备之间相互连接，如果不划定界限，得到的事故树将会非常庞大，不利于研究。

（4）确定系统事故发生概率、事故损失的安全目标。

（5）调查原因事件。

顶上事件确定之后，就要分析与之有关的原因事件，也就是找出系统的所有潜在危险因素的薄弱环节，包括设备元件等硬件故障、软件故障、人为差错及环境因素。凡是事故有关的原因都找出来，作为事件树的原因事件。

（6）确定不予考虑的事件。

与事故有关的原因各种各样，但是有些原因根本不可能发生或发生的几率很小，如雷电、飓风、地震等，编制事故树时一般都不予考虑，但要先加以说明。

（7）确定分析的深度。

在分析原因事件时，要分析到哪一层为止，需要事先确定。分析得太浅可能发生遗漏；分析得太深，则事故树会过于庞大繁琐。所以具体深度应视分析对象而定。

（8）编制事故树。

从顶事件起，一级一级往下找出所有原因事件直到最基本的事件为止，按其逻辑关系画出事故树。每一个顶上事件对应一株事故树。

（9）定量分析。

按事故结构进行简化，求出最小割集和最小径集，求出概率重要度和临界重要度。

（10）结论。

当事故发生概率超过预定目标值时，从最小割集着手研究降低事故发生概率的所有可能方案，利用最小径集找出消除事故的最佳方案；通过重要度分析确定采取对策措施的重点和先后顺序，从而得出分析、评价的结论。

（六）事件树分析方法

1. 方法概述

事件树分析（Event Tree Analysis，ETA）的理论基础是决策论。它是一种从原因到结果的自上而下的分析方法。从一个初始事件开始，交替考虑成功与失败的两种可能性，然后再以这两种可能性作为新的初始事件，如此继续分析下去，直到找到最后的结果。因此，ETA 是一种归纳逻辑树图，能够看到事故发生的动态发展过程，提供事故后果。

事故的发生是若干事件按时间顺序相继出现的结果，每一个初始事件都可能导致灾难性的后果，但不一定是必然的后果。因为事件向前发展的每一步都会受到安全防护措施、操作人员的工作方式、安全管理及其他条件的制约。因此每一阶段都有两种可能性结果，即达到既定目标的"成功"和达不到目标的"失败"。

ETA 从事故的初始事件开始，途径原因事件到结果事件为止，每一事件都按成功和失败两种状态进行分析。成功或失败的分叉称为歧点，用树枝的上分支作为成功事件，下分支作为失败事件，按照事件发展顺序不断延续分析直至最后结果，最终形成一个在水平方向横向展开的树形图。

2. ETA 方法步骤

ETA 的分析步骤如下：

（1）确定初始事件。

初始事件一般指系统故障、设备失效、工艺异常、人的失误等，它们都是由事先设想或估计的。确定初始事件一般依靠分析人员的经验和有关运行、故障、事故统计资料来确定；对于新开发系统或复杂系统，往往先应用其他分析、评价方法从分析的因素中选定，再用事件树分析方法做进一步的重点分析。

（2）判定安全功能。

在所研究的系统中包含许多能消除、预防、减弱初始事件影响的安全功能。常见的安全功能有自动控制装置、报警系统、安全装置、屏蔽装置和操作人员采取措施等。

（3）发展事件树和简化事件树。

从初始事件开始，自左向右发展事件树，首先把初始事件一旦发生时起作用的安全功能状态画在上面的分支，不能发挥安全功能的状态画在下面的分支。然后依次考虑每种安全功能分支的两种状态，层层分解直至系统发生事故或故障为止。简化事件树就是在发展事件树的过程中，将与初始事件、事故无关的安全功能和安全功能不协调、矛盾的情况省略、删除，达到简化分析的目的。

（4）分析事件树。

1）找出事故连锁和最小割集　事件树每个分支代表初始事件一旦发生后其可能的发展途径，其中导致系统事故的途径即为事故连锁，一般导致系统事故的途径有很多，即有很多事故连锁。

2）找出预防事故的途径　事件树中最终达到安全的途径指导人们如何采取措施预防事故发生。在达到安全的途径中，安全功能发挥作用的事件构成事件树的最小径集。一般事件树中包含多个最小径集，即可以通过若干途径防止事故发生。

由于事件树表现了事件间的时间顺序，所以应尽可能从最先发挥作用的安全功能着手。

（5）事件树的定量分析。

由各事件发生的概率计算系统事故或故障发生的概率。通过发生概率的大小来确定系统事故性质及其潜在的危害性，以便采取有效措施。

二、安全评价方法对比分析

通过以上介绍，对以上方法进行分析比较，见表5-3。

表5-3　　　　　　　　　各种安全评价方法对比分析

方　法	应用领域	优　点	缺　点
安全检查表法	建筑业	操作简单、直观，易于企业的同步管理	只能作为安全管理辅助的分析方法，不能单独作为安全评价方法；主观和经验的局限性；无法做出系统整体的动态安全评价
专家评议法	类比工程项目、系统和装置的安全评价、专项安全评价	专家评议法简单易行，比较客观，结论一般是比较全面、正确的。分析问题更深入、更全面和透彻，所形成的结论性意见更科学、合理	由于要求参加评价的专家有较高的水平，并不是所有的工程项目都适用本方法，所以其应用范围较窄
预先危险性分析	项目初期的安全评价以及粗略的危险和潜在事故情况分析	简单易行、经济、有效，为项目开发组分析和设计提供指南，能识别可能的危险，很少的费用、时间实现改进	只能做出宏观初步的安全分析，无法做出系统整体详细的动态的安全评价

续表

方　法	应用领域	优　点	缺　点
故障假设分析法	适用范围很广,可以用于工程、系统的任何阶段	它弥补了基于经验的安全检查表编制时经验的不足	缺乏安全检查表的系统化,缺乏系统的安全评价
故障树分析法	航天等	直观明了,思路清晰,逻辑性强	只能分析出事故发生的直接原因,而没有对事故发生的深层次原因进行分析
事件树分析法	社会经济以及科学管理等领域	概率可以按照路径为基础分到节点;整个结果的范围可以在整个树中得到改善;事件树从原因到结果,概念上比较容易明白;事件树是依赖于时间的;事件树在检查系统和人的响应造成潜在事故时是理想的	事件树成长非常快,为了保持合理的大小,往往使分析必须非常粗;缺少像 ETA 中的数学混合应用

三、建设安全评价案例

加强建设工程项目安全管理的重要手段之一是进行施工现场安全评价,分析影响安全的因素,从中发现问题,总结经验。

进行建设安全评价的关键环节是评价指标体系的建立和评价方法的选择。建设安全指标体系的建立应遵循以下原则:①指标宜少不宜多,宜简不宜繁;② 指标应具有独立性;③指标应具有代表性,能很好地反映研究对象某方面的特性;④评价指标含义要明确,数据要规范,口径要一致,资料收集要简便易行。

进行建设安全评价,应该根据工程实践,建立了建筑施工现场安全评价的指标体系,该指标应全面、简洁地反映了建筑施工现场的总体安全状况,然后应该运用一定的数学方法确定了各指标的权重。

目前我国对建筑施工现场安全检查评价主要是依据《建筑施工安全检查标准》(JGJ 59)进行评分;应用《施工企业安全生产评价标准》(JGJ/T 77)对企业安全生产条件、业绩的评价,以及在此基础上对企业安全生产能力的综合评价,并且分为合格、基本合格和不合格三种可能的结论。其中,施工企业安全生产条件单项评价的内容包括安全生产管理制度,资质、机构与人员管理,安全技术管理,设备与设施管理 4 个分项以及 20 个评分项目;施工企业安全生产业绩单项评价的内容应包括生产安全事故的控制、安全生产奖罚、项目施工安全检查和安全生产管理体系推行 4 个评分项目。上述标准的颁布、实施,对于我国建筑企业的安全生产管理具有相当的意义。但是这些原则具有一定的局限性,不能全面地反映建筑施工现场的整体安全状况。

目前,在建设安全评价中,缺乏定性与定量相结合的适应性强的建设安全评价方法。有的主观性强,有的过于复杂、计算量太大,目前国内学者大多将研究的重点放在综合评价方法的应用上面,例如索丰平将灰色理论与熵理论结合起来,构建了建设安全评价模型;姚锦宝、战家旺根据事故致因理论,并结合建设生产中的实际情况,从建设生产活动的特点出发,提出以高度归纳概括的系统框图法对施工项目安全性进行分析研究,建立对施工项目的安全性进行评价的指标体系；刘辉、张超从人、机、环境和管理四个方面对建筑施工现场安全状况的影响进行分析，以人—机—环境和管理系统为基础建立建筑施工现场安全评价指标体系，确定了体系层次结构及安全评价指标的权重，并运用模糊数学方法分别对建筑施工现场人、机、环境、管理四个单因素评判和整体综合评判，进而得到系统的安全状况；卢岚、杨静、秦嵩借鉴管理科学与工程中较为成熟的模糊综合评价方法以及层次分析法，构建了运用模糊评价模型对建筑施工现场进行安全综合评价的方案；王开凤等运用 AHP 方法对建设企业安全生产评价指标进行了研究；张建等采用故障树法对主要工序及危险性事件进行了识别，然后运用综合集成安全评价方法对工程进行了评价；鹿中山等应用灰色关联法对建筑施工现场的安全进行评价，这些理论和方法的应用都为其他建设工程的安全评价提供了参考依据。

第四节　建设安全评价报告

安全评价报告是安全评价过程的具体体现和概括性总结。安全评价报告是对评价对象实现安全运行的技术指导文件，对完善自身安全管理、应用安全技术等方面具有重要作用。安全评价报告作为第三方出具的技术性咨询文件，可为政府安全生产监管、监察部门、行业主管部门等相关单位对评价对象的安全行为进行法律法规、标准、行政规章、规范的符合性判别所用。

安全评价报告应全面、概括地反映安全评价过程的全部工作，文字应简洁、准确，提出的资料清楚可靠，论点明确，利于阅读和审查。

目前国内根据工程、系统生命周期和评价的目的分为安全预评价、安全验收评价、安全现状评价和专项安全评价四类，本节中简单介绍一下安全预评价、安全验收评价和安全现状评价报告的要求、内容及格式。

一、安全预评价报告

（一）安全预评价报告要求

安全预评价报告的内容应能反映安全预评价的任务：建设项目的主要危险、有害因素评价；建设项目应重点防范的重大危险、有害因素；应重视的重要安全对策措施；建设项目从安全角度是否符合国家有关法律、法规、技术标准。

（二）安全预评价报告内容

1. 安全预评价依据

有关预评价的法律、法规及技术标准；建设项目可行性研究报告等建设项目相关文件；安全预评价参考的其他资料。

2. 建设项目概况

建设项目选址、总图及平面布置、生产规模、工艺流程、主要设备、主要原材料、中间体、产品、经济技术指标、公用工程及辅助设施等。

3. 危险、有害因素的辨识与分析

列出辨识与分析危险、有害因素的依据，阐述辨识与分析危险、有害因素的过程。

4. 评价单元划分

阐述划分评价单元的原则、分析过程等。

5. 安全预评价方法

简介选定的安全评价方法；阐述选此方法的原因；详细列出定性、定量评价过程；对重大危险源的分布、监控情况以及预防事故扩大的应急预案的内容，应明确给出相关的评价结果；对得出的评价结果进行分析。

6. 安全评价措施建议

列出安全对策措施建议的依据、原则、内容。

7. 安全预评价结论

简要列出主要危险、有害因素的评价结果，指出评价对象应重点防范的最大危险、有害因素，明确应重视的安全对策措施建议，明确评价对象潜在的危险、有害因素，在采取安全对策措施后，能否得到控制以及受控的程度如何。给出评价对象从安全生产角度是否符合国家有关法律法规、标准、行政规章、规范要求的客观评价。

二、安全验收评价报告

（一）安全验收评价报告的要求

《安全验收评价报告》是安全验收评价工作过程形成的成果。《安全验收评价报告》的内容应能反映安全验收评价两方面的义务：一是为建设企业服务，帮助企业查出安全隐患，落实整改措施以达到安全要求；二是为政府安全生产监督管理机构服务，提供建设项目安全验收的依据。

（二）安全验收评价报告主要内容

1. 概述

（1）安全验收评价依据。

（2）建设单位简介。

（3）建设项目概况。

（4）生产工艺。

（5）主要安全卫生设施和技术措施。

（6）建设单位安全生产管理机构及管理制度。

2. 主要危险、有害因素识别

（1）主要危险、有害因素及相关作业场所分析。

（2）列出建设项目所涉及的危险、有害因素并指出存在的部位。

3. 总体布局及常规防护设施措施评价

（1）总体平面布局。

（2）厂区道路安全。

（3）常规防护设施和措施。

（4）评价结果。

4. 易燃易爆场所评价

（1）爆炸危险区域划分符合性检查；

（2）可燃气体泄漏检查报警仪的布防安装检查；

（3）防爆电气设备安装认可；

（4）消防检查；

（5）评价结果。

5. 有害因素安全控制措施评价

（1）防急性中毒、窒息措施；

（2）防止粉尘爆炸措施；

（3）高低温作业安全防护措施；

（4）其他有害因素控制安全措施；

（5）评价结果。

6. 特种设备监督检验记录评价

（1）起重机与电梯；

（2）场内机动车辆；

（3）其他危险性较大设备；

（4）评价结果。

7. 强制检测设备设施情况检测

（1）安全阀；

（2）压力表；

（3）可燃、有毒气体泄漏检测报警仪及变送器；

（4）其他强制检测设备设施情况；

（5）检测结果。

8. 电器安全评价

（1）变电站；

（2）配电室；

（3）防雷、防静电系统；

（4）其他电气安全检测；

（5）评价结果。

9. 安全验收评价报告附件

（1）数据表格、平面图、流程图、控制图等安全评价过程中制作的图表文件。

（2）建设项目存在问题与改进建议汇总表及反馈结果。

（3）评价过程中专家意见及建设单位证明材料。

10. 安全验收评价报告附录

（1）与建设项目有关的批复文件。

（2）建设单位提供的原始资料目录。

（3）与建设项目相关数据资料目录。

三、安全现状评价报告

（一）安全现状评价报告要求

安全现状评价报告的内容要求比安全预评价报告要更详尽、更具体，特别是对危险分析要求较高，因此整个评价报告的编制，要由懂工艺和操作的专家参与完成。

（二）安全现状评价报告内容

1. 前言

前言包括项目单位简介、评价项目的委托方及评价要求和评价目的。

2. 评价项目概况

评价项目概况应包括评价项目概况、地理位置及自然条件、工艺过程、生产运行现状、项目委托约定的评价范围、评价依据。

3. 评价程序和评价方法

说明针对主要危险、有害因素和生产特点选用的评价程序和评价方法。

4. 危险性预先分析

危险性预先分析应包括工艺流程、工艺参数、控制方式、操作条件、物料种类与理化特性、工艺布置、总图位置、公用工程的内容，运用选定的分析方法对生产中存在的危险、有害因素逐个分析。

5. 危险度与危险指数分析

根据危险、有害因素分析的结果和确定的评价单元、评价要素，参照有关资料和数据用选定的评价方法进行定量分析。

6. 事故分析与重大事故模拟

结合现场调查结果以及同行或同类生产的事故案例分析，统计其发生的原因和概率，运用相应的数学模拟进行重大事故模拟。

7. 对策措施与建议

综合评价结果，提出相应的对策措施与建议，并按照风险的高低进行解决方案的排序。

8. 评价结论

明确提出项目安全状态水平，并简要说明。

四、安全评估报告格式

根据《安全评价通则》，安全评价报告的基本格式为：

- 封面；
- 安全评价资质证书影印件；
- 著录项；
- 前言；
- 目录；
- 正文；
- 附件；
- 附录。

此外，建设安全评价报告应采取 A4 幅面，左侧装订。封面要按照如下的统一格式。

- 封面的内容主要包括：
- 委托单位名称；
- 评价项目名称；
- 标题；
- 安全评价机构名称；
- 安全评价机构资质证书编号；
- 评估时间。

第六章　建设工程相关利益主体的安全管理

在建设工程项目安全管理中，承包商担负着最重要的、最主要的责任。但是，应该看到建设工程项目不仅仅是承包商一方能独立完成的。建设单位、勘察设计单位、施工单位、监理单位和其他有关单位（包括材料、设备的供应商等）是建设工程实施过程中的主要参与主体，是工程项目的相关利益主体，更是建设工程安全管理的六类责任主体。其在建设工程安全生产方面所负的责任和义务及其应有的权利均有侧重方面，并且应该相互适应、支持。这些利益主体与政府各级安全生产监督管理部门共同担负保障建设工程安全生产健康有序进行的责任。我国《建筑法》中规定了政府有关部门和各方责任主体的安全生产责任，《建设工程安全生产管理条例》（以下简称《条例》）中对各级部门和建设工程有关责任主体的安全责任有了更为明确的规定。

本章节将结合有关法律法规的具体要求，对政府部门、建设单位、分包商、勘察设计单位、监理单位及其他有关单位的安全管理及其安全影响进行分析、论述。

第一节　政府部门的安全监督管理

建设工程生产安全的监督管理共有四个层次：一是国务院安全生产主管部门对建设行政主管部门监督管理工作的监督管理；二是建设行政主管部门对建设工程各有关单位生产安全工作的监督管理；三是建设工程各有关单位的上级主管部门对下级单位安全生产工作的监督管理；四是工程监理单位对施工单位生产安全工作的监督管理。

《建设工程安全生产管理条例》的第 5 章就建设行政主管部门的监督管理工作从管理权限设置和履行职责两大方面做了 8 条规定。

一、管理权限设置

（1）国务院负责安全生产监督管理的部门依照《中华人民共和国安全生产法》的规定，对全国建设工程安全生产工作实施综合监督管理。县级以上地方人民政府负责安全生产监督管理的部门依照《中华人民共和国安全生产法》的规定，对本行政区域内建设工程安全生产工作实施综合监督管理。

（2）国务院建设行政主管部门对全国的建设工程安全生产实施监督管理。国务院铁路、交通、水利等有关部门按照国务院规定的职责分工，负责有关专业建设工程安全生产的监督管理。县级以上地方人民政府建设行政主管部门对本行政区域内的建设工程安全生产实施监督管理。县级以上地方人民政府交通、水利等有关部门在各自的职责范围内，负责本行政区域内的专业建设工程安全生产的监督管理。

（3）建设行政主管部门和其他有关部门应当将相关资料的主要内容抄送同级负责安全生产监督管理的部门。建设行政主管部门或者其他有关部门可以将施工现场的监督检查委托给建设工程安全监督机构具体实施。

二、履行职责的权力

（1）建设行政主管部门在审核发放施工许可证时，应当对建设工程是否有安全施工措施进行审查，对没有安全施工措施的，不得颁发施工许可证。建设行政主管部门或者其他有关部门对建设工程是否有安全施工措施进行审查时，不得收取费用。

（2）县级以上人民政府负有建设工程安全生产监督管理职责的部门在各自的职责范围内履行安全监督检查职责时，有权采取下列措施：

1）要求被检查单位提供有关建设工程安全生产的文件和资料；

2）进入被检查单位施工现场进行检查；

3）纠正施工中违反安全生产要求的行为；

4）对检查中发现的安全事故隐患，责令立即排除；重大安全事故隐患排除前或者排除过程中无法保证安全的，责令从危险区域内撤出作业人员或者暂时停止施工。

（3）县级以上地方各级人民政府建设行政主管部门应当及时受理对建设工程生产安全事故及安全事故隐患的检举、控告和投诉。接到生产安全事故报告的部门应按照国家有关规定，如实上报。县级以上地方各级人民政府建设行政主管部门应当根据本级人民政府的要求，制定本行政区域内建设工程特大生产安全事故应急救援预案，建立应急救援体系。

此外，国务院建设行政主管部门应会同其他有关部门指定专职安全生产管理人员的配备办法；制订并公布对严重危及施工安全的工艺、设备、材料实行淘汰制度的具体目录；制订达到一定规模的危险性较大的建设工程标准。县级以上建设行政主管部门在其职责范围内履行安全监督责任时，具有调阅被检查单位安全生产管理文件和资料权、进入施工现场检查权、对违反安全生产要求纠正行为的纠正权和对存在的安全隐患和危险状况的责令处理权这四项职权。

由于建设工程行业和领域具有多行业领域介入、类别复杂、参与主体多元、生产与交易活动交织等特点，《条例》中对政府监督管理的规定采用综合管理和部门管理相结合的机制：国务院建设行政主管部门对全国的建设工程安全生产实施统一的监督管理，国务院铁路、交通、水利等有关部门按照国务院的职责分工，分别对专业建设工程安全生产实施监督管理的模式；县级以上地方人民政府建设行政主管部门和各有关部门分别对本行政区内的建设工程和专业建设工程的安全生产工作、按各自的职责范围实施监督管理，并依法接受本行政区内安全生产监督管理部门和劳动行政主管部门对建设工程安全生产监督管理工作的指导和监督。

另外，《建筑安全生产监督管理规定》（建设部令第13号）对各级建设行政主管部门在建设工程安全生产监督管理的职责作了更为明确的规定，以配合和适应《条例》的管理要求。

总之，政府建设主管部门应该严格对建设工程安全生产情况的监督检查，依法及时对不安全因素进行纠正和处置，提高安全管理实效，全面实现"安全第一、预防为主"的安全方针，保证建设工程的健康顺利进行，促进我国建设工程安全形势的全面好转。

第二节　建设单位的安全管理

建设单位也称为业主单位或项目业主，是指建设工程项目的投资主体或投资者，是建设项目管理的主体和项目法人。建设单位就是建筑市场中买方，它们通过提供建设项目所需要的资金，购买建筑产品或者服务，从而满足他们的需要。作为建筑市场中最有话语权的业主，建设单位通常对他们所获得的建筑产品及服务有各种要求，包括工程的工期、成本、质量以及安全。

一、建设单位在安全管理中的作用

没有业主对建设工程的强烈需求，建设项目就不可能实现既定的目标。由此看来，业主在建设工程项目中扮演着重要角色。这也是业主能够影响工程项目安全目标的原因。近几十年来，越来越多的业主，尤其是大型项目的业主逐渐认识到，建筑安全事故同样会给他们带来很多负面的影响和损失。一旦工程项目发生安全事故，无论合同条款如何保护业主的利益，业主都不得不与承包商共同面对由于事故导致的施工中断，生产效率的降低，乃至由事故引起的经济损失和法律纠纷等。这些直接的后果，不但有可能影响业主和承包商的长期合作，损害双方的社会形象和声誉，甚至可能造成整个工程的失败。建设单位之所以对建设工程项目负有责任，还有更重要的原因就是业主对其建造的项目有着深入的了解，业主有能力也有义务帮助承包商在项目实施过程中最大限度地避免事故。

同样，在我国越来越多的工程管理人士也逐渐意识到，没有业主的积极参与，建设安全工作就无法真正实现既定的目标。我国 2004 年 2 月正式实施的《建设工程安全生产管理条例》用一个独立的章节（第二章），对建设单位在建设项目安全管理中应担负的责任进行了具体规定。一旦业主在安全上建立起明确的目标，就可以以多种方式加以实施。譬如，可在招标文件和合同文件中强调安全目标；此外，还可以通过选择承包商在安全生产方面起到积极作用，业主的安全意识可以发挥重要的作用。

《建设工程安全生产管理条例》对建设单位安全责任的规定共有六条，可将其内容概括为"七个应当"、"一个保证"和"三个不得"。

二、建设单位的"七个应当"

（1）应当向施工单位提供施工现场及毗邻区域内供水、排水、供电、供气、供热、通信、广播电视等地下管线资料，气象和水文观测资料，相邻建筑物和构筑物、地下工程的有关资料。

（2）建设单位在编制工程概算时，应当确定建设工程安全作业环境及安全施工措施所需费用。

（3）建设单位在申请领取施工许可证时，应当提供建设工程有关安全施工措施的资料。

（4）依法批准开工报告的建设工程，建设单位应当自开工报告批准之日起 15 日内，将保证安全施工的措施报送建设工程所在地的县级以上地方人民政府建设行政主管部门或者其他有关部门备案。

（5）建设单位应当将拆除工程发包给具有相应资质等级的施工单位。

（6）建设单位应当在拆除工程施工 15 日前，将下列资料报送建设工程所在地的县级以上地方人民政府建设行政主管部门或者其他有关部门备案：

1）施工单位资质等级证明；

2）拟拆除建筑物、构筑物及可能危及毗邻建筑的说明；

3）拆除施工组织方案；

4）堆放、清除废弃物的措施。

（7）实施爆破作业的，应当遵守国家有关民用爆炸物品管理的规定。

三、建设单位的"一个保证"

保证向施工单位提供的资料真实、准确、完整。

四、建设单位的"三个不得"

（1）建设单位不得对勘察、设计、施工、工程监理等单位提出不符合建设工程安全生产法律、法规和强制性标准规定的要求。

（2）建设单位不得压缩合同约定的工期。

（3）建设单位不得明示或者暗示施工单位购买、租赁、使用不符合安全施工要求的安全防护用具、机械设备、施工机具及配件、消防设施和器材。

此外，建设单位因建设工程需要，向有关部门或者单位查询前款规定的资料时，有关部门或者单位应当及时提供。

受计划经济和行政管理体制的影响，建设单位在安全生产方面的责任并不突出，未能得到充分重视。尤其在我国建筑市场竞争日趋激烈，但规范建筑市场，尤其是建设单位行为的法律法规还不尽完善的环境下，强势的建设单位利用其在工程建设中的主导地位，不择手段追求自身利益的最大化，各种不规范的市场行为、违法违规行为、腐败和不正之风大行其道，屡禁不止，已成为导致各类质量安全事故发生的不可忽视的、主要的、甚至是直接的原因之一。

为此，《条例》将建设单位列入安全责任主体之中，明确规定其在工程建设活动中应承担的义务以及法律责任，为解决建设单位安全生产管理问题提供了强有力的法律依据，也为进一步规范建筑市场、杜绝"建筑腐败"现象起到积极的促进作用，有利于做到产权明晰、政企分离和政事分离，意义深远。

业主更多地参与工程项目安全管理的趋势越来越明显，有资料表明，46%的业主声称在未来会比现在更加关注安全，47%的业主声称他们更加关注政府方面的安全立法，还有4%的业主认为，安全比起成本、进度、质量来说是他们首要考虑的问题。

五、建设单位不同阶段的安全管理

（一）招投标阶段选择安全的承包商

由于承包商在建设工程项目安全中的重要作用，将承包商的选择范围限定于在过去一阶段安全记录良好的建筑公司是合理的和审慎的。明确把建设工程项目交付于有着良好安全记录的承包商，招投标工作就变成了一项相对简单的任务。在建设工程项目实施的前期重视安全管理工作，这也是保证项目成功的基础和根本。选择安全的承包商主要从伤害事故率、损失率、重大事故、职业健康与安全检控记录、项目安全计划、主要管理人员的安全记录等方面进行综合考虑，以便选出理想的承包商。

（二）项目实施阶段业主的安全参与

为了提高建设工程项目的安全绩效，在慎重选择承包商并在合同中注明有关安全条款之后，业主还必须在项目实施阶段积极参与安全管理。业主在建设工程项目实施阶段采取的安全管理措施主要包括：业主参与安全计划，制订安全目标，监督安全绩效，为安全工作提供资金支持，项目的事故报告、调查程序，安全培训和新员工安全训练等工作。

第三节　分包商的安全管理

工程分包是指总承包单位将其所承包工程中的部分工程发包给其他具有相应资质条件的承包单位的活动。按照分包的内容，工程分包可分为专业工程分包和劳务作业分包。专业工程分包是指总承包单位将其所承包工程中的专业工程发包给具有相应资质的其他承包单位完成的活动；指施工总承包单位或者专业分包单位将其承包工程的劳务作业发包给劳务分包单位完成的活动。

所谓分包商，就是指从事上述分包业务的承包单位。《建筑法》第 29 条规定，"建筑工程总承包单位可以将承包工程中的部分工程发包给具有相应资质条件的分包单位。但是，除总承包合同中已约定的分包外，必须经建设单位认可。"

《条例》中涉及分包商的安全管理的相关规定共有四条，主要从安全生产责任、意外伤害保险、应急救援预案和安全事故上报四个方面做了有关规定。

一、安全生产责任

建设工程实行施工总承包的，由总承包单位对施工现场的安全生产负总责。总承包单位依法将建设工程分包给其他单位的，分包合同中应当明确各自的安全生产方面的权利、义务。总承包单位和分包单位对分包工程的安全生产承担连带责任。分包单位应当服从总承包单位的安全生产管理，分包单位不服从管理导致生产安全事故的，由分包单位承担主要责任。

二、意外伤害保险

建设工程实行施工总承包的，由总承包单位为施工现场从事危险作业的人员办理意外伤害保险并支付意外伤害保险费。意外伤害保险期限自建设工程开工之日起至竣工验收合格止。

三、应急救援预案

建设工程实行施工总承包的，由总承包单位统一组织编制建设工程生产安全事故应急救援预案，工程总承包单位和分包单位按照应急救援预案，各自建立应急救援组织或者配备应急救援人员，配备救援器材、设备，并定期组织演练。

四、安全事故上报

建设工程实行施工总承包的，在工程建设中发生生产安全事故时，分包单位应及时汇报给总承包单位，由总承包单位按照国家有关伤亡事故报告和调查处理的规定，及时、如实地向负责安全生产监督管理的部门、建设行政主管部门或者其他有关部门报告；特种设备发生事故的，还应当同时向特种设备安全监督管理部门报告。

此外，在制定施工安全管理计划时，实行总分包的项目，分包项目安全计划应纳入分包项目安全计划，分包人应服从总承包人的管理；在施工安全技术措施的审批管理中，分包单位编制的施工安全技术措施，在完成报批手续后报项目经理部的技术部门备案；施工安全技术交底是，先由总承包公司的总工程师（大型或特大型工程项目）或者项目经理部的技术负责人和现场经理（一般工程项目）向分包商技术负责人进行安全技术措施交底，再由分包商技术负责人对其管辖的施工人员进行详细的安全技术措施交底。

在项目施工中，分包单位的安全管理，是整个安全工作的薄弱环节。如专业分包商或劳务分包商没有超越资质承揽工程，挂靠施工、以包代管；单纯地追求经济效益或者工期缩短，忽视了安全生产的重要性；工程总承包单位与专业分包商或劳务分包商之间无安全管理协议，双方安全管理责任不明确等，都容易造成安全隐患。

五、对分包商的安全管理

一个有着良好安全记录的总包商可以假定按照一般的程序承担一个新的项目，这个总包商可以在最低标价的基础上选择所有的分包商，同时保持项目良好的安全记录。这很大程度上取决于总包商所具备的指挥不同专业工种及分包商的能力。总包商必须迅速而有效地让建设项目参与主体感受到安全的重要性。对于只关心利润最大化、追赶施工进度和提供满足合同要求的工程质量的分包商来说，这是难以承担分包角色的。安全应该成为选择分包商的明确而且重要的标准。

因此，建筑企业在实施工程项目分包或劳务分包时，应选择具备安全生产条件或者相应资质的单位，签订安全生产管理协议，明确双方职责，加强建设工程项目安全生产的管理，建立健全分包单位的安全教育、安全检查、安全交底等制度，提高工人安全意识，杜绝"三违"现象。同时，分包商自觉加强自身的安全管理也是刻不容缓的。

第四节　监理单位的安全管理

监理单位是指受建设单位（项目法人）的委托，依据国家批准的工程项目建设文件、有关工程建设的法律、法规和工程建设监理合同及其他工程建设合同，代替建设单位对承建单位的工程建设实施过程在施工质量、建设工期和资金使用等方面实施监控的一种专业化服务单位。监理单位是建筑市场的主体之一，提供的是一种高智能的有偿咨询服务。

一、《条例》对监理单位的规定

《条例》第 14 条对监理单位的安全责任作出明确规定，主要有以下 3 项：

（1）工程监理单位和监理工程师应当按照法律、法规和工程建设强制性标准实施监理，并对建设工程安全生产承担监理责任。

（2）工程监理单位应当审查施工组织设计中的安全技术措施或者专项施工方案是否符合工程建设强制性标准。施工组织设计在本质上是施工单位编制的施工计划，其中包括安全技术措施和施工方案。对于达到一定规模的危险性较大的分部分项工程要编制专项施工方案。监理单位应按照真实性、可行性、可靠性和全面性的原则审查这些施工安全工作文件是否符合工程建设强制性标准。若在实践中存在合同条款高于强制性标准的情况，监理单位就不仅仅审查其是否违法，还要审查其是否违约。

（3）工程监理单位在实施监理过程中，发现存在安全事故隐患的，应当要求施工单位整改；情况严重的，应当要求施工单位暂时停止施工，并及时报告建设单位。施工单位拒不整改或者不停止施工的，工程监理单位应当及时向有关主管部门报告。

此外，审查建设单位提供的施工安全费用并监督其实施应用，以确保施工安全的费用需要，避免因此发生安全事故，也是监理单位的一项重要的安全责任。

二、项目协调与安全监理

为了保证建设工程项目的顺利实施，监理单位需要进行大量的协调工作。在项目管理的各种功能中，协调对于监理单位尤其重要。协调工作影响到建设过程的各个阶段、影响到建设工程项目的各个参与主体。没有协调，就会出现混乱，同时，协调和安全绩效之间有着密切的关系。有专家学者对国外 50 个 1000 万～40 亿美元的工程项目进行调查后得出，当监理单位的协调能力被评价为很强时，承包商、分包商的安全记录很好。

　　监理单位要做到对工程建设过程中各个环节的"把关"控制，施工安全是其中非常重要的一项。随着工程监理制度在我国建筑行业的日益深化，监理单位在工程建设中成为安全管理的重要责任主体之一，因此，监理单位要保证安全管理工作的公平、公正和客观性。

第五节　勘察、设计单位的安全管理

　　建设工程项目的施工是一个复杂的人机工程，因此需要不同工种和技术的结合。过去对安全管理的改进一直是以承包商为核心进行的，工程勘察、设计单位在安全方面的责任很少被提及，但是，近期的研究表明建设项目的勘察、设计人员对安全管理起到了很大的作用。因为在很多情况下，正是由于设计师设计的方案，决定了施工现场潜在的危害和安全隐患。然而，由于设计方不愿意承担建筑安全方面的责任以及缺乏相关的安全设计规范等原因，在设计阶段考虑施工安全的设计人员还非常少。因此，越来越多的学者已经开始提出了设计安全的观念，要求设计方同样参与到安全管理中来。

　　建设工程勘察工作，是指根据建设工程的要求，查明、分析、评价建设场地的地理环境、地质和水文状况与岩土工程条件，编制建设工程勘察文件，为建设工程的基础和结构设计与施工措施编制提供工程勘察依据的活动；建设工程设计工作，则是根据建设规划要求和设计条件，在对建设工程项目的使用功能、环境、技术、经济等设计因素进行综合分析和论证的基础上，绘制工程图纸和编制工程设计文件的活动。

　　工程勘察和设计工作要严格执行国家有关法律法规和工程建设强制性标准。现行的相关法律法规除了《建筑法》、《安全生产法》、《建设工程质量管理条例》、《建设工程安全生产管理条例》外，还包括与勘察设计工作密切相关的《建设工程勘察设计管理条例》和《建设工程勘察设计企业资质管理规定》等。在房屋建筑方面的强制性标准包括建筑设计、建筑防火、建筑设备、勘察和地基基础、结构设计、房屋抗震设计、结构鉴定和加固以及施工质量和安全 8 个方面的相关规定，必须严格执行，不得违反。

　　《条例》第 12、13 条分别对勘察和设计单位的安全责任作出明确规定。

　　一、勘察单位安全责任要点

　　（1）确保勘察文件的质量，以保证后续工作的安全。勘察单位应当按照法律、法规和工程建设强制性标准进行勘察，提供的勘察文件应当真实、准确，满足建设工程安全生产的需要。

　　（2）科学勘察，以保证周边建筑物安全的责任。勘察单位在勘察作业时，应当严格执行操作规程，采取措施保证各类管线、设施和周边建筑物、构筑物的安全。

　　二、设计单位安全责任要点

　　（1）科学设计的责任。设计单位应当按照法律、法规和工程建设强制性标准进行设计，防止因设计不合理导致生产安全事故的发生。

　　（2）提出建议的责任。设计单位应当考虑施工安全操作和防护的需要，对涉及施工安全的重点部位和环节在设计文件中注明，并对防范生产安全事故提出指导意见。采用新结构、新材料、新工艺的建设工程和特殊结构的建设工程，设计单位应当在设计中提出保障施工作业人员安全和预防生产安全事故的措施建议。

（3）承担后果的责任。设计单位和注册建筑师等注册执业人员应当对其设计负责。

此外，设计单位在施工过程中还应该积极做好与施工单位的保证、指导和配合，及时消除设计缺陷和满足施工安全对设计变更的要求。

工程勘察设计工作的专业性和技术性很强，并且处于全寿命周期的前期，其工作质量对后期的施工和运营安全都有很大的影响，直接关系到公共利益和公共安全，关系到建设和使用中的环境保护、人民的生命财产安全和人身健康。近年来出现的工程建设安全事故中，勘察设计单位的责任缺失占很大一部分，如违反勘察设计规范甚至法律法规和强制性标准进行勘察设计，使最后成果存在很大缺陷，无法保证工程建设过程中施工人员的安全和工程建设完成后的使用安全。因此，要重视勘察设计单位的安全影响，做好勘察设计单位的安全管理工作至关重要。

三、安全设计观念建议

传统上设计人员并不需要在设计中考虑建筑工人的安全问题。因此，建筑业当前的任务是建立一套关于以往使用过的诸多使得施工现场更加安全的设计观念和知识体系。特别是整理出在以往项目中成功地解决建筑工人安全的多种设计方案，显得尤其重要。安全设计观念数量较多，也有差异。安全设计观念主要一些建议如下：

（1）以最小的可行深度设计管沟。

（2）在施工前设计并建造永久性的楼梯和人行道，以尽量减少临时脚手架的使用。

（3）重新布置、断开或者掩埋高架的电路传输线路，以便为起重机提供安全的通路及工作半径。

（4）设计中用随挖随填的方式代替开挖隧道。

（5）把顶棚和地板的穿透集中在一起，以减少开凿数量。

（6）建造工业项目时应尽量使用预制构件，以减少工人高坠和物体打击的可能性。

（7）设计柱的时候在楼板平面以上1.2m处设预埋件，以支撑防护栏杆，并且为安全带提供一个联结点，以降低成本及减少危险。

（8）对于复杂或者少见的设计，设计人员提供或者让承包商提交施工顺序计划，以便通过事先计划施工工作，使建筑工人的安全状况得以改善。

为使设计人员充分考虑建筑工人的安全，首先应使他们受到激励，并且是由业主来提供这种安全设计的激励。此外，设计人员必须学习使用通过设计决策帮助改善建筑安全的各种方式。

第六节　其他有关单位的安全管理

这里的其他有关单位包括：为工程提供机械设备和配件的单位（或设备供应单位）、出租的机械设备和施工机具的单位（或设备出租单位）、施工机具和设施的安装单位（或设备安装单位）与检验检测机构（或设备检测单位），这几类单位在确保建设工程生产安全方面均承担不可或缺的责任。

《条例》第15～18条分别对这类单位的安全责任作出明确规定，主要有以下三项。

一、机械设备和构件供应单位的安全责任

为建设工程提供机械设备和配件的单位，应当按照安全施工的要求配备齐全有效的保险、限位等安全设施和装置。

二、出租机械设备和施工机具单位的安全责任

出租的机械设备和施工机具及配件，应当具有生产（制造）许可证、产品合格证，并应当对出租的机械设备和施工机具及配件的安全性能进行检测，在签订租赁协议时，应当出具检测合格证明。禁止出租检测不合格的机械设备和施工机具及配件。

三、施工起重机械和自升式架设设施的安全管理

（一）安装拆卸

施工起重机械和自升式架设设施等的安装、拆卸属于特殊专业安装，具有高度危险性，容易造成重大伤亡事故。

在施工现场安装、拆卸施工起重机械和整体提升脚手架、模板等自升式架设设施，必须由具有相应资质的单位承担。安装、拆卸施工起重机械和整体提升脚手架、模板等自升式架设设施，应当编制拆装方案、制定安全施工措施，并由专业技术人员现场监督。施工起重机械和整体提升脚手架、模板等自升式架设设施安装完毕后，安装单位应当自检，出具自检合格证明，并向施工单位进行安全使用说明，办理验收手续并签字。

（二）检验检测

施工起重机械和整体提升脚手架、模板等自升式架设设施的使用达到国家规定的检验检测期限的，必须经具有专业资质的检验检测机构检测。经检测不合格的，不得继续使用。检验检测机构对检测合格的施工起重机械和整体提升脚手架、模板等自升式架设设施，应当出具安全合格证明文件，并对检测结果负责。

另外，国务院《特种设备安全监察条例》对从事施工机械定期检验、监督检验的检验检测机构和检验检测人员的资格管理、工作要求、检验检测程序等也做了相关规定。同时要求设备检验检测机构在检验检测过程中若发现严重安全事故隐患，应及时告知施工单位，并立即向特种设备安全监督管理部门报告。

在我国施工企业间大型总承包和专业分包发展的大趋势下，属施工机具设备方面的专业分包型企业的队伍日益扩大。由于施工起重机械和整体提升式脚手架等自升式施工用架设设施的安装、拆卸以及检验检测具有较高的专业技术和安全管理要求，并且这几类单位都是施工机具安全事故发生的涉及单位，因此，其安全责任管理也十分重要。

第七章　建设安全生产事故调查与分析

第一节　建设安全生产事故概述

一、建设安全生产事故基本概念

(一)建设安全生产事故的定义

安全生产事故是指生产经营单位在经营活动(包括与生产经营有关的活动)中突然发生的伤害人身安全和健康,或者损坏设备设施,或者造成经济损失的,导致原生产经营活动(包括与生产经营活动有关的活动)暂时中止或永远终止的意外事件。建设安全生产事故是指在建设工程实施过程中突然发生的安全生产事故。

(二)建设安全生产事故的特点

1. 严重性

建设工程发生安全事故,因规模大,影响往往较大,甚至群死群伤或造成巨大财产损失。美国工程建筑中安全事故造成的经济损失已占到其总成本的 7.9%,而香港地区已达到 8.5%。虽然我国没有正式的统计数据,但相信不会例外。除此之外,给人们的心理以及企业信誉带来的影响都是不可估量的。建设安全事故给社会带来的负面作用大,备受媒体和群众关注,处理不当还会导致社会问题发生。

2. 不确定性与可变性

建设工程产品生产过程中具有流动强、作业环境复杂、参与人员多、人员素质较低、外部环境影响大等特点都决定了建设工程产品生产的不确定性强,其中参与人员多,不均衡,采用分包模式,对安全管理都是极大的挑战。并且安全隐患因外界条件变化而变化,影响因素多,会引发连锁反应,导致事故影响面扩大。

3. 复杂性

建设工程安全事故的发生常常是多种因素的综合累积作用导致的,人的不安全行为、物的不安全状态、环境因素、管理上的缺陷这四类因素相互作用,事故发生时很难准确地说明是哪种因素更多或更少。因此,导致事故发生的原因错综复杂,即使是同类事故其发生的原因可能多样。

4. 多发性

某些事故,在某些部位、工序、作业中经常发生。根据统计,发生安全事故的部位如"四口"、"五边"、基础工程施工过程中、模板工程施工作业过程中、脚手架施工作业过程中、塔吊或其他大型运输设备作业过程中等经常发生安全事故。虽然发生安全事故已经成为人们学习的教训,但是犯下"同样错误"的情形却仍然无法杜绝。

二、安全事故等级

依据《生产安全事故报告和调查处理条例》第三条,根据生产安全事故(以下简称事故)造成的人员伤亡或者直接经济损失,事故一般分为以下等级:

1. 特别重大事故

特别重大事故,是指造成 30 人以上(含 30 人)死亡,或者 100 人以上(含 100 人)重伤（包括急性工业中毒，下同），或者 1 亿元以上（含 1 亿元）直接经济损失的事故。

2. 重大事故

重大事故，是指造成 10 人以上（含 10 人）30 人以下死亡，或者 50 人以上（含 50 人）100 人以下重伤，或者 5000 万元以上（含 5000 万元）1 亿元以下直接经济损失的事故。

3. 较大事故

较大事故，是指造成 3 人以上（含 3 人）10 人以下死亡，或者 10 人以上（含 10 人）50 人以下重伤，或者 1000 万元以上（含 1000 万元）5000 万元以下直接经济损失的事故。

4. 一般事故

一般事故，是指造成 3 人以下死亡，或者 10 人以下重伤，或者 1000 万元以下直接经济损失的事故。

三、建筑安全生产事故的分类

（一）建筑安全事故

从建设生产活动的特点及事故的原因和性质看，建设安全事故可以分为四类，即生产事故、质量事故、技术事故和环境事故。

1. 建设生产事故

建设生产事故主要是指在建筑产品的生产、维修、拆除过程中，操作人员违反施工操作规程等直接导致的安全事故。这种事故一般都是在施工作业过程中出现的，事故发生的次数比较频繁，是建筑安全事故的主要类型之一，同时也是建筑企业安全生产管理的重点。

2. 质量事故

质量事故主要是指由于设计不符合规范或施工达不到要求等原因而导致建筑结构实体或使用功能存在瑕疵，进而引起安全事故的发生。在设计不符合规范标准方面，主要是一些没有相应资质的单位或个人私自出图和设计本身存在安全隐患。在施工达不到设计要求方面。一是施工过程中违反有关操作规程留下的隐患；二是由于有关施工主体偷工减料的行为导致的安全隐患。质量问题发生在施工作业过程中，也可能发生在建筑实体的使用过程中。

3. 技术事故

技术事故是指主要由于工程技术原因而导致的安全事故，技术事故的结果通常是比较严重的。技术是安全的保障，如果技术出现问题，即使是一时的瑕疵，也可能带来严重的事故，如在 1981 年 7 月 17 日美国密苏里州发生的海厄特摄政通道垮塌事故。技术事故的发生，可能发生在施工过程中，也可能发生在使用阶段。

4. 环境事故

环境事故主要是指建筑实体在施工或使用过程中，由于使用环境或周边环境原因导致的安全事故。使用环境原因主要是对建筑实体的使用不当，比如荷载超标，按静荷载设计而动荷载使用，高污染建筑材料或放射性材料等。周边环境原因主要是一些自然灾害方面的，如在一些地质灾害频发地区，发生的山体滑坡、泥石流等。

根据对全国伤亡事故调查分析，建筑业伤亡事故中，高处坠落、物体打击、机械伤害、触电、坍塌事故，为建筑业最常发生的五种事故。

（二）常见的五种事故类型

1. 高处坠落

高处坠落，占事故总数的 45%～55%。主要发生在以下作业地点：屋面、阳台、楼板等临边；预留洞口、电梯井口等洞口；脚手架、模板；塔机、物料提升机等起重机械的安装、拆卸作业。

2. 物体打击

物体打击，占事故总数的12%～15%。主要发生在同一垂直作业面的交叉作业中、通道口处上方坠落物体的打击。

3. 触电

触电，占总数的10%～12%。事故发生的主要原因包括以下几个方面：对外电线路缺乏保护；未执行三级配电两级保护，未安装漏电保护器或失灵，未按规定进行接地或接零；机械、设备漏电；线缆破皮、老化；照明未使用安全电压等。

4. 机械伤害

机械伤害，占事故总数的10%左右。主要指起重机械或机具、钢筋加工、混凝土搅拌、木材加工等机械设备对操作者或相关人员的伤害。

5. 坍塌

坍塌，随着高层和超高层建筑的大量增加，基础工程越来越大。同时，随着旧城改造的实施，拆除工程逐年增多，坍塌事故成为建筑业的第五大类事故，目前约占事故总数的5%～8%。

四、建设安全事故原因分析

每一次事故都有其具体的原因，寻找事故发生的原因，主要目的在于探寻有效解决问题的方法，预防事故的再次发生。建设安全事故的成因和其他事故的成因相似，都可以归结为四类因素，通常称为"4M"要素，即人（Men）、物（Machine or Matter）、环境（Medium）和管理（Management）。

（一）人的因素

人的因素是指人的不安全行为，是建设安全事故的最直接因素。各种安全事故，究其背后深层次的原因都可以归结为人的不安全行为引起的。人的不安全行为可以导致物的不安全状态、造成不安全的环境因素被忽略和可能出现管理上的漏洞和缺陷，进而可能形成事故隐患并触发事故的发生。

从心理学的角度来说，人的行为来自于人的动机，而动机产生于需要，动机促成实现其目的的行为发生。尽管人具有自卫的本能，不希望受到伤害，并且根据希望产生自以为安全的行为，但是人又是具有思维的，由于受到物质状态和自身素质等因素的影响和制约，有时会出现主观认识与客观实际不一致的现象。心理反应与客观实际相违背，从而行为表现为不安全。人在生产活动中，曾引起或可能引起事故的行为，必然是不安全的行为。有关研究表明，休工8天以上的伤害事故中，96%的事故都与人的不安全行为有关；休工4天以上的伤害事故中，94.5%与人的不安全行为有关。引起建筑安全事故的不安全行为包括操作失误、奔跑作业、以不安全的速度作业、使用不安全设备、用手工代替工具操作、物体摆放不安全、不按规定使用防护用品、不安全着装等。在事故致因中，人的个体行为和事故是存在因果关系的，任何人都会由于自身与环境的影响，对同一事件的反应、表现和行为出现差异。

人的因素又可以细分为：

（1）教育原因，包括缺乏基本的安全知识和认识能力，安全作业的经验不足，缺乏必要的安全生产技术和技能等。

（2）身体原因，包括生理状态或健康状态不佳，如视力或听力障碍、疾病、酗酒、疲劳等。

（3）态度原因，包括缺乏工作的积极性和认真负责的态度等。

（二）物的因素

在建设生产过程中，物的因素是指物的不安全状态，是安全事故的直接原因。

导致事故发生的物的因素不仅包括机械设备的原因，还包括钢筋、脚手架的高空坠落等物的因素。物之所以成为事故的原因，由于物质的固有属性及其具有的潜在破坏和伤害能力的存在。例如，施工过程中钢材、脚手架及其构件等材料的堆放和储运不当，对零散材料缺乏必要的收集管理，作业空间狭小，机械设备和工器具存在缺陷或缺乏维修保养，高空作业缺乏必要的安全保障措施等。

物的不安全状态，是随着生产过程中物质条件的存在而存在的，是事故的基础原因，它可以由一种不安全状态转变到另一种不安全状态，由微小的不安全状态发展成为致命的不安全状态，也可以由一个物质传递给另一个物质。事故的严重程度随着物的不安全程度的增加而增大。

（三）环境因素

环境因素是指环境的不良状态。不良的生产环境会影响人的安全行为，同时对机械设备也产生不良的作用。由于建筑生产过程一般露天作业较多，同时随着建筑技术向地下和高空的发展，地下施工、水下施工明显增多，受环境的影响越来越多。环境因素包括气候、温度、自然地质条件等方面。

此外，社会环境、人文环境对建筑企业进行安全生产也有十分重要且不可忽视的影响，特别是前面探讨的企业安全文化的影响。

（四）管理因素

人的不安全行为和物的不安全状态，往往是安全事故的直接和表面的原因。深入分析可知，事故发生的根源在于安全管理的缺陷。Heinrich 认为人的不安全行为是事故产生的根本原因，管理应为事故发生负责；Bird 发展了 Heinrich 的事故理论，并且结合管理学中的一些理论，指出导致大多数事故的原因在于人的不安全行为，而人的不安全行为又是由于管理过程缺乏控制造成的；Petersen 认为造成安全事故的原因是多方面的，根本原因在于管理系统，包括管理的规章制度、管理的程序、监督的有效性以及安全教育培训等方面，是管理失效造成了安全事故；英国 HSE 统计表明，工作场所 70％的致命事故是由于管理失控造成的。导致安全事故的管理因素主要包括企业领导层对安全不重视、安全管理组织和人员配置不完善，安全管理规章制度不健全，安全操作规程缺乏或执行缺失。

五、我国建设安全生产事故的现状

当前我国正处于工业化、城镇化快速发展进程中，这一阶段的显著特点是工程建设规模很大，而建设安全生产基础又比较薄弱。虽然近几年事故起数和死亡人数都保持下降，但事故总量仍然较大。2011 年我国建设安全生产事故主要包括，房屋市政工程生产安全事故按照类型划分，高处坠落事故 314 起，占总数的 53.31％；坍塌事故 86 起，占总数的 14.60％；物体打击事故 71 起，占总数的 12.05％；起重伤害事故 49 起，占总数的 8.32％；触电事故 30 起，占总数的 5.09％；机具伤害事故 20 起，占总数的 3.40％；车辆伤害、火灾和爆炸、中毒和窒息、淹溺等其他事故 19 起，占总数的 3.23％。

2011 年，房屋市政工程生产安全事故按照发生部位划分，洞口和临边事故 125 起，占总数的 21.22％；塔吊事故 80 起，占总数的 13.58％；脚手架事故 69 起，占总数的 11.71％；模板事故 46 起，占总数的 7.81％；基坑事故 39 起，占总数的 6.62％；井字架与龙门架事故 29 起，占总数的 4.92％；施工机具事故 20 起，占总数的 3.40％；墙板结构事故 20 起，占总数的 3.40％；临时设施、外用电梯、现场临时用电线路、外电线路、土石方工程等其他事故 161 起，占总数的 27.34％。

我国建设安全生产的形势仍然不容乐观，建设生产中存在大量的违规行为，监管力度不够，事故处罚力度较轻，处理时间过长，对整改行为不复核等都是造成建设安全事故发生的原因。

六、建设安全生产事故的上报制度

建设安全生产事故发生后，必须根据要求进行上报，2007 年 6 月 1 日颁布实施的国务院令第 493 号《生产安全事故报告和调查处理条例》明确指出：

事故发生后，事故现场有关人员应当立即向本单位负责人报告；单位负责人接到报告后，应当于 1 小时内向事故发生地县级以上人民政府安全生产监督管理部门和负有安全生产监督管理职责的有关部门报告。情况紧急时，事故现场有关人员可以直接向事故发生地县级以上人民政府安全生产监督管理部门和负有安全生产监督管理职责的有关部门报告。

安全生产监督管理部门和负有安全生产监督管理职责的有关部门接到事故报告后，应当依照下列规定上报事故情况，并通知公安机关、劳动保障行政部门、工会和人民检察院：

（1）特别重大事故、重大事故逐级上报至国务院安全生产监督管理部门和负有安全生产监督管理职责的有关部门。

（2）较大事故逐级上报至省、自治区、直辖市人民政府安全生产监督管理部门和负有安全生产监督管理职责的有关部门。

（3）一般事故上报至设区的市级人民政府安全生产监督管理部门和负有安全生产监督管理职责的有关部门。

安全生产监督管理部门和负有安全生产监督管理职责的有关部门依照前款规定上报事故情况，应当同时报告本级人民政府。国务院安全生产监督管理部门和负有安全生产监督管理职责的有关部门以及省级人民政府接到发生特别重大事故、重大事故的报告后，应当立即报告国务院。

必要时，安全生产监督管理部门和负有安全生产监督管理职责的有关部门可以越级上报事故情况。安全生产监督管理部门和负有安全生产监督管理职责的有关部门逐级上报事故情况，每级上报的时间不得超过 2 小时。

报告事故应当包括下列内容：

（1）事故发生单位概况。

（2）事故发生的时间、地点以及事故现场情况。

（3）事故的简要经过。

（4）事故已经造成或者可能造成的伤亡人数（包括下落不明的人数）和初步估计的直接经济损失。

（5）已经采取的措施。

（6）其他应当报告的情况。

自事故发生之日起 30 日内，事故造成的伤亡人数发生变化的，应当及时补报。道路交通事故、火灾事故自发生之日起 7 日内，事故造成的伤亡人数发生变化的，应当及时补报。

第二节　建设安全生产事故调查

一、建设安全生产事故调查

所谓建设安全生产事故调查，是指在建设安全生产事故发生后，为获取有关事故发生原因的全面资料，找出事故的根本原因，防止类似事故的发生而进行的调查。在建设安全管理工作中，对已发生的事故进行调查处理是极其重要的一环。根据建设安全生产事故的特性可知，建设安全事故几乎是不可避免的，但可以通过事故预防等手段减少其发生的概率或控制其产生的后果。事故预防是一种管理职能，而且事故预防工作在很大程度上取决于事故调查。因为通过事故调查获得的相应的事故信息对于认识危险、控制事故起着至关重要的作用。因此，事故调查是确认事故经过，查找事故原因的过程，是安全管理工作的一项关键内容，是制订最佳的事故预防对策的前提。

（一）事故调查的重要性

事故调查工作对于建设安全管理的重要性可归纳为以下几个方面。

（1）事故调查是最有效的事故预防方法。建设安全生产事故的发生既有它的偶然性，也有必然性。通过事故调查的方法，能发现安全生产事故发生的潜在条件，包括事故的直接原因和间接原因，找出其发生发展的过程，防止类似事故的发生。例如某建筑工地叉车司机午间休息时饮酒过量后，又进入工地现场，爬上叉车，使叉车前行一段后从车上摔下，造成重伤。如果按责任处理非常简单，即该司机违章酒后驾车；但试问在其酒后进入工地驾车的过程中，为什么没有人制止或提醒他不要酒后驾车呢？如果在类似情况下有人制止，是否还会发生此类事故呢？答案是十分明确的。

（2）事故调查为制订安全措施提供依据。事故的发生是有因果性和规律性的，事故调查是找出这种因果关系和事故规律的最有效的方法。只有掌握了这种因果关系和规律性，就能有针对性地制订出相应的安全措施，包括技术手段和管理手段，达到最佳的事故控制效果。

（3）事故调查揭示新的或未被人注意的危险任何系统，特别是具有新设备、新工艺、新产品、新材料、新技术的系统，都在一定程度上存在着某些尚未被了解、掌握或被忽视的潜在危险。事故调查是认识其系统特性的最主要的途径。只有充分认识了这类危险，才有可能防止其产生。

（4）事故调查可以确认管理系统的缺陷如前所述，事故是管理不佳的表现形式，而管理系统缺陷的存在也会直接影响到建筑企业的经济效益。通过事故调查发现建筑企业管理系统存在的问题，加以改进后，就可以一举多得，既控制事故，又改进管理水平，提高企业经济效益。

（二）事故调查的目的

（1）首先明确的是科学的事故调查过程的主要目的就是防止事故的再发生。根据事故调查的结果，提出整改措施，控制事故或消除此类事故。

（2）事故调查还是满足法律要求，为事故的处理提供依据，使司法机关正确执法的主要手段。

（3）通过事故调查还可以描述事故的发生过程，鉴别事故的直接原因与间接原因，从而积累建筑安全生产事故资料，为建设安全生产事故的统计分析及类似系统、产品的设计与管理提供信息，为建筑企业或政府有关部门安全工作的宏观决策提供依据。

二、建设安全生产事故的调查对象

从理论上讲，所有事故包括无伤害事故和未遂事故都在调查范围之内，但由于各方面条件的限制，特别是经济条件的限制，要达到这一目标几乎是不可能的。因此，要进行事故调查并达到最终目的，选择合适的事故调查对象也是相当重要的。

（一）重大事故

所有重大事故都应进行事故调查，这既是法律的要求，也是事故调查的主要目的所在。因为如果这类事故再发生，其损失及影响都是难以承受的，重大事故不仅包括损失大的、伤亡多的，也包括那些在社会上甚至国际上造成重大影响的事故。

（二）未遂事故或无伤害事故

有些未遂事故或无伤害事故虽未造成严重后果，甚至几乎没有经济损失，但如果其有可能造成严重后果，也是事故调查的主要对象。判定该事故是否有可能造成重大损失，则需要安全管理人员的能力与经验。

（三）伤害轻微但发生频繁的事故

这类事故伤害虽不严重，但由于发生频繁，对劳动生产率会有较大影响，而且突然频繁发生的事故，也说明管理上或技术上有不正常的问题，如不及时采取措施，累积的事故损失也会较大。事故调查是解决这类问题的最好方法。

（四）可能因管理缺陷引发的事故

如前所述，管理系统的缺陷的存在不仅会引发事故，而且也会影响工作效率，进而影响经济效益。因此，及时调查这类事故，不仅可以防止事故的再发生，也会提高经济效益，一举而两得。

（五）高危工作环境的事故

由于高危险环境中，极易发生重大伤害事故，造成较大损失，因而在这类环境中发生的事故，即使后果很轻微，也值得深入调查。只有这样，才能发现潜在的事故隐患，防止重大事故的发生。这类环境包括高空作业场所，易燃易爆场所，有毒有害的生产工艺等。

（六）适当的抽样调查

除上述诸类事故外，还应通过适当的抽样调查的方式选取调查对象，及时发现新的潜在危险，提高系统的总体安全性。这是因为有些事故虽然不完全具备上述5类事故的典型特征，但却有发生重大事故的可能性，适当的抽样调查会增加发现这类事故的可能性。

三、建设安全生产事故调查过程

（一）事故调查准备

1. 计划制订

事故调查前首先需要制定一个详细、严谨、全面的计划，对由谁来进行调查，怎样进行调查做出详尽的安排。临阵磨枪，仓促上阵是不可能很好地完成调查任务的。事故调查计划的内容应当包括：

（1）相关的联系和报告部门的联系方式。

（2）调查小组的人员构成。

（3）调查需要的物质安排。

（4）调查的程序和方法。

（5）调查分析。

（6）调查结果的论证和上报。

2. 调查人员构成

事故调查人员是事故调查的主体。不同的事故调查人员的组成会有所不同。2007 年 6 月 1 日颁布实施的国务院令第 493 号《生产安全事故报告和调查处理条例》明确指出：

（1）特别重大事故由国务院或者国务院授权有关部门组织事故调查组进行调查。

（2）重大事故、较大事故、一般事故分别由事故发生地省级人民政府、设区的市级人民政府、县级人民政府负责调查。省级人民政府、设区的市级人民政府、县级人民政府可以直接组织事故调查组进行调查，也可以授权或者委托有关部门组织事故调查组进行调查。

（3）未造成人员伤亡的一般事故，县级人民政府也可以委托事故发生单位组织事故调查组进行调查。

上级人民政府认为必要时，可以调查由下级人民政府负责调查的事故。自事故发生之日起 30 日内（道路交通事故、火灾事故自发生之日起 7 日内），因事故伤亡人数变化导致事故等级发生变化，依照本条例规定应当由上级人民政府负责调查的，上级人民政府可以另行组织事故调查组进行调查。特别重大事故以下等级事故，事故发生地与事故发生单位不在同一个县级以上行政区域的，由事故发生地人民政府负责调查，事故发生单位所在地人民政府应当派人参加。

3. 调查物质准备

"工欲行其事，必先利其器"，没有良好的装备和工具，事故调查人员素质再高，也是"巧妇难为无米之炊"。因而，从事事故调查的人员，必须事先做好必要的物质准备。

首先是身体上的准备。再者，由于事故现场有害物质的多样性，如辐射、有毒物质、细菌、病毒等，因而在服装及防护装备上也应根据具体情况加以考虑。同时考虑到在收集样品时受到轻微伤害的可能性较大，建议有关调查人员能定期注射预防破伤风的血清。

至于调查工具，则因被调查对象的性质而异。通常来讲，专业调查人员必备的调查工具有：

相机和胶卷——用于现场照相取证。对于火灾事故，彩色胶卷是必须的，因为火焰的颜色是鉴别燃烧温度的关键。

纸、笔、夹——记事、笔录等。

有关规则、标准——参考资料。

放大镜——样品鉴定。手套——收集样品。

录音机、带——与目击证人等交谈或记录调查过程。

急救包——抢救人员或自救。绘图纸——现场地形图等。

标签——采样时标记采样地点及物品。

样品容器——采集液体样品等。

罗盘——确定方向。

常用的仪器包括噪声、辐射、气体等的采样或测量设备及与被调查对象直接相关的测量仪器等。

（二）调查的基本步骤

一般的事故调查的基本步骤包括现场处理、现场勘查、物证收集、人证问询等主要工作。由于这些工作时间性极强，有些信息、证据是随时间的推移而逐步消亡的，有些信息则有着极大的不可重复性，因而对于事故调查人员来讲，实施调查过程的速度和准确性显得更为重要。只有把握住每一个调查环节的中心工作，才能使事故调查过程进展顺利。

1. 事故现场处理

事故现场处理是事故调查的初期工作。对于事故调查人员来说，由于事故的性质不同及事故调查人员在事故调查中的角色的差异，事故现场处理工作会有所不同，但通常现场处理应进行如下工作：

（1）安全抵达现场。

要顺利地完成事故调查任务，事故调查人员首先要使自己能够在携带了必要调查工具及装备的情况下，安全地抵达事故现场。在抵达现场的同时，应保持与上级有关部门的联系，及时沟通。

（2）现场危险分析。

这是现场处理工作的中心环节。只有做出准确的分析与判断，才能够防止进一步的伤害和破坏，同时做好现场保护工作。现场危险分析工作主要有观察现场全貌，分析是否有进一步危害产生的可能性及可能的控制措施，计划调查的实施过程，确定行动次序及考虑与有关人员合作，控制围观者，指挥志愿者等。

（3）现场营救。

最先赶到事故现场的人员的主要工作就是尽可能地营救幸存者和保护财产。作为一个事故调查人员，应及时记录事故遇难者尸体的状态和位置并用照相和绘草图的方式标明位置，同时告诫救护人员必须尽早记下他们最初看到的情况，包括幸存者的位置，移动过的物体的原位置等。如需要调查者本人也参加营救工作，也应尽可能地做好上述工作。

（4）防止进一步危害在现场危险分析的基础上，应对现场可能产生的进一步的伤害和破坏采取及时的行动，使二次事故造成的损失尽可能小。

（5）保护现场这是下一步物证收集与人证询问工作的基础。其主要目的就是使与事故有关的物体痕迹、状态尽可能不遭到破坏，人证得到保护。

2. 事故现场勘查

事故现场勘查是事故现场调查的中心环节。其主要目的是尽力查明当事各方在事故之前和事发之时的情节、过程以及造成的后果。通过对现场痕迹、物证的收集和检验分析，可以判明发生事故的主、客观原因，为正确处理事故提供客观依据。因而全面、细致地勘察现场是获取现场证据的关键。无论什么类型的事故现场，勘查人员都要力争把现场的一切痕迹、物证甚至微量物证都要收集、记录下来，对变动的现场更要认真细致地勘查，弄清痕迹形成的原因及与其他物证和痕迹的关系，去伪存真，确定现场的本来面目。

事故现场勘查工作是一种信息处理技术。由于其主要关注四个方面的信息，即人（People）、部件（Part）、位置（Position）和文件（Paper），且表述这四个方面的英文单词均以字母 P 开头，故人们也称之为 4P 技术。

（1）人，以事故的当事人和目击者为主，但也应考虑维修、医疗、基层管理、技术人员、朋友、亲属或任何能够为事故调查工作提供帮助的人员。

（2）部件，指失效的机器设备、通信系统、不适用的保障设备、燃料和润滑剂、现场各类碎片等。

（3）位置，指事故发生时的位置、天气、道路、操作位置、运行方向、残骸位置等。

（4）文件，指有关记录、公告、指令、磁带、图纸、计划、报告等。

3．人证的保护与问询

在事故调查中，证人的询问工作相当重要，大约 50％的事故信息是由证人提供的，而事故信息中大约有 50％能够起作用，另外 50％的事故信息的效果则取决于调查者怎样评价分析和利用它们。所谓证人，通常是指看到事故发生或事故发生后最快抵达事故现场且具有调查者所需信息的人。证人信息收集的关键之处在于迅速果断，这样就会最大限度地保证信息的完整性。证人的问询一般有两种方式：

（1）审讯式。调查者与证人之间是一种类似于警察与疑犯之间的对手关系，问询过程高度严谨，逻辑性强，且刨根问底，不放过任何细节。问询者一般多于一人。这种问询方式效率较高，但有可能造成证人的反感从而影响双方之间的交流。

（2）问询式。这种方法首先认为证人在大多数情况下没有义务为你描述事故，作证主要依赖于自愿。因而应创造轻松的环境，感到你是需要他们帮助的朋友。这种方式花费时间较多，但可使证人更愿意讲话。问询中应鼓励其用自己的语言讲，尽量不打断其叙述过程，而是用点头、仔细聆听的方式，做记录或录音最好不引人注意。

无论采用何种方法，都应首先使证人了解，问询的目的是了解事故真相，防止事故再发生。

（三）物证的收集与保护

物证的收集与保护是现场调查的另一重要工作，前面提到的 4P 技术中 3P［部件（Part）、位置（Position）、文件（Paper）］属于物证的范畴。保护现场工作的很主要的一个目的也是保护物证。几乎每个物证在加以分析后都能用以确定其与事故的关系。而在有些情况下，确认某物与事故无关也一样非常重要。由于相当一部分物证存留时间比较短，有些甚至稍纵即逝，所以必须事先制订好计划。按次序有目标地选择那些应尽快收集的物证，并为收集这类物证做好物质上的准备。

（四）事故现场照相

现场照相是收集物证的重要手段之一。其主要目的是通过拍照的手段提供现场的画面，包括部件、环境及能帮助发现事故原因的物证等，证实和记录人员伤害和财产破坏的情况。特别是对于那些肉眼看不到的物证、当进行现场调查时很难注意到的细节或证据、那些容易随时间逝去的证据及现场工作中需移动位置的物证，现场照相的手段更为重要。如果调查者未能及时赶到现场，则应与新闻媒体等有关方面及时沟通联系，以求获得相关信息。事故现场照相的主要目的是获取和固定证据，为事故分析和处理提供可视性证据。其原理与刑事现场的照相完全相同，只是工作对象不同。二者都要求及时、完整与客观。

（五）事故现场图

现场绘图也是一种记录现场的重要手段。现场绘图、与现场笔录、现场照相均有各自特点，相辅相成，不能互相取代。现场绘图是运用制图学的原理和方法，通过几何图形来表示现场活动的空间形态，是记录事故现场的重要形式，能比较精确地反映现场上重要物品的位置和比例关系。事故现场图的种类有以下四种：

（1）现场位置图是反映现场在周围环境中位置的。对测量难度大的，可利用现有的厂区图、地形图等现成图纸绘制。

（2）现场全貌图是反映事故现场全面情况的示意图。绘制时应以事故原点为中心，将现场与事故有关人员的活动轨迹、各种物体运动轨迹、痕迹及相互间的联系反映清楚。

（3）现场中心图是专门反映现场某个重要部分的图形。绘制时以某一重要客体或某个地段为中心，把有关的物体痕迹反映清楚。

（4）专项图也称专业图。是把与事故有关的工艺流程、电气、动力、管网、设备、设施的安装结构等用图形显示出来。

以上四种现场图，可根据不同的需要，采用比例图、示意图、平面图、立体图、投影图的绘制方式来表现，也可根据需要绘制出分析图、结构图以及地貌图等。

四、事故的分析与验证

事故分析是根据事故调查所取得的证据，进行事故的原因分析和责任分析，事故的原因分析包括事故的直接原因、间接原因和主要原因；事故责任分析包括事故的直接责任者，领导责任者和主要责任者。事故分析包括现场分析和事后深入分析两部分，现场分析又称为临场分析或现场讨论，是在现场实地勘验和现场访问结束后，由所有参加现场勘查人员，全面汇总现场实地勘验和现场访问所得的材料，并在此基础上，对事故有关情况进行分析研究和确定对现场的处置的一项活动。它既是现场勘查活动中一个必不可少的环节，也是现场处理结束后进行深入分析的基础。而事后深入分析则是在充分掌握资料和现场分析的基础上，进行全面深入细致的分析，其目的不仅在于找出事故的责任者并做出处理，更在于发现事故的根本原因并找出预防和控制的方法和手段，实现事故调查处理的最终目的。

第三节　建设安全生产事故统计

一、建设安全生产事故统计的概念与目的

（一）基本定义

建设安全生产事故统计是指通过合理地收集与事故有关的资料、数据，并应用科学的统计方法，对大量重复显现的数字特征进行整理、加工、分析和推断，找出事故发生的规律和事故发生的原因。

（二）职工伤亡事故统计的目的

（1）及时反映企业安全生产状态，掌握事故情况，组织抢救，查明事故原因，分清责任，吸取教训，拟定改进措施，防止事故的重复发生。

（2）分析比较各单位、各地区之间的安全生产工作情况，分析安全工作形势，为制订安全管理法规提供依据。

（3）事故资料是进行安全教育的宝贵资料，对生产、设计、科研工作也都有指导作用，为研究事故规律，消除隐患，保障安全，提供基础资料。

通过建设安全事故统计分析，可以为建筑企业和相关部门制定制度法规、加强工作决策，采取预防措施，防止事故重复发生，起到重要指导作用。

二、事故统计的基本任务

（1）对每起事故进行统计调查，弄清事故发生的情况和原因。

（2）对一定时间内、一定范围内事故发生的情况进行测定。

（3）根据大量统计资料，借助数理统计手段，对一定时间内、一定范围内事故发生的情况、趋势以及事故参数的分布进行分析、归纳和推断。

事故统计的任务与事故调查是一致的。统计建立在事故调查的基础上．没有成功的事故调查，就没有正确的统计。调查要反映有关事故发生的全部详细信息，统计则抽取那些能反映事故情况和原因的最主要的参数。

事故调查从已发生的事故中得到预防相同或类似事故的发生经验，是直接的，是局部性的。而事故统计对于预防作用既有直接性，又有间接性，是总体性的。

三、事故统计的步骤

事故统计工作一般分为三个步骤。

（一）资料搜集

资料搜集又称统计调查，是根据统计分析的目的，对大量零星的原始材料进行技术分组。它是整个事故统计工作的前提和基础。资料搜集是根据事故统计的目的和任务，制订调查方案，确定调查对象和单位，拟订调查项目和表格，并按照事故统计工作的性质，选定方法。我国伤亡事故统计是一项经常性的统计工作，采用报告法，下级按照国家制定的报表制度，逐级将伤亡事故报表上报。

（二）资料整理

资料整理又称统计汇总，是将搜集的事故资料进行审核、汇总，并根据事故统计的目的和要求计算有关数值。汇总的关键是统计分组，就是按一定的统计标志，将分组研究的对象划分为性质相同的组。如按事故类别、事故原因等分组，然后按组进行统计计算。

（三）综合分析

综合分析是将汇总整理的资料及有关数值，填入统计表或绘制统计图，使大量的零星资料系统化、条理化、科学化，是统计工作的结果。

事故统计结果可以用统计指标、统计表、统计图等形式表达。

四、事故统计分析与统计指标计算

（一）事故统计指标计算方法

我国所有的伤亡事故统计指标，是国际通用的测定方法。以伤害频率、伤害严重率、伤害平均严重率，用来表示某时期内，建筑企业劳动安全工作状况，鉴定安全措施对策实施的成效。

1．人员伤亡的统计指标

（1）千人死亡率：表示某时期内，某地区、行业部门、企业平均每千名职工中，因工伤事故造成的死亡人数。

$$千人死亡率 = \frac{死亡人数}{平均职工数} \times 10^3$$

（2）千人重伤率：表示某时期内，某地区、行业、部门或企业平均每千名职工中，因工伤事故造成的重伤人数。

$$千人重伤率 = \frac{重伤人数}{平均职工数} \times 10^3$$

千人死亡率、千人重伤率的计算方法，适用于企业以及省、市、县级劳动部门和有关部门上报伤亡事故时使用，其特点是简便易行，但不利于综合分析。

（3）伤害频率：是表示某时期内，平均每百万工时发生伤害事故的人数。伤害人数指轻伤、重伤、死亡人数之和。

$$百万工时伤害率=\frac{伤害人数}{实际总工时}\times10^6$$

伤害频率是常用的计算方法，它在一定程度上反映了企业的安全状况。但利用伤害频率来估价企业安全生产管理工作成效，还有一定局限性。例如甲乙两个同行业、同规模的企业，甲企业发生死亡3人次，乙企业发生轻重伤3人次，两个企业事故严重程度显然不同，但计算出来百万工时伤害频率却是相同的不合理的。另外也还存在其他因素。例如甲单位工作认真，发生的事故都做了登记和统计记录，伤害频率数值就比较大。乙单位怕评比影响自己单位的奖金，只对发生的重伤事故作了登记统计记录，而对轻伤事故没有统计记录，所以伤害频率数值相对比较小。显然伤害频率并不是全面衡量一个企业安全生产情况好与差的绝对参数。因此，应用伤害频率计算方法时，要全面考虑其他因素。

（4）伤害严重率：是表示某时期内，平均每百万工时，事故造成损失工作日数。

$$伤害严重率=\frac{总损失工作日}{实际总工时}\times10^6$$

此种计算方法能用数值区别事故的严重程度。安全工作主要是控制有严重后果的事故，因此，应用这种计算方法就有着重要意义。但也有缺陷，个别严重伤害事故，会对伤害严重率的计算带来较大影响，特别是对小企业的反应，总工时数较少，将会更加突出。因此，这种计算方法应用上也存在一定局限性。

（5）伤害平均严重率：表示每人次受伤害的平均损失工作日。

伤害平均严重率反映了每次伤害事故，导致的损失工作日数的平均值，也就是反映出严重事故和一般事故控制的平均效果，其数值下降，说明伤害事故得到控制的趋势。

伤害率、伤害严重率、伤害平均严重率计算方法，适用于行业和企业部门的事故统计分析。

（6）按产品产量计算的死亡率。

百万吨死亡率、万米木材死亡率计算是从一些行业特点出发，是以吨、立方米为产量计算单位，按公式计算、分析、评价企业的伤害事故的严重程度。适用于"月（年）报表"和综合分析。

2. 伤亡事故经济损失

建筑企业发生伤亡事故，不仅造成人员伤亡，而且在经济上也带来严重的损失。从经济的角度去认识分析，对于定量地、全面地了解事故的危害程度，正确评价伤亡事故经济损失及其对企业经济效益的影响，研究安全生产与经济效益相互促进又相互制约的紧密关系，提高安全工作中的经济观念，具有十分重要的意义。

（1）伤亡事故经济损失，指企业职工在劳动生产过程中发生伤亡事故所引起的一切经济损失，包括直接经济损失和间接经济损失。

（2）直接经济损失，指因事故造成人身伤亡及善后处理支出的费用和毁坏财产的价值。

（3）间接经济损失，指因事故导致产值减少、资源破坏和受事故影响而造成其他损失的价值。

（二）事故统计分析方法

事故统计分析方法，是以研究工伤事故统计为基础的分析方法。在事故统计分析中，为直观地展示同时期伤亡事故指标和事故发生的趋势，研究分析事故发生规律，有针对性地采取防事故对策的目的。因此，不仅要对每一起工伤事故进行调查分析，而且还要对已发生的事故，应用事故统计分析方法进行统计分析。几种常用的事故统计分析方法介绍如下。

1. 综合分析法

综合分析法是将大量的事故资料进行总结分类，进行综合统计分析，通过对大量的事故资料综合分析，从各种变化的影响中找出事故发生的规律性，利用这种方法，进行下列分析：事故类别分析；事故发生的时间、地点分析；对受伤害者的年龄、工种、工龄、本工种工龄、技术等级、接受安全培训教育情况分析；对事故件数、伤亡人数、伤害部位、伤害程度、致害物、实害物不安全行为、不安全状态分析；对损失工作日、经济损失进行分析。

2. 统计分析法

使用统计分析，可比较各地方、各行业以及企业之间、车间、工段之间的事故频率。

（1）算数平均法。

以 X_1，X_2，X_3，…，X_n 代表各项标志值，以 n 代表单位总数（即项数），以 E 代表算数平均值，以 "X" 代表加总符号。

（2）相对指标比较法。

相对指标比较法即两个有联系的总量指标之比。运用相对指标比较法，可以体现相互之间的比例关系。如某建筑企业 30 年死亡事故中，车辆伤害占 19.6%，物体打击占 15.7%，机械伤害占 13.4%，高处坠落占 9.3%，其相互比例为 5∶4∶3∶2。

3. 统计图表法

统计图表是将事故资料数字变成图和表格，利用表中的绝对指标或相对指标，以及平均指标，来表示各类事故统计数学的比例关系。

统计图表是用点的位置、线的转向、面积的大小来形象地表达伤亡事故的统计分析结果，通过事故统计图表来直观地展示事故的趋势或规律，是事故统计分析的重要方法。常用的事故统计图有：

（1）趋势图。

直观地展示伤亡事故的发生趋势，对比不同时期的伤亡事故指标等。其横坐标多由时间、年龄或工龄域等组成，而纵坐标可以反映出工伤事故规模的指标（如工伤事故次数、工伤事故伤害总人次数、事故损失工作日数、事故经济损失等）、反映工伤事故严重程度的指标（如平均每次事故的伤害人数、平均每个工伤人员的损失、每百万工时的事故损失工作日数、百万元产值事故经济损失等）、反映工伤事故相对程度的指标（如千人负伤率、千人死亡率、万吨钢死亡率、百万工时伤亡率等）。

（2）排列图。

排列图是柱状图（直方图）与折（曲）线图的结合。直方图用来表示某项目的各分类工伤频数（人次），而折线点则表示各分类的累积相对频数。利用排列图能直观地显示属于各分类的频数的大小及其累积频数的百分比例。

在进行伤亡事故统计分析时，有时需要把各种因素的重要程度直观地表现出来。这时可以利用排列图（或称主次因素排列图）来实现。绘制排列图时，把统计指标（通常是事故频数、伤亡人数、伤亡事故频率等）数值最大的因素排列在柱状图的最左端，然后按统计指标数值的大小依次向右排列，并以折线表示累计它值（或累计百分比）。在管理方法中有一种以排列图为基础的 ABC 管理法。它按累计百分比把所有因素划分为 A、B、C 三个级别，其中累计百分比 0%～80% 为 A 级，80%～90% 为 B 级，90%～100% 为 C 级。A 级因素对应的是管理的重点；B 级因素对应的是管理的次重点；C 级因素对应的是管理的非重点。

（3）控制图。

在质量管理中得到广泛的应用，经不断发展和完善，近年来应用于安全管理中，并发挥越来越大的作用。

由于排列图、趋势图等的计量值、分布规律及其图形等所表示的都是数据在某一时间内的静止状态，而企业或部门在安全管理中，用静止方法不能随时发现所出现的安全问题以及调整安全工作。因此，在事故统计分析中，不仅需要处理数据的静止方法，而且需要能了解事故随时间变化的"动态"管理方法，也是现代安全管理的重要方面。这种动态的方法是将控制图用于安全管理中，以此来控制生产过程中的伤亡人数，明确伤亡事故管理目标，有目标的降低伤亡事故发生的频率，掌握伤亡事故发展趋势，有利于总结经验、汲取教训，在动态中强化安全管理，以达到预测、预防、控制事故的目的。

伤亡事故控制图做法，如掌握统计期间内伤亡事故次数的变化动态，可应用伤亡事故次数（频）控制图。

如果用于评价行业部门或企业以及地区某时期的安全状况的指标，目前大多应用伤亡事故频率（千人负伤率或千人死亡率）控制图，以千人负伤率或千人死亡率作为某时期的伤亡事故频率作为评价指标，掌握伤亡事故的动态变化，具有实际意义。

伤亡事故控制图是衡量统计年度内各个阶段相对年度水平管理程度的一种方法，如果各个阶段（月份）的统计值数在中心线两侧，上、下控制限之间无规则跳动、则认为事故的水平都保持在统计年度水平上。若出现统计值超出上控限时，说明有新的事故触发因素，必须分析原因，制订控制伤亡事故措施。统计值低于中心线或下控制限时，表示事故触发因素减少，总结经验，促进安全工作的发展。

第四节　事　故　处　理

事故处理是根据事故调查的信息和资料，在完成伤亡事故分析之后，对安全事故作出的最终的与事故调查总结报告，是安全事故管理中的最后一项工作。

一、伤亡事故的处理

伤亡事故发生后，应按照三不放过的原则，进行调查处理，即事故原因分析不清不放过，事故责任者和群众没有受到教育不放过，没制订出防范措施不放过。对于事故责任者的处理，应坚持思想教育从严，行政处理从宽的原则。但是对于情节特别恶劣，后果特别严重，构成犯罪的责任者，要坚决依法惩处。

（一）事故处理结案程序

伤亡事故处理工作应当在事故发生后 90d 内结案，特殊情况不得超过 180d。其处理结案程序因事故的严重程度而异。

（1）轻伤事故由企业处理结案。

（2）重伤事故由事故调查组提出处理意见，征得企业所在地劳动安全监察部门同意后，由企业主管部门批复结案。

（3）死亡事故由事故调查组提出处理意见，处理前经市一级劳动安全监察部门同意，由市同级企业主管部门批复结案。

（4）重大伤亡事故由事故调查组提出处理意见，处理前经省、自治区、直辖市劳动安全监察部门审查同意，由同级企业主管部门批复结案。

（5）特别重大事故由事故调查组提出处理意见，处理前经国务院安全监察部门审查同意，由同级企业主管部门批复结案。

企业及其主管部门要根据事故调查组提出的处理意见和防范措施建议，按规定填写《企业职工伤亡调查报告书》，报经劳动安全监察部门审批后作为处理结果。企业在接到对伤亡事故处理的结案批复文件后，要在企业职工中公开宣布批复意见和处理结果；记载有关人员处分意见的文件资料，要存入受处分人的档案。

（二）事故结案类型

在事故处理过程中，无论事故大小都要查清责任，严肃处理，并注意区分责任事故、非责任事故和破坏事故。

（1）责任事故。因有关人员的过失而造成的事故为责任事故。

（2）非责任事故。由于自然界的因素而造成的不可抗拒的事故，或由于未知领域的技术问题而造成的事故为非责任事故。

（3）破坏事故。为达到一定目的而蓄意制造的事故为破坏事故。

（三）责任事故的处理

对于责任事故，应区分事故的直接责任者、领导责任者和主要责任者。其行为与事故的发生有直接因果关系的，为直接责任者；对事故的发生负有领导责任的，为领导责任者，在直接责任者和领导责任者中，对事故的发生起主要作用的，为主要责任者。对事故责任者处理，一定要严肃认真。根据造成事故的责任大小和情节轻重，进行批评教育或给予必要的行政处分。对于不服管理、违反规章制度，或是强令工人违章冒险作业，因而发生重大伤亡事故，后果严重并已构成犯罪的责任者，应报请检察部门提起公诉，根据《中华人民共和国刑法》第114条的规定，追究刑事责任。

（1）追究领导的责任有下列情形之一时，应当追究有关领导人的责任。

1）由于安全生产规章制度和操作规程不健全，职工无章可循，造成伤亡事故的。

2）对职工不按规定进行安全技术教育，或职工未经考试合格就上岗操作，造成伤亡事故的。

3）由于设备超过检修期限运行或设备有缺陷，又不采取措施，造成伤亡事故的。

4）作业环境不安全，又不采取措施，造成伤亡事故的。

5）由于挪用安全技术措施经费，造成伤亡事故的。

（2）追究肇事者和有关人员责任有下列情况之一时，应追究肇事者或有关人员的责任。

1）由于违章指挥或违章作业，冒险作业，造成伤亡事故的。

2）由于玩忽职守、违反安全生产责任制和操作规程，造成伤亡事故的。

3）发现有发生事故危险的紧急情况，不立即报告，不积极采取措施，因而未能避免事故或减轻伤亡的。

4）由于不服从管理、违反劳动纪律、擅离职守或擅自开动机器设备，造成伤亡事故的。

（3）重罚的条件。有下列情形之一时，应当对有关人员从重处罚。

1）对发生的重伤或死亡事故隐瞒不报、虚报或故意拖延报告的。

2）在事故调查中，隐瞒事故真相，弄虚作假，甚至嫁祸于人的。

3）事故发生后，由于不负责任，不积极组织抢救或抢救不力，造成更大伤亡的。

4）事故发生后，不认真吸取教训、采取防范措施，致使同类事故重复发生的。

5）滥用职权，擅自处理或袒护、包庇事故责任者的。

二、事故调查报告

事故调查报告是事故调查分析研究成果的文字归纳和总结，其结论对事故处理及事故预防都起着非常重要的作用。因而，调查报告的撰写一定要在掌握大量实际调查材料并对其进行研究的基础上完成。报告内容要实在、具体，文字要新鲜生动，较能真实客观地反映事故的真相及其实质。对于人们能够起到启示、教育和参考作用，有益于搞好事故的预防工作。

（一）事故调查报告的写作要求

事故调查报告的撰写应注意满足以下要求：

（1）深入调查，掌握大量的具体材料这是写作调查报告的基础。调查报告主要靠实际材料反映内容，所以要凭事实说话，这是衡量事故调查报告写得是否成功的关键要求。从写作方法上来讲，要以客观叙述为主，分析议论要少而精，点到为止。能否做到这一点，取决于调查工作是否深入，了解情况是否全面，掌握材料是否充分。

（2）反映全面，揭示本质，不做表面或片面文章。事故调查报告不能满足于罗列情况，列举事实，而要对情况和事实加以分析，得出令人信服、给人启示的相应结论。为此，要对调查材料认真鉴别分析，力求去粗取精，去伪存真，由此及彼，由表及里。从中归纳出若干规律性的东西。

（3）善于选用和安排材料，力求内容精练，富有吸引力只有选用最关键、最能说明问题、最能揭示事故本质的典型材料，才能使报告内容精练，富有说服力。强调写作调查报告要以客观叙述为主，不能对事实和情况进行文学加工，不等于不能运用对比、衬托等修辞方法，关键要看作者如何运用。某一事实、某个数据放在哪里叙述，从什么角度叙述，何处详述，何处略述，都是需要仔细考虑的。

（二）事故调查报告的格式

事故调查报告与一般文章相同，有标题、正文和附件三大部分。

1. 标题

标题作为事故调查报告，其标题一般都采用公文式，即"关于……事故的调查报告"或"……事故的调查报告"。如"××市××××工程项目特大爆炸火灾事故调查报告"等。

2. 正文

正文一般可分为前言、主体和结尾三部分。

（1）前言。前言部分一般要写明调查简况，包括调查对象、问题、时间、地点、方法、目的和调查结果等，一般不设子标题或以"事故概况"等为子标题，如 2004 年 11 月 13 日 12 时 15 分，××市××××建设工地发生一起重大脚手架整体倒塌事故，死亡 17 人，伤 29 人，直接经济损失 3200 万元。

（2）主体。主体是调查报告的主要部分。这一部分应详细介绍调查中的情况和事实，以及对这些情况和事实所做出的分析。事故调查报告的主体一般应采用纵式结构，即按事故发生的过程和事实、事故或问题的原因、事故的性质和责任、处理意见、建议的整改措施的顺序写。这种写法使阅读人员对事故的发展过程有清楚的了解后再阅读和领会所得出的相应结论，感到顺畅自然。典型的正文部分的子标题如"事故发生发展过程及原因分析，事故性质和责任、结论、教训与改进措施"。

（3）结尾。调查报告的结尾也有多种写法。一般是在写完主体部分之后，总结全文，得出结论。这种写法能够深化主题，加深人们对全篇内容的印象。当然，也有的事故调查报告没有单独的结尾，主体部分写完，就自然地收束。

3. 附件

事故调查报告的最后一部分内容是附件。在事故调查报告中，为了保证正文叙述的完整性和连贯性及有关证明材料的完整性，一般采用附件的形式将有关照片、鉴定报告、各种图类附在事故调查报告之后；也有的将事故调查组成员名单，或在特大事故中的死亡人员名单等作为附件列于正文之后，供有关人员查阅。

（三）事故调查报告的内容

事故报告应当包括事故发生的时间、地点、工程项目、企业名称，事故发生的简要经过、伤亡人数和直接经济损失的初步估计，事故发生原因的初步判断，事故发生后采取的措施及事故报告单位等，并包括以下内容。

1. 工程情况

工程情况包括工程的规模、类型、结构、工程造价，开工日期等。

2. 基本建设程序履行情况

基本建设程序履行情况包括立项、用地许可、规划许可证、施工许可证、招标投标、施工图审查、质量和安全监督等基本建设程序的履行情况。

3. 参建单位的基本情况

参建单位的基本情况包括建设单位的名称以及勘察、设计、施工、工程监理单位的名称、资质等级和资质证书编号。

4. 项目负责人和项目总监的情况

项目负责人和项目总监的姓名、资质等级和资质证书编号。

5. 伤亡人员情况

伤亡人员情况包括职工伤亡情况和非职工伤亡情况，伤亡人员的姓名、性别、年龄、工种和用工形式等。

三、事故资料归档

事故资料归档是伤亡事故处理的最后一个环节。事故档案是记载事故的发生、调查、登记、处理全过程的全部文字材料的总和。它对于了解情况，总结经验，吸取教训，对事故进行统计分析，改进安全工作及开展科研工作都非常重要，也是进行事故复查、工伤保险待遇资格认定的重要依据，还是对职工进行安全教育的最生动的教材。

一般情况下，事故处理结案后，应归档的事故资料如下：

（1）职工伤亡事故登记表。

（2）职工死亡、重伤事故调查报告书及批复。

（3）现场调查记录、图纸和照片。

（4）技术鉴定和试验报告。

（5）物证、人证材料。

（6）直接经济损失和间接经济损失材料。

（7）事故责任者的自述材料。

（8）医疗部门对伤亡人员的诊断书。

（9）发生事故时的工艺条件、操作情况和设计资料。

（10）处分决定和受处分人员的检查材料。

（11）有关事故的通报、简报及文件。

（12）调查组成员的姓名、职务及单位。

通过对建设安全事故的处理，以及对相关责任人进行处罚并非本意，主要是通过这种方式，提高责任主体违规的成本；从另一个角度也是提高人们安全意识的一种激励机制。通过这种措施来约束责任主体的行为，提高责任主体的安全意识，提升安全管理的水平。

第八章　建 设 安 全 管 理 前 沿

文化是一种无形的力量，影响着人的思维方法和行为方式。安全文化建设是事故预防的一种"软"力量，是一种人性化管理手段，它是通过创造一种良好的安全人为氛围和协调的人机环境，对人的观念、意识、态度、行为等从无形到有形的影响，从而对人的不安全行为产生控制作用，以达到减少人为事故的效果。

第一节　建 设 安 全 文 化 建 设

安全文化的概念是在 Chernobyl 灾难之后形成的，是在组织的行为、决策过程中表现出来的该组织信念和态度影响组织的安全行为，然而，这个观点却不是现在才有的。事实上，20 世纪 30 年代 Heinrich 提出的多米诺骨牌理论就是基于这个前提，即有利于事故发生的社会环境被排在导致一个事故序列的五个骨牌中的第一位，然后是人的失误、不安全行为等。在此之后，人们在该领域做了许多研究，最终发展成了"安全文化"。

当代"安全文化"这一术语的基本含义是要建立一种超出一切之上的观念，即系统的安全问题由于它的重要性要保证得到应有的重视。安全文化不是安全行为的简单综合，而是存在于单位和个人中的有关安全的种种特性和态度的总和，是更侧重用于构造、理解、规范安全行为的知识体系。安全文化既是态度问题，又是体制问题；既和单位有关，又和个人有关；同时还涉及在处理所有安全问题时所应该具有的正确理解能力和应该采取的正确行动。从社会层面看，它指对人生命的尊重，对人价值的评价和对事故的恐惧，从企业层面看，它指一个组织在安全和健康方面的共有价值观，从个人层面看，它指对他人、对家庭和对自身生命的责任感和价值观。

对于建筑业，社会层面的安全文化指的是行业的安全文化，企业层面的安全文化指的是建筑企业的安全文化，行业安全文化与企业安全文化的关系密不可分，在一个行业里，大部分主流企业的文化构成了行业的文化，而企业的文化又离不开行业的特点，同时，建筑企业是生产事故发生的主体，因此，本章讨论的对象主要是建筑企业与建设工程项目的安全文化，从企业以及项目安全文化的角度来揭示行业安全文化的特点。

一、建筑企业安全文化建设

（一）建筑企业安全文化的概念

建筑企业安全文化是企业在长期生产施工过程中逐渐塑造形成的特定文化，是企业文化理论和现代安全管理相结合的产物，是安全生产活动和业绩所体现的企业人本观念和社会责任的总和。

（二）建筑企业安全文化的表现

建筑企业安全文化可以从四个层面上表现出来，分别是企业层面、项目层面、项目中层管理者层面和作业工人层面。

1. 企业层面

从企业层面看，企业安全文化是企业对待安全的一种态度，在这个层面上，建筑企业与其他行业的企业一样，应对自身的安全文化有个准确的定位。香港金门建筑有限公司在其第一份公开的《健康、安全及环境报告》中指出："安全、社会责任、保护环境，是我们必须向公众和员工承担的道德责任，也是本公司核心价值之所在。在竞争激烈的商业环境中，在这些方面有卓越的表现，就是出色的业务。"国内其他地区有一些企业也开始在办公大楼前挂安全旗，与国旗、企业旗一起迎风飘扬。从这个小举动可以看出企业对安全的重视，将安全与企业荣誉放在同等重要的位置。

2. 项目层面

如前所述，建筑业有总公司与项目所在地分离的特点，这个特点使得现场安全管理的责任，或者说能够有效进行安全管理的角色，更多的由项目来承担。由于项目的临时性和市场竞争日趋激烈，公司要求的安全措施并不能在项目得到充分的落实。因此，项目层面的安全文化和安全管理的关系更为紧密，文化表现在管理上，管理方式可以影响文化的发展。项目层面的安全文化在安全管理上主要表现为：适当处理安全与其他生产要素的关系、保证安全资源的配置。更具体地看，项目层面的安全文化体现在项目经理的行为上。如项目经理是否在多种场合（包括会议上）都表现出对安全的关注，是否确保安全经费的支持，在需要削减成本时是否首先削减安全支出，在安全和工期之间矛盾时是否仍然贯彻"安全第一"的原则等。

3. 项目中层管理者层面

项目的中层管理者是指在工地上负责指导和监督员工工作的人员，包括安全员：技术员、分包商的负责人、工长等。中层管理人员是项目经理层和工人之间的桥梁，他们把企业和管理层的要求传达给工人，指导和监督工人安全地工作。同时他们又负有把工人的要求反映给项目经理层的职责。中层管理者的行为和态度对于工人有相当大的影响，其安全态度和在面对安全问题时的具体做法，往往最能体现出一个企业的安全文化。在一个有良好安全文化的企业当中的中层管理者，应当是完全认同企业层面的安全文化，并积极地将其传递给工人，引导工人尽快地融入企业安全文化中。比如当他们发现安全隐患又无法立即排除时，是选择停工避免事故发生，还是不顾工人安危，要求强行施工。又如他们在进入工地时是否严格遵守各项安全规定，佩戴安全防护装备。

4. 作业工人层面

作业工人是安全施工的主体，根据经典的事故致因理论，事故发生的直接原因可以归纳为两点：人的不安全行为和物的不安全状态。发展安全文化的目的，也正是要帮助消除这种不安全的行为。企业的安全文化，最终要反映和落实在工人身上，只有当企业中所有工人都把安全当作生产的一部分，真正关心安全，这种企业安全文化才是优秀的。

从细节看，一个有优秀企业安全文化的员工，在工作中表现出来的特征是不但要求自己安全地工作，自觉地佩戴个人防护装备，而且留心他人在岗位上的不安全行为和条件，并给予帮助，而不会把后者当作只是管理层要管的事。他还会积极参与到安全管理和实践当中，并就安全问题与管理层有良好的沟通。比如，当发现安全隐患时，他会主动向上级报告。

在这四个建筑企业安全文化的层面中，企业层面最为宏观，带有方向性和指导性。作业工人层面最为具体，是安全文化建设的落脚点，项目和中层管理者是中间的桥梁。

二、建筑企业安全文化的功能

（一）教育功能

建筑企业的安全文化是建筑企业根据安全工作的客观实际与自身要求而进行设计的一种文化，它符合建筑企业的思想、文化、经济等基础条件，适合建筑企业的地域、时域的需求；它传递着建筑企业关于安全的目标、方针以及实施计划等信息，宣传了安全管理的成效。既具有相对的系统性和完整性，又具有教育性，以促进全体成员产生心理的制约力量，自我约束，自我管理，自我提高。

（二）认识功能

建筑企业的安全文化把社会学、管理学、心理学、行为科学等相结合，使建筑企业生产安全管理的实际转化为另一种表达形式，使之更直观具体、更生动形象，更贴近现实生活与工作，让相对抽象的理论更易为建筑企业全体成员所认识、所理解和接受。

（三）导向功能

建筑企业的安全文化以其内容的针对性、表达方式的渗透性、参与对象的广泛性和作用效果的持久性形成建筑企业的安全文化环境与氛围，使全体成员耳濡目染，起着直接的与潜移默化的导向作用，从而影响每个成员的思想品德、工作观念的正确形成，无形地约束建筑企业全体成员的行为。

三、建筑企业安全文化建设的意义

（一）安全文化建设是建筑企业安全管理自身的需要

现代管理科学强调"以人为本"的原则，就是要解决人的思想问题，为管理的其他环节创造先决条件。构建安全文化，能够增强管理上的道德含量和安全意识，符合建筑企业所有人员的客观实际及生产场地的特征，是解决所有人员对安全的认识问题、形成正确的安全意识的有效形式；构建安全文化就是要营造一种安全和谐的文化氛围，使所有人员形成一种安全思维定式，把搞好生产安全管理作为出发点和归宿点。

（二）安全文化建设是建筑企业生存与发展的需要

我国正处于社会主义市场经济体制逐步建立的过渡时期，而市场经济体制下的建筑企业之间的竞争日趋激烈，这也给建筑企业的安全系列管理带来了严峻的挑战。在世界经济一体化的今天，一个充满生机活力的建筑企业，面对竞争激烈的市场，要想生存和发展，必须有本建筑企业特色的安全物质文化，诸如明确的建筑企业目标，完善的规章制度，先进的技术装备，系统的培训教育措施，合格的安全生产设施等；还要有一定数量的建筑企业安全文化阵地，美观整洁的施工现场等看得见、摸得着的硬件。建筑企业的管理至今已历经了经验管理、科学管理、行为管理三个阶段，而安全文化管理是建筑企业管理的第四个阶段，并与市场经济体制相适应。

为社会输送高质量、用户满意的不同建筑产品及服务成为建筑企业奉行的基本原则，建筑企业要把安全文化建设与生产安全管理活动有机地联系起来，建立起安全生产保证体系，使建筑企业的安全管理有组织保障。建筑企业要搞好意识形态领域的安全文化建设，通过思想教育、行为规范、文化熏陶、环境影响等，激发全体成员高度的责任感、使命感，视安全为建筑企业生存的前提，从而组成由建筑企业的组织层面、成员的思想层面构成的多维的安全管理体系，使建筑企业的安全管理充满活力和动力，达到生产环境安全的目的。这样，才能增强建筑企业的市场竞争力，提高经济效益，为社会输送更多合格的建筑产品及服务。

（三）安全文化建设是弥补施工安全管理缺陷的需要

引起安全事故的直接原因可分为两类，即物的不安全状态和人的不安全行为。物的不安全状态是指由于生产过程中使用的物质、能量等的客观存在而可能导致事故和伤害发生的状态，不包括纯粹由于人的行为导致的物的不安全状态，如违章堆放的物料、私自焊接使用的压力容器等。物的不安全状态是事故发生的根源，如果没有物的不安全状态存在（即达到了物的本质安全），则人的行为也就无所谓安全还是不安全。因此，安全工作首先要解决物的不安全状态问题，这主要是依靠安全科学技术和工程技术来实现。但是，科学技术和工程技术是有局限性的，并不能解决所有问题，其原因一方面可能是科技水平发展不够，另一方面可能是经济上不合算。正由于此，控制、改善人的不安全行为十分重要。控制人的行为一般采用管理的方法，即用管理的强制手段约束被管理者的个性行为，使其符合管理者的需要。建筑企业安全管理应该是在安全科学技术与安全工程技术基础之上，通过制定法律、规范、制度、规程等，约束建筑企业所有人员的不安全行为，同时通过宣传教育等手段，使所有人员学会安全的行为，以保证安全生产目标的实现。

随着社会实践和生产实践的发展，尽管有了科学技术手段和管理手段，但对于搞好安全生产来说仍然不够。科技手段达不到生产的本质安全化，需要用管理手段补充；而管理手段虽然有一定的效果，但是管理的有效性很大程度上依赖于对被管理者的监督和反馈，对于安全管理尤其这样。被管理者对安全规章制度的漠视或抵制，必然会体现在不安全行为上，然而不安全行为并不一定都会导致事故的发生，相反可能带来相应的利益或好处，例如省时、省力等。这会进一步促使不安全行为的产生，并可能发生"传染"。不安全行为是事故发生的重要原因，大量不安全行为的结果必然导致事故发生。在安全管理上，时时、事事、处处监督建筑企业每一位成员遵章守纪，是一件困难的事情，甚至是不可能的事，这必然带来安全管理上的漏洞。建设安全文化正可弥补安全管理手段的不足。

四、建筑企业安全文化建设的主要内容

安全文化建设通过发挥文化的功能来进行安全管理，是安全管理发展的新阶段。从管理科学的角度而言，安全文化注重通过提高人的思想观念和精神素质来实现管理目标。但是，有人对安全文化建设的内容理解并不全面：仍然停留在作表面文章，认为写几条标语，搞几项活动，就算开展了安全文化建设；认为安全文化建设是软指标，应由党群部门来搞等。这些认识有碍于安全文化建设的深入展开，从而使建筑企业难以适应市场经济体制的要求。安全文化融汇建筑企业的现代经营理念、管理方式、价值观念、群体意识、道德规范等多方面内容，它主要包括以下三个方面的内容。

（一）精神文化

安全文化首先是建筑企业的一种精神文化，也可称为一种观念文化，主要是指建筑企业要培养和体现职工群体意志、激励职工奋发向上的建筑企业精神。精神文化着眼于造就人的品格与提高人的素质，通过各种形式的思想教育、道德建设、榜样示范等，在建筑企业成员的灵魂深处产生一种振奋人心的力量，冲破各种不良影响的桎梏，把自己的事业与国民经济的繁荣、建筑业的振兴结合起来，建立起正确的价值观、人生观，以促使建筑企业全体成员形成良好的职业道德；同时，也促使建筑企业成员形成良好的道德素质和科学的思维方法以及工作观念。

（二）物质文化

安全文化是建筑企业的一种物质文化。物质文化是利用物质条件，为建筑企业所有人员创造有利于调动工作与生活的积极性、有利于提高效率与安全的工作环境，在这些物质条件的建设与管理中必须体现安全的要求。物质文化对人的感觉、心理产生一种影响，使人受情景的约束，自觉地遵守安全的特定要求，规范自己的言行，达到建筑企业生产安全的目的。

（三）管理文化

建筑企业安全文化中的管理文化又包含以下三种文化。

1. 制度文化

制度文化按照现代管理科学的原则，用优化的管理方法，规范、约束建筑企业全体成员的行为，以提高建筑企业的管理效益和生产安全，实现建筑企业的奋斗目标。建筑企业要建立起一整套针对思想教育、安全管理、生活管理、劳务人员、管理人员等的规章制度，使所有人员的工作、生活行为有章可循，使考核、督促有据可依。制度的建立，不仅能成为全体成员的行为准则，而且应是激励成员前进的动力。这些制度应该具有法规性，需不折不扣地执行；应该具有针对性，紧扣管理对象、工作范围；应该具有可操作性，定性定量相宜，并要具有连贯性，易于贯彻执行。

2. 目标文化

目标文化应体现建筑企业的发展内涵及企业特色。建筑企业应对自己的安全生产管理能力有一个客观的评价，要根据自身的客观资源、所处的社会环境和为社会输送合格建筑产品的责任，确定建筑企业的定位目标、奋斗目标及发展战略。建筑企业的目标文化可宣传"品牌战略"、"精品意识"，但不能脱离现实，空喊口号。目标文化对外宣示了建筑企业对外做出的承诺，以树立起良好的信誉形象，获得社会的认可与支持；对内则产生一股强大的号召力、凝聚力，使建筑企业全体成员同心同德为之奋斗。

3. 行为文化

安全文化也是建筑企业的一种行为文化，包括全体成员要具有明确的行为规范，各级领导干部具有优良的工作作风，能够较好地发挥先锋模范作用，每个人员具备良好的素质等。行为文化是建筑企业全体成员的安全意识在实际行动中的体现，它促进建筑企业成员积极地参与建筑企业的安全管理活动，把理想、信念、认识转化为实际的行动，为实现建筑企业的安全目标而努力。

从以上三个方面可以看出，建筑企业的物质文化是整个建筑企业文化的基础，它决定和制约着建筑企业的精神文化和管理文化；而建筑企业的精神文化是核心、管理文化是手段，它引导着职工的行为，反作用于物质文化。因此，安全文化的三个主要方面是一个有机的整体，只抓物质文化建设或忽略精神文化和管理文化的建设，都将达不到安全文化建设的预期目的。

五、建筑企业安全文化评价

（一）安全氛围

文化本身很难定量测量和评估，所以在试图定量研究安全文化时，国外学者提出了安全氛围的概念。一般来说，企业安全氛围指的是所有员工对企业的安全问题看法的总和。安全氛围是一个比安全文化更为具体、更为微观、可被测量的概念，可以看作安全文化当前的、表面的特性，与员工的态度和感受有关。企业的安全文化可以通过对企业安全氛围的测量和评估来反映。这种测量一般指的是对员工进行调查，调查方式可以采取问卷调查或访谈。可以用于测量企业安全氛围的问题如"这里的高层管理者是否很重视安全"，"公司是否有兴趣知道你对安全的看法"，"生产与安全哪一个重要"等。通过分析员工对这些问题的回答，来评估企业的安全氛围和安全文化状况。

从有关文献可以看出，对企业安全氛围进行的测量和研究，入手点往往是先找出安全氛围的若干维度，也就是安全氛围的评价指标体系。这个指标体系的建立主要有两种方法：一种是通过文献回顾，总结出以往研究较多用到的安全氛围的指标；另一种是先根据安全管理的要素设计安全氛围调查问卷，对一个或者几个企业进行安全氛围的调查，然后再针对调查的数据，用一定的统计方法，提取出安全氛围的评价指标。根据对以往建筑业安全氛围研究的回顾和一次大型建筑企业安全氛围调查的结果，提出了 10 个指标，即安全态度、管理层的承诺、安全培训和指导、安全规程、工友的影响、报告系统、员工的冒险行为、公司提供的安全资源、员工安全施工的实际能力和员工对安全的参与态度。

（二）安全绩效

国内外的实践和研究表明，建筑企业的安全文化水平对其安全绩效由衷的影响，很多事故繁盛的表面原因都是工人的安全意识差，不按方案施工，或是违章操作。深层次的原因还有企业缺乏良好的安全文化，导致企业在各个层面均出现失误。而工人的安全意识差也正是企业安全文化水平低下的最显著表现。如果企业有一个良好的安全文化和安全氛围，对各级员工进行充分的安全培训和提供及时的指导，这些事故都将可以避免。

六、建筑企业安全文化建设对策

既然安全文化可以弥补安全管理的不足，就像安全管理可以弥补安全技术不足一样。因此，安全文化绝不应是一种空中楼阁，而应该紧密结合建筑企业的安全生产实践活动。建设建筑企业的安全文化，应该采取以下措施：

（1）安全文化作为人类文化和建筑企业文化的有机组成部分，随着社会历史的发展而发展，其发生和发展的条件是科学技术的进步和人们对安全生产规律的认识。早先各个时期所形成的安全价值观、安全行为模式等，必然会对以后的安全文化产生影响。在我们建设小康社会的今天，应该总结、宣扬现代安全文化与安全素养，摈弃陈旧错误的安全文化，从被动型、经验型的安全观转向效益型、系统型的安全观。在我国已经加入 WTO 的情况下，更应该借鉴其他国家先进的安全文化理论和方法，不断完善自我。

（2）以良好的安全技术、安全管理措施为基础，创造提高安全素养的氛围与环境。安全文化的推行，必须建立在完善的安全技术措施和良好的安全管理基础之上。无法想象，一个建筑企业生产条件恶劣，事故隐患丛生，安全管理混乱甚至没有，不安全行为随处可见，而仅通过安全文化的建设即可使不安全的生产面貌发生有效的改变。建筑企业职工个人安全素养的提高，除了自身的努力外，还要依靠群体效应的引导，这与人的"从众心理"有关。建筑企业的领导应该为职工创造一种"谁遵守安全行为规范谁有利，谁违反安全行为规范谁受罚"的管理环境，持之以恒，使职工将遵守安全行为规范变成自觉自愿的行动，而不遵守安全行为规范的举动变得与群体格格不入并遭到排斥，令行为人感到由于自己的不安全行为被同事们轻视，则职工整体的安全修养必将大大提高。提高安全修养的工作氛围应该以班组建设为基础。

（3）将安全文化建设融合于建筑企业总体文化和各项工作之中。建筑企业开展安全文化建设，不应该把安全文化看作特别独行的事务，而要在建筑企业的总体理念、形象识别、工作目标与规划、岗位责任制制定、生产过程控制及监督反馈等各个方面融合进安全文化的内容。在建筑企业中，也许看不见、听不到的"安全文化"词语会在各项工作中处处、事事体现安全文化，这才是安全文化建设的实质。要紧扣建筑企业的生产目标与管理体制，配合建筑企业改革的步伐，采用动态的管理方法设计安全文化的具体内容和有效的宣传方式以及具体的实施计划。从宏观出发，自微观入手，及时地研究社会与建筑企业的状况，搜集安全文化的信息，不断地调整、完善安全文化的内容；同时注意评价实施安全文化的绩效，防止走过场、搞形式。

（4）组建专门的领导班子，加强对安全文化建设工作的直接领导，充分发挥建筑企业政治思想工作的作用。由建筑企业法人代表挂帅，并由党、政、工、团等部门负责人组成，该领导班子负责建筑企业安全文化建设工作的统筹规划，制定建筑企业的安全方针和安全目标，明确各职能部门在安全文化建设中的具体职责，并要做好宣传动员、督促检查、总结评价等各项工作。把安全文化建设与思想政治工作紧密地结合起来，在建筑企业全体成员中开展理想与道德的教育，提高全体成员的思想境界。同时，把安全文化融入建筑企业党团、工会、QC 小组等的各类活动中去，使安全文化产生更广泛的效应，以深入人心。

（5）加强各类宣传、教育、培训工作，提高职工综合知识与技能。建筑企业安全文化建设的土壤是职工，职工受教育的程度、知识水平的高低、业务能力的强弱等基础文化素养，与安全文化工作的实施密切相关。因此，进行建筑企业安全文化的宣传教育，要结合职工基础教育和其他教育，做到形式多样、内容丰富、活动经常。可以采用多种形式宣传、倡导建筑企业的安全文化，利用各种宣传渠道，如报刊、广播、宣传栏、会议等，树立先进典型，狠抓落后个案，弘扬正气，抨击歪风，摒弃一切品位低下的"文化"，净化施工场地环境，营造一种健康、活泼、高尚、进取的建筑企业安全文化环境。

（6）建筑企业安全文化建设是一项长期而艰巨的任务，不能一蹴而就，要准备打持久战。要善于总结，不断地积累经验，经过长期的培育、反复的强化，以形成系统的、独具特色的安全文化氛围，以此形成巨大的感染力。由于安全文化对人的影响是多层次的，因此不可能在短期内产生明显的、根本的效果。有人甚至指出，倡导安全文化的效果可能要在两三代人身上才能显现出来，必须从孩童时期抓起。

七、建设工程项目安全文化建设

优秀的建设工程项目安全文化不仅能帮助项目取得优良的安全业绩，而且也能够有效地提升项目整体管理水平，保障项目总体目标的实现。长期以来，项目管理重点偏向于项目进度、投资和质量管理，对项目安全管理的研究与探索相对较少，PMBOK（美国项目管理协会出版的项目管理知识体系指南）的九大知识领域中也没有包含项目安全管理。这种安全管理研究的缺失，间接造成了工程项目安全事故的频发和不应有的损失。目前工程项目安全事故发生的表观原因是项目管理者未能在项目中建立起行之有效的项目安全防控系统，其深层原因是没有在项目中建立起良好的项目安全文化。

（一）项目安全管理与安全文化建设

项目安全管理是项目顺利进展的保障，在项目管理中处于重要位置。项目安全文化素质及其安全文化环境直接影响管理的机制和能接受的方法。项目安全管理是安全文化的一种表现形式，是安全文化在安全管理中的某些经验化、理性化不断发展和优化的体现，科学的项目安全管理也属于项目安全文化建设的范畴。项目安全文化的氛围和背景或特定的安全文化人文环境也会形成或造就项目特殊的安全管理模式。项目安全管理的进步和发展，作为一种独特的安全文化发展过程，作为项目安全文化的一种表现和相对独立的现象，丰富了项目安全文化，促进了安全文化的发展。项目安全文化与项目安全管理有其内在的联系，但安全文化不是纯粹的安全管理，项目安全文化也不是项目安全管理。项目管理是有投入、有产出、有目标、有实践的项目活动全过程。安全文化与安全管理互相不可取代。

（二）建设工程项目安全文化建设功能

事故发生的基本原因一方面是人的不安全行为，另一方面是物的不安全状态，主要是因为人的因素。而在人的因素中，最根本的是人的安全思想和观念。安全文化是解决人因失误的最有效的方法和手段，它塑造人们的安全人格，提高人们的安全素质，实现人的本质安全化，从根本上消除人的不安全行为。

越来越多的研究表明，文化对于人们的行为具有非常重大的影响。许多关于安全的研究也都发现，安全文化对于安全绩效的提高起到了积极的作用。具体说来，工程项目安全文化具备如下功能：整合功能，它不是从某个侧面去影响人们的行为，而是从整体上综合地、全面地影响工程项目的组织行为；导向功能，共同的价值观对职工的个体行为以及项目参与各方的整体行为具有导向作用；凝聚功能，建设工程项目参与者通过强势的项目文化可以产生强烈的归属感、自豪感而积极发挥自己的聪明才干；激励功能，建设工程项目文化一种崇高的精神力量满足参与者的精神需要，从而使其精神振奋、奋发向上，为项目也为自己的利益奉献能力和智慧；约束功能，它以一种无形的、非正式的非强制的行为准则来约束项目参与者的思想和行为；辐射功能，表现为可以扩大项目参与者及其单位的知名度。

（三）项目安全文化建设的原则与难点

1. 项目安全文化建设原则与思路

在开展项目安全文化建设时，必须遵循如下的基本原则：坚持以人为本的目标原则；全员参与、通力协作的原则；责、权、利相统一的原则；坚持与企业安全文化相结合的原则；实事求是、注重实效的原则。

项目安全文化建设的基本思路是引导员工树立正确的安全价值观，建立健全并认真执行安全制度和安全规范，强化安全教育和培训，提高装置本质化安全程度，改善施工现场安全环境。

2. 安全文化建设过程中重点与难点

（1）处理好与企业文化的融合关系。

项目安全文化是企业文化和安全文化的融合，所以必须有良好的企业文化氛围作支撑。良好的企业文化是项目安全文化建设的土壤，因此，在设计和推进安全文化建设时，要和企业的总体价值观相融合，要与以人为本、可持续发展的科学观相一致。项目安全文化不能代替企业文化，又不能缺少企业文化。

（2）处理好继承与创新的关系。

继承是安全文化建设的基础，创新是安全文化建设的不竭动力。项目在不同的实施阶段，针对工作环境的变化，既要继承优良的企业安全文化传统，又要适应项目工作要求和职工需要变化，不断创新工作思路，丰富和发展安全文化建设的手段和内容，使安全文化充满生机与活力。

（3）处理好与项目管理的关系。

安全文化应该说是项目安全管理活的灵魂，但它不能代替管理制度。因此，在建设项目安全文化过程中，仍要完善安全管理制度，使制度管理和文化管理相互促进、相得益彰。

（4）处理好与安全投入的关系。

安全管理是基于安全设施的可靠性之上的管理，必要的安全投入是安全生产的保证。要加大安全投入，消除设备隐患，为职工创造良好的生产生活环境，使职工心情舒畅，乐于接受项目的文化观念和管理手段。

（5）文化建设的长期性与项目短期性的矛盾。

需要通过项目相关制度的强化运用、求同存异策略的应用、内外部动力驱动、利用好项目重要里程碑点等方法来解决。

（6）取得项目干系人的支持。

项目安全文化建设需要取得项目干系人的支持，这也是很重要的一点。如果项目干系人不支持项目文化，不仅难以获得好的安全管理效果，还可能因为文化引起干系人之间的冲突，给项目安全管理，乃至项目总体目标的实现带来困难。

综上所述，成功开展项目安全文化建设，需要项目发起企业在具有良好的安全文化基础，项目安全文化建设要有充足的资金保障和必要的物质投入，项目安全文化建设要有科学的安全管理组织机构，项目要有一定的规模和时间跨度。

（四）建设工程项目安全文化建设对策

在项目施工过程中，按照"以人为本"的理念，按计划开展一系列的活动，有序地进行项目安全文化理念层建设、制度层与行为层建设的相关工作。

1. 理念层建设

加强安全培训，对安全培训工作要有步骤、有计划地开展，强化培训内容，对培训效果要定期检查和验证，不合格者要进行再培训或离开现场。重视业绩考评，项目组强调 HSE 是每个人的责任，强调"谁主管、谁负责"，将个人的 HSE 表现与年终绩效考评挂钩，绩效考评要过程和结果并重，检查的结果将作为考评的依据。强调安全承诺，举行 HSE 承诺活动，项目总经理、项目主要管理人员及承包商项目经理、项目负责人等在承诺书上签字承诺，严格执行项目的 HSE 政策。开展多样化的安全活动，项目组和承包商制定了安全活动计划，开展多种多样的安全主题活动，例如：印发项目安全手册、安全生产月、消防周、技能比武、安全检查，安全激励、安全竞赛等。进行广泛的宣传，在施工现场悬挂宣传画和安全承诺书、安全标语的横幅、安全警示牌、安全生产人工时统计等，施工高峰期加设必要的现场安全广播。以积极的态度，通过多样化的安全宣传方式，使安全观念深入人心，使各级管理和施工人员的安全管理水平和安全操作技能得到提高。

2. 制度层建设

在认真识别项目重大安全和环境风险的基础上，应建立科学严格的管理体系，将安全环保、防范事故发生贯彻到每个员工的具体操作行为之中。通过持续改进不断提高管理水平，要求各级管理人员以系统化的思路来计划、实施、审核、改进（PDCA），并将这种思路制度化、程序化、文件化，从而达到持续改进 HSE 管理水平，营造一个良好的管理环境。

3. 行为层建设

与此同时，要加强行为层方面的建设，可以从人、机具设备、能量控制、现场管理、环境保护等多个角度入手，对环境和组织成员行为的管理和规范，减少环境中的不确定因素，减少人员的违规作业行为，提高 HSE 管理水平。

第二节　现代信息技术在建设安全管理中的应用

近年来，随着现代信息技术的迅猛发展，并逐渐在施工安全领域普及、推广，建筑安全管理正在步入信息化管理时代。将现代信息技术应用到安全管理中来，不仅可以改变安全管理的效率和水平，更丰富了现代安全管理的理论和方法。利用信息技术将更有效地提升安全管理的水平。

一、远程安全监控系统的应用

目前，现代信息技术在安全管理中应用最为普遍的是远程安全监控系统。建立远程安全监控系统管理建筑工地，旨在通过应用发达的网络系统和先进的计算机技术，加强建筑工地施工现场安全防护管理，实时监测施工现场安全生产措施的落实情况，对施工操作工作面上的各安全要素如塔吊、井字架、施工电梯、中小型施工机械、安全网、外脚手架、临时用电线路架设、基坑防护、边坡支护，以及施工人员安全帽佩戴（识别率达 90％以上）等实施有效监控，随时将上述各类信息提供给相关单位监督管理，及时消除施工安全隐患。

应用远程安全监控系统对建筑工地实施管理的优越性。

远程安全监控系统将计算机网络和通信技术、视频压缩技术、决策支持系统等现代高技术融为一体，对加强建筑工地的安全生产管理具有重要意义。

首先，系统通过远程监控获取的各种数据信息经处理和分析，使安全监督部门和监理单位的工作方式由过去传统的现场监督转变为远程视频监督；通过远程视频自动识别和监控报警系统，可以进一步转换为移动监督。真正实现无论何时、无论何地都能进行监督管理。实现了建设工程监督方式的革命性飞跃。从而极大提高建设工程安全生产的监督水平和工作效率。过去，对于建设工程的安全施工情况，只能靠职能部门亲临现场，对各工地安全状况的掌控具一定的随机性和不确定性，施工单位经常为了赶工期或降低成本而忽视了安全生产，实现远程视频自动识别和监控报警后，相当于有了安全生产的"电子警察"，安全监督人员长了一双"千里眼"，安全监督部门可随时掌握施工现场的安全状况，及时发现事故苗头，监督建筑企业及时消除安全隐患，实现安全生产。其次，系统采用数据加密技术、防火墙技术、共享磁盘技术、关键部件冗余技术和其他相关认证技术，其安全、可靠性得到充分的保障。最后，系统可根据建筑工地的实际，充分考虑各部门计算机应用的现状，在保证实现系统各种功能的同时，努力提高系统在实施远程监控的实用性、适应性和灵活性，最大限度地满足安全监督工作的不同需求。

在建筑工地应用远程安全监控系统，具有功能多、效率高、安全可靠性好，又具有实用性、适应性和灵活性等诸多优点，促进了建筑安全管理水平的进一步提升。

二、BIM 的应用

建筑信息模型（Building Information Modeling，BIM）技术作为继 CAD（计算机辅助设计）技术后出现的建设领域的又一重要的计算机应用技术，在一些发达国家已经得到了迅速发展和应用，美国 60％建筑设计及建筑企业应用 BIM。

根据美国国家 BIM 标准：BIM 是一个设施（建设项目）物理和功能特性的数字表达；

BIM 是一个共享的知识资源，是一个分享有关这个设施的信息，为该设施从概念到拆除的全生命周期中的所有决策提供可靠依据的过程；在项目不同阶段，不同利益相关方通过 BIM 中插入、提取、更新和修改信息，以支持和反映其各自职责的协同作业。

利用 BIM 信息技术，建筑企业可以对施工方案进行仿真，即动态模拟。因此可以利用 BIM 技术提供的三维可视化进行分析，加强在施工现场安全方面发挥关键性作用。利用 BIM 提高虚拟安全控制可以监控潜在的工程危险，并及时提醒施工人员和设计人员。利用 BIM 可以模拟不同施工阶段的建筑物实施情况，让建筑企业在项目早期阶段就可以识别潜在的安全和健康方面的风险，从而促进不同施工阶段的进展，同时也降低了解决安全风险或规避风险的成本，使得问题的解决更为简单。

目前，较多的建筑企业利用 BIM 信息技术在工程具体实施前进行模拟施工，调整施工方案，优化建筑总平面的布置，减少环境中的不确定因素。如现在很多建筑企业根据 BIM 研究大型工程中的防碰撞方案，进行施工工艺的调整和优化等，都可以减少具体实施过程中的不安全因素。由于 BIM 技术在安全管理中的应用才刚起步，很多领域还处于探索阶段。

三、物联网的应用

物联网（The Internet of things）在 1999 年由麻省理工学院（MIT）与物品编码组织 EAN. UCC 共同开展一个研究项目中提出。其定义是：通过射频识别（RFID）、红外感应器、全球定位系统、激光扫描器等信息传感设备，按约定的协议，把任何物品与互联网连接起来，进行信息交换和通信，以实现智能化识别、定位、跟踪、监控和管理的一种网络。正如 MIT 所说，物联网就是创造一个计算机无需人的帮助就能去识别的全球环境，即"物物相连的互联网"。这有两层意思：第一，物联网的核心和基础仍然是互联网，是在互联网基础上的延伸和扩展的网络；第二，其用户端延伸和扩展到了任何物品与物品之间，进行信息交换和通信。物联网用途广泛，遍及智能交通、环境保护、政府工作、公共安全、平安家居、智能消防、工业监测、老人护理、个人健康、花卉栽培、水系监测、食品溯源、敌情侦查和情报搜集等多个领域。

物联网在建设施工领域也有不断发展的广泛空间。鉴于物联网的基本原理以及施工现成安全管理的特点，采用射频识别技术（RFID）以及无线感应网络（WSN）来捕捉、获取施工现场内所有危险源的动态，即建立以 RFID 为基础的危险源监控系统平台，来收集、过滤、监控、管理、分享所有相关信息。首先，RFID 技术可以具体应用于自动跟踪施工现场的工人、材料、机械设备等，方便管理人员实时监控复杂动态环境；其次，如果被监控对象进入潜在危险环境，RFID 系统的报警装置就会发出预警，警告操作工人并通知管理人员；最后，RFID 系统将所获得的所有动态信息输入信息库，形成一套完成的系统，为将来管理人员进行施工现场安全布局，提高安全管理水平打下基础。

（一）考勤管理功能

考勤是安全管理定位系统的主要功能之一，通过读卡器能判断出施工人员任何时刻的出入记录。能对施工人员和干部以及部门信息进行添加，修改，查询，并可按部门及各种指定条件进行人员的出勤情况查询，如编号、姓名、班次、工种、部门等查询条件；可以按任意条件自动排序；对当天所有管理人员的出勤情况进行查询显示，并最终可以按照用户要求输出报表。

（二）定位管理功能

该功能是为预防事故的发生打下基础，可以做到对任一时间进行查询并显示某个区域人员及设备的身份、数量和分布情况；查询一个或多个人员及设备现在的实际位置、活动轨迹；记录有关人员及设备在任一地点的到/离时间和总工作时间等一系列信息，可以督促和落实安全员，是否按时、到点的进行实地查看，或进行各项数据的检测和处理，从根本上尽量杜绝因人为因素而造成的相关事故。

（三）设置报警功能

1. 外来人员报警功能

对于外来人员或无卡施工人员独自进入隧道时系统会自动报警。但是和携带卡者一起进入时，系统不会出现报警。

2. 区域报警功能

在特定区域设定报警功能，给标签卡设定权限。如在施工现场内进行特殊作业时，将作业面设置为警戒区域，如果有非授权人员及设备进入警戒区域，系统自动报警，并显示进入警戒区域的人员及设备的身份，并及时采取相应措施，待爆破结束后解除报警设置。

（四）查询统计

查询统计是为安全管理信息化收集数据做准备，具体查询内容见表8-1。

表8-1　　　　　　　　　　　　　　施工人员查询统计表

查询类型	查询内容
施工人员查询	自定义组合条件对施工人员当前区域、滞留时间及带班领导等进入现场相关情况进行查询
工人分布查询	对现场各区域的施工人员分布情况进行查询，使管理人员可以方便地知道特定区域的工作人数。点击相应区域可获得相关人员详细信息
未到达区域查询	用以督查和考核相关责任人跟班情况，查询特殊工种是否到达了其工作范围的所有区域
施工人数统计	根据日期对进出施工现场的施工人员数量进行统计
区域人数统计	任意设置和管理相关施工区域，自动进行区域人数统计

（五）灾后急救信息

一旦发生安全事故，控制主机立即能显示出事故地点的人员数量、人员信息，人员位置等信息，大大提高了抢险效率和救护效果。

（六）信息联网功能

通过建立 Web 服务器，可以以浏览网页的方式实现信息共享，客户端无须另加任何软件。

综上所述，现代信息技术对于安全本质化管理的应用上还是存在一定局限性。由于现代信息技术在安全管理中的推出正处于初级阶段，因此，还需要在已有的基础上需要不断进行功能扩展，通过软件的升级来实现系统的完善。除此之外，现代信息技术在建筑施工领域的应用不仅仅只局限于施工安全管理，可以预见在不久的将来，工程项目全过程都拥有广泛的发展空间。

附　录

附录一　建设工程安全生产管理条例

中华人民共和国国务院令

第 393 号

《建设工程安全生产管理条例》已经 2003 年 11 月 12 日国务院第 28 次常务会议通过，现予公布，自 2004 年 2 月 1 日起施行。

总理　温家宝

二○○三年十一月二十四日

建设工程安全生产管理条例

第一章　总　则

第一条　为了加强建设工程安全生产监督管理，保障人民群众生命和财产安全，根据《中华人民共和国建筑法》、《中华人民共和国安全生产法》，制定本条例。

第二条　在中华人民共和国境内从事建设工程的新建、扩建、改建和拆除等有关活动及实施对建设工程安全生产的监督管理，必须遵守本条例。

本条例所称建设工程，是指土木工程、建筑工程、线路管道和设备安装工程及装修工程。

第三条　建设工程安全生产管理，坚持安全第一、预防为主的方针。

第四条　建设单位、勘察单位、设计单位、施工单位、工程监理单位及其他与建设工程安全生产有关的单位，必须遵守安全生产法律、法规的规定，保证建设工程安全生产，依法承担建设工程安全生产责任。

第五条　国家鼓励建设工程安全生产的科学技术研究和先进技术的推广应用，推进建设工程安全生产的科学管理。

第二章　建设单位的安全责任

第六条　建设单位应当向施工单位提供施工现场及毗邻区域内供水、排水、供电、供气、供热、通信、广播电视等地下管线资料，气象和水文观测资料，相邻建筑物和构筑物、地下工程的有关资料，并保证资料的真实、准确、完整。建设单位因建设工程需要，向有关部门或者单位查询前款规定的资料时，有关部门或者单位应当及时提供。

第七条　建设单位不得对勘察、设计、施工、工程监理等单位提出不符合建设工程安全生产法律、法规和强制性标准规定的要求，不得压缩合同约定的工期。

第八条　建设单位在编制工程概算时，应当确定建设工程安全作业环境及安全施工措施所需费用。

第九条　建设单位不得明示或者暗示施工单位购买、租赁、使用不符合安全施工要求的安全防护用具、机械设备、施工机具及配件、消防设施和器材。

第十条　建设单位在申请领取施工许可证时，应当提供建设工程有关安全施工措施的资料。

依法批准开工报告的建设工程，建设单位应当自开工报告批准之日起15日内，将保证安全施工的措施报送建设工程所在地的县级以上地方人民政府建设行政主管部门或者其他有关部门备案。

第十一条　建设单位应当将拆除工程发包给具有相应资质等级的施工单位。建设单位应当在拆除工程施工15日前，将下列资料报送建设工程所在地的县级以上地方人民政府建设行政主管部门或者其他有关部门备案：

（一）施工单位资质等级证明；

（二）拟拆除建筑物、构筑物及可能危及毗邻建筑的说明；

（三）拆除施工组织方案；

（四）堆放、清除废弃物的措施。

实施爆破作业的，应当遵守国家有关民用爆炸物品管理的规定。

第三章　勘察、设计、工程监理及其他有关单位的安全责任

第十二条　勘察单位应当按照法律、法规和工程建设强制性标准进行勘察，提供的勘察文件应当真实、准确，满足建设工程安全生产的需要。

勘察单位在勘察作业时，应当严格执行操作规程，采取措施保证各类管线、设施和周边建筑物、构筑物的安全。

第十三条　设计单位应当按照法律、法规和工程建设强制性标准进行设计，防止因设计不合理导致生产安全事故的发生。

设计单位应当考虑施工安全操作和防护的需要，对涉及施工安全的重点部位和环节在设计文件中注明，并对防范生产安全事故提出指导意见。

采用新结构、新材料、新工艺的建设工程和特殊结构的建设工程，设计单位应当在设计中提出保障施工作业人员安全和预防生产安全事故的措施建议。

设计单位和注册建筑师等注册执业人员应当对其设计负责。

第十四条　工程监理单位应当审查施工组织设计中的安全技术措施或者专项施工方案是否符合工程建设强制性标准。

工程监理单位在实施监理过程中，发现存在安全事故隐患的，应当要求施工单位整改；情况严重的，应当要求施工单位暂时停止施工，并及时报告建设单位。施工单位拒不整改或者不停止施工的，工程监理单位应当及时向有关主管部门报告。

工程监理单位和监理工程师应当按照法律、法规和工程建设强制性标准实施监理，并对建设工程安全生产承担监理责任。

第十五条　为建设工程提供机械设备和配件的单位，应当按照安全施工的要求配备齐全有效的保险、限位等安全设施和装置。

第十六条 出租的机械设备和施工机具及配件,应当具有生产(制造)许可证、产品合格证。

出租单位应当对出租的机械设备和施工机具及配件的安全性能进行检测,在签订租赁协议时,应当出具检测合格证明。

禁止出租检测不合格的机械设备和施工机具及配件。

第十七条 在施工现场安装、拆卸施工起重机械和整体提升脚手架、模板等自升式架设设施,必须由具有相应资质的单位承担。

安装、拆卸施工起重机械和整体提升脚手架、模板等自升式架设设施,应当编制拆装方案、制定安全施工措施,并由专业技术人员现场监督。

施工起重机械和整体提升脚手架、模板等自升式架设设施安装完毕后,安装单位应当自检,出具自检合格证明,并向施工单位进行安全使用说明,办理验收手续并签字。

第十八条 施工起重机械和整体提升脚手架、模板等自升式架设设施的使用达到国家规定的检验检测期限的,必须经具有专业资质的检验检测机构检测。经检测不合格的,不得继续使用。

第十九条 检验检测机构对检测合格的施工起重机械和整体提升脚手架、模板等自升式架设设施,应当出具安全合格证明文件,并对检测结果负责。

第四章 施工单位的安全责任

第二十条 施工单位从事建设工程的新建、扩建、改建和拆除等活动,应当具备国家规定的注册资本、专业技术人员、技术装备和安全生产等条件,依法取得相应等级的资质证书,并在其资质等级许可的范围内承揽工程。

第二十一条 施工单位主要负责人依法对本单位的安全生产工作全面负责。施工单位应当建立健全安全生产责任制度和安全生产教育培训制度,制定安全生产规章制度和操作规程,保证本单位安全生产条件所需资金的投入,对所承担的建设工程进行定期和专项安全检查,并做好安全检查记录。

施工单位的项目负责人应当由取得相应执业资格的人员担任,对建设工程项目的安全施工负责,落实安全生产责任制度、安全生产规章制度和操作规程,确保安全生产费用的有效使用,并根据工程的特点组织制定安全施工措施,消除安全事故隐患,及时、如实报告生产安全事故。

第二十二条 施工单位对列入建设工程概算的安全作业环境及安全施工措施所需费用,应当用于施工安全防护用具及设施的采购和更新、安全施工措施的落实、安全生产条件的改善,不得挪作他用。

第二十三条 施工单位应当设立安全生产管理机构,配备专职安全生产管理人员。

专职安全生产管理人员负责对安全生产进行现场监督检查。发现安全事故隐患,应当及时向项目负责人和安全生产管理机构报告;对违章指挥、违章操作的,应当立即制止。

专职安全生产管理人员的配备办法由国务院建设行政主管部门会同国务院其他有关部门制定。

第二十四条 建设工程实行施工总承包的,由总承包单位对施工现场的安全生产负总责。

总承包单位应当自行完成建设工程主体结构的施工。

总承包单位依法将建设工程分包给其他单位的，分包合同中应当明确各自的安全生产方面的权利、义务。总承包单位和分包单位对分包工程的安全生产承担连带责任。

分包单位应当服从总承包单位的安全生产管理，分包单位不服从管理导致生产安全事故的，由分包单位承担主要责任。

第二十五条　垂直运输机械作业人员、安装拆卸工、爆破作业人员、起重信号工、登高架设作业人员等特种作业人员，必须按照国家有关规定经过专门的安全作业培训，并取得特种作业操作资格证书后，方可上岗作业。

第二十六条　施工单位应当在施工组织设计中编制安全技术措施和施工现场临时用电方案，对下列达到一定规模的危险性较大的分部分项工程编制专项施工方案，并附具安全验算结果，经施工单位技术负责人、总监理工程师签字后实施，由专职安全生产管理人员进行现场监督：

（一）基坑支护与降水工程；

（二）土方开挖工程；

（三）模板工程；

（四）起重吊装工程；

（五）脚手架工程；

（六）拆除、爆破工程；

（七）国务院建设行政主管部门或者其他有关部门规定的其他危险性较大的工程。对前款所列工程中涉及深基坑、地下暗挖工程、高大模板工程的专项施工方案，施工单位还应当组织专家进行论证、审查。

本条第一款规定的达到一定规模的危险性较大工程的标准，由国务院建设行政主管部门会同国务院其他有关部门制定。

第二十七条　建设工程施工前，施工单位负责项目管理的技术人员应当对有关安全施工的技术要求向施工作业班组、作业人员作出详细说明，并由双方签字确认。

第二十八条　施工单位应当在施工现场入口处、施工起重机械、临时用电设施、脚手架、出入通道口、楼梯口、电梯井口、孔洞口、桥梁口、隧道口、基坑边沿、爆破物及有害危险气体和液体存放处等危险部位，设置明显的安全警示标志。安全警示标志必须符合国家标准。

施工单位应当根据不同施工阶段和周围环境及季节、气候的变化，在施工现场采取相应的安全施工措施。施工现场暂时停止施工的，施工单位应当做好现场防护，所需费用由责任方承担，或者按照合同约定执行。

第二十九条　施工单位应当将施工现场的办公、生活区与作业区分开设置，并保持安全距离；办公、生活区的选址应当符合安全性要求。职工的膳食、饮水、休息场所等应当符合卫生标准。施工单位不得在尚未竣工的建筑物内设置员工集体宿舍。

施工现场临时搭建的建筑物应当符合安全使用要求。施工现场使用的装配式活动房屋应当具有产品合格证。

第三十条　施工单位对因建设工程施工可能造成损害的毗邻建筑物、构筑物和地下管线等，应当采取专项防护措施。

施工单位应当遵守有关环境保护法律、法规的规定，在施工现场采取措施，防止或者减少粉尘、废气、废水、固体废物、噪声、振动和施工照明对人和环境的危害和污染。

在城市市区内的建设工程，施工单位应当对施工现场实行封闭围挡。

第三十一条　施工单位应当在施工现场建立消防安全责任制度，确定消防安全责任人，制定用火、用电、使用易燃易爆材料等各项消防安全管理制度和操作规程，设置消防通道、消防水源，配备消防设施和灭火器材，并在施工现场入口处设置明显标志。

第三十二条　施工单位应当向作业人员提供安全防护用具和安全防护服装，并书面告知危险岗位的操作规程和违章操作的危害。

作业人员有权对施工现场的作业条件、作业程序和作业方式中存在的安全问题提出批评、检举和控告，有权拒绝违章指挥和强令冒险作业。

在施工中发生危及人身安全的紧急情况时，作业人员有权立即停止作业或者在采取必要的应急措施后撤离危险区域。

第三十三条　作业人员应当遵守安全施工的强制性标准、规章制度和操作规程，正确使用安全防护用具、机械设备等。

第三十四条　施工单位采购、租赁的安全防护用具、机械设备、施工机具及配件，应当具有生产（制造）许可证、产品合格证，并在进入施工现场前进行查验。施工现场的安全防护用具、机械设备、施工机具及配件必须由专人管理，定期进行检查、维修和保养，建立相应的资料档案，并按照国家有关规定及时报废。

第三十五条　施工单位在使用施工起重机械和整体提升脚手架、模板等自升式架设施前，应当组织有关单位进行验收，也可以委托具有相应资质的检验检测机构进行验收；使用承租的机械设备和施工机具及配件的，由施工总承包单位、分包单位、出租单位和安装单位共同进行验收。验收合格的方可使用。

《特种设备安全监察条例》规定的施工起重机械，在验收前应当经有相应资质的检验检测机构监督检验合格。

施工单位应当自施工起重机械和整体提升脚手架、模板等自升式架设设施验收合格之日起30日内，向建设行政主管部门或者其他有关部门登记。登记标志应当置于或者附着于该设备的显著位置。

第三十六条　施工单位的主要负责人、项目负责人、专职安全生产管理人员应当经建设行政主管部门或者其他有关部门考核合格后方可任职。

施工单位应当对管理人员和作业人员每年至少进行一次安全生产教育培训，其教育培训情况记入个人工作档案。安全生产教育培训考核不合格的人员，不得上岗。

第三十七条　作业人员进入新的岗位或者新的施工现场前，应当接受安全生产教育培训。未经教育培训或者教育培训考核不合格的人员，不得上岗作业。

施工单位在采用新技术、新工艺、新设备、新材料时，应当对作业人员进行相应的安全生产教育培训。

第三十八条　施工单位应当为施工现场从事危险作业的人员办理意外伤害保险。

意外伤害保险费由施工单位支付。实行施工总承包的，由总承包单位支付意外伤害保险费。意外伤害保险期限自建设工程开工之日起至竣工验收合格止。

第五章　监　督　管　理

第三十九条　国务院负责安全生产监督管理的部门依照《中华人民共和国安全生产法》的规定，对全国建设工程安全生产工作实施综合监督管理。

县级以上地方人民政府负责安全生产监督管理的部门依照《中华人民共和国安全生产法》的规定，对本行政区域内建设工程安全生产工作实施综合监督管理。

第四十条　国务院建设行政主管部门对全国的建设工程安全生产实施监督管理。国务院铁路、交通、水利等有关部门按照国务院规定的职责分工，负责有关专业建设工程安全生产的监督管理。

县级以上地方人民政府建设行政主管部门对本行政区域内的建设工程安全生产实施监督管理。县级以上地方人民政府交通、水利等有关部门在各自的职责范围内，负责本行政区域内的专业建设工程安全生产的监督管理。

第四十一条　建设行政主管部门和其他有关部门应当将本条例第十条、第十一条规定的有关资料的主要内容抄送同级负责安全生产监督管理的部门。

第四十二条　建设行政主管部门在审核发放施工许可证时，应当对建设工程是否有安全施工措施进行审查，对没有安全施工措施的，不得颁发施工许可证。

建设行政主管部门或者其他有关部门对建设工程是否有安全施工措施进行审查时，不得收取费用。

第四十三条　县级以上人民政府负有建设工程安全生产监督管理职责的部门在各自的职责范围内履行安全监督检查职责时，有权采取下列措施：

（一）要求被检查单位提供有关建设工程安全生产的文件和资料；

（二）进入被检查单位施工现场进行检查；

（三）纠正施工中违反安全生产要求的行为；

（四）对检查中发现的安全事故隐患，责令立即排除；重大安全事故隐患排除前或者排除过程中无法保证安全的，责令从危险区域内撤出作业人员或者暂时停止施工。

第四十四条　建设行政主管部门或者其他有关部门可以将施工现场的监督检查委托给建设工程安全监督机构具体实施。

第四十五条　国家对严重危及施工安全的工艺、设备、材料实行淘汰制度。具体目录由国务院建设行政主管部门会同国务院其他有关部门制定并公布。

第四十六条　县级以上人民政府建设行政主管部门和其他有关部门应当及时受理对建设工程生产安全事故及安全事故隐患的检举、控告和投诉。

第六章　生产安全事故的应急救援和调查处理

第四十七条　县级以上地方人民政府建设行政主管部门应当根据本级人民政府的要求，制定本行政区域内建设工程特大生产安全事故应急救援预案。

第四十八条　施工单位应当制定本单位生产安全事故应急救援预案，建立应急救援组织或者配备应急救援人员，配备必要的应急救援器材、设备，并定期组织演练。

第四十九条　施工单位应当根据建设工程施工的特点、范围，对施工现场易发生重大事故的部位、环节进行监控，制定施工现场生产安全事故应急救援预案。实行施工总承包的，由总承包单位统一组织编制建设工程生产安全事故应急救援预案，工程总承包单位和分包单位按照应急救援预案，各自建立应急救援组织或者配备应急救援人员，配备救援器材、设备，并定期组织演练。

第五十条　施工单位发生生产安全事故，应当按照国家有关伤亡事故报告和调查处理的规定，及时、如实地向负责安全生产监督管理的部门、建设行政主管部门或者其他有关部门报告；特种设备发生事故的，还应当同时向特种设备安全监督管理部门报告。接到报告的部门应当按照国家有关规定，如实上报。

实行施工总承包的建设工程，由总承包单位负责上报事故。

第五十一条　发生生产安全事故后，施工单位应当采取措施防止事故扩大，保护事故现场。需要移动现场物品时，应当做出标记和书面记录，妥善保管有关证物。

第五十二条　建设工程生产安全事故的调查、对事故责任单位和责任人的处罚与处理，按照有关法律、法规的规定执行。

第七章　法　律　责　任

第五十三条　违反本条例的规定，县级以上人民政府建设行政主管部门或者其他有关行政管理部门的工作人员，有下列行为之一的，给予降级或者撤职的行政处分；构成犯罪的，依照刑法有关规定追究刑事责任：

（一）对不具备安全生产条件的施工单位颁发资质证书的；

（二）对没有安全施工措施的建设工程颁发施工许可证的；

（三）发现违法行为不予查处的；

（四）不依法履行监督管理职责的其他行为。

第五十四条　违反本条例的规定，建设单位未提供建设工程安全生产作业环境及安全施工措施所需费用的，责令限期改正；逾期未改正的，责令该建设工程停止施工。

建设单位未将保证安全施工的措施或者拆除工程的有关资料报送有关部门备案的，责令限期改正，给予警告。

第五十五条　违反本条例的规定，建设单位有下列行为之一的，责令限期改正，处 20 万元以上 50 万元以下的罚款；造成重大安全事故，构成犯罪的，对直接责任人员，依照刑法有关规定追究刑事责任；造成损失的，依法承担赔偿责任：

（一）对勘察、设计、施工、工程监理等单位提出不符合安全生产法律、法规和强制性标准规定的要求的；

（二）要求施工单位压缩合同约定的工期的；

（三）将拆除工程发包给不具有相应资质等级的施工单位的。

第五十六条　违反本条例的规定，勘察单位、设计单位有下列行为之一的，责令限期改正，处 10 万元以上 30 万元以下的罚款；情节严重的，责令停业整顿，降低资质等级，直至吊销资质证书；造成重大安全事故，构成犯罪的，对直接责任人员，依照刑法有关规定追究刑事责任；造成损失的，依法承担赔偿责任：

（一）未按照法律、法规和工程建设强制性标准进行勘察、设计的；

（二）采用新结构、新材料、新工艺的建设工程和特殊结构的建设工程，设计单位未在设计中提出保障施工作业人员安全和预防生产安全事故的措施建议的。

第五十七条　违反本条例的规定，工程监理单位有下列行为之一的，责令限期改正；逾期未改正的，责令停业整顿，并处 10 万元以上 30 万元以下的罚款；情节严重的，降低资质等级，直至吊销资质证书；造成重大安全事故，构成犯罪的，对直接责任人员，依照刑法有关规定追究刑事责任；造成损失的，依法承担赔偿责任：

（一）未对施工组织设计中的安全技术措施或者专项施工方案进行审查的；

（二）发现安全事故隐患未及时要求施工单位整改或者暂时停止施工的；

（三）施工单位拒不整改或者不停止施工，未及时向有关主管部门报告的；

（四）未依照法律、法规和工程建设强制性标准实施监理的。

第五十八条　注册执业人员未执行法律、法规和工程建设强制性标准的，责令停止执业 3 个月以上 1 年以下；情节严重的，吊销执业资格证书，5 年内不予注册；造成重大安全事故的，终身不予注册；构成犯罪的，依照刑法有关规定追究刑事责任。

第五十九条　违反本条例的规定，为建设工程提供机械设备和配件的单位，未按照安全施工的要求配备齐全有效的保险、限位等安全设施和装置的，责令限期改正，处合同价款 1 倍以上 3 倍以下的罚款；造成损失的，依法承担赔偿责任。

第六十条　违反本条例的规定，出租单位出租未经安全性能检测或者经检测不合格的机械设备和施工机具及配件的，责令停业整顿，并处 5 万元以上 10 万元以下的罚款；造成损失的，依法承担赔偿责任。

第六十一条　违反本条例的规定，施工起重机械和整体提升脚手架、模板等自升式架设设施安装、拆卸单位有下列行为之一的，责令限期改正，处 5 万元以上 10 万元以下的罚款；情节严重的，责令停业整顿，降低资质等级，直至吊销资质证书；造成损失的，依法承担赔偿责任：

（一）未编制拆装方案、制定安全施工措施的；

（二）未由专业技术人员现场监督的；

（三）未出具自检合格证明或者出具虚假证明的；

（四）未向施工单位进行安全使用说明，办理移交手续的。

施工起重机械和整体提升脚手架、模板等自升式架设设施安装、拆卸单位有前款规定的第（一）项、第（三）项行为，经有关部门或者单位职工提出后，对事故隐患仍不采取措施，因而发生重大伤亡事故或者造成其他严重后果，构成犯罪的，对直接责任人员，依照刑法有关规定追究刑事责任。

第六十二条　违反本条例的规定，施工单位有下列行为之一的，责令限期改正；逾期未改正的，责令停业整顿，依照《中华人民共和国安全生产法》的有关规定处以罚款；造成重大安全事故，构成犯罪的，对直接责任人员，依照刑法有关规定追究刑事责任：

（一）未设立安全生产管理机构、配备专职安全生产管理人员或者分部分项工程施工时无专职安全生产管理人员现场监督的；

（二）施工单位的主要负责人、项目负责人、专职安全生产管理人员、作业人员或者特种作业人员，未经安全教育培训或者经考核不合格即从事相关工作的；

（三）未在施工现场的危险部位设置明显的安全警示标志，或者未按照国家有关规定在施工现场设置消防通道、消防水源、配备消防设施和灭火器材的；

（四）未向作业人员提供安全防护用具和安全防护服装的；

（五）未按照规定在施工起重机械和整体提升脚手架、模板等自升式架设设施验收合格后登记的；

（六）使用国家明令淘汰、禁止使用的危及施工安全的工艺、设备、材料的。

第六十三条　违反本条例的规定，施工单位挪用列入建设工程概算的安全生产作业环境及安全施工措施所需费用的，责令限期改正，处挪用费用20%以上50%以下的罚款；造成损失的，依法承担赔偿责任。

第六十四条　违反本条例的规定，施工单位有下列行为之一的，责令限期改正；逾期未改正的，责令停业整顿，并处5万元以上10万元以下的罚款；造成重大安全事故，构成犯罪的，对直接责任人员，依照刑法有关规定追究刑事责任：

（一）施工前未对有关安全施工的技术要求作出详细说明的；

（二）未根据不同施工阶段和周围环境及季节、气候的变化，在施工现场采取相应的安全施工措施，或者在城市市区内的建设工程的施工现场未实行封闭围挡的；

（三）在尚未竣工的建筑物内设置员工集体宿舍的；

（四）施工现场临时搭建的建筑物不符合安全使用要求的；

（五）未对因建设工程施工可能造成损害的毗邻建筑物、构筑物和地下管线等采取专项防护措施的。

施工单位有前款规定第（四）项、第（五）项行为，造成损失的，依法承担赔偿责任。

第六十五条　违反本条例的规定，施工单位有下列行为之一的，责令限期改正；逾期未改正的，责令停业整顿，并处10万元以上30万元以下的罚款；情节严重的，降低资质等级，直至吊销资质证书；造成重大安全事故，构成犯罪的，对直接责任人员，依照刑法有关规定追究刑事责任；造成损失的，依法承担赔偿责任：

（一）安全防护用具、机械设备、施工机具及配件在进入施工现场前未经查验或者查验不合格即投入使用的；

（二）使用未经验收或者验收不合格的施工起重机械和整体提升脚手架、模板等自升式架设设施的；

（三）委托不具有相应资质的单位承担施工现场安装、拆卸施工起重机械和整体提升脚手架、模板等自升式架设设施的；

（四）在施工组织设计中未编制安全技术措施、施工现场临时用电方案或者专项施工方案的。

第六十六条　违反本条例的规定，施工单位的主要负责人、项目负责人未履行安全生产管理职责的，责令限期改正；逾期未改正的，责令施工单位停业整顿；造成重大安全事故、重大伤亡事故或者其他严重后果，构成犯罪的，依照刑法有关规定追究刑事责任。

作业人员不服管理、违反规章制度和操作规程冒险作业造成重大伤亡事故或者其他严重后果，构成犯罪的，依照刑法有关规定追究刑事责任。

施工单位的主要负责人、项目负责人有前款违法行为，尚不够刑事处罚的，处2万元以上20万元以下的罚款或者按照管理权限给予撤职处分；自刑罚执行完毕或者受处分之日起，5年内不得担任任何施工单位的主要负责人、项目负责人。

第六十七条　施工单位取得资质证书后，降低安全生产条件的，责令限期改正；经整改仍未达到与其资质等级相适应的安全生产条件的，责令停业整顿，降低其资质等级直至吊销资质证书。

第六十八条　本条例规定的行政处罚，由建设行政主管部门或者其他有关部门依照法定职权决定。

违反消防安全管理规定的行为，由公安消防机构依法处罚。

有关法律、行政法规对建设工程安全生产违法行为的行政处罚决定机关另有规定的，从其规定。

第八章　附　　　则

第六十九条　抢险救灾和农民自建低层住宅的安全生产管理，不适用本条例。

第七十条　军事建设工程的安全生产管理，按照中央军事委员会的有关规定执行。

第七十一条　本条例自 2004 年 2 月 1 日起施行。

附录二　施工企业安全生产评价标准

中华人民共和国建设部公告第 188 号

建设部关于发布行业标准
《施工企业安全生产评价标准》的公告

现批准《施工企业安全生产评价标准》为行业标准，编号为 JGJ/T 77—2003，自 2003 年 12 月 1 日起实施。

本标准由建设部标准定额研究所组织中国建筑出版社出版发行。

中华人民共和国建设部
2003 年 10 月 24 日

前　　言

根据建设部建标标函 [2003] 22 号文的要求，标准编制组在深入调查研究，认真总结国内外科研成果和大量实践经验，并广泛征求意见的基础上，制定了本标准。

本标准的主要内容是：

1. 评价内容；2. 评分方法；3. 评价等级。

本标准由建设部负责管理的解释，由建设部工程质量安全监督与行业发展司（地址：北京市三里河路 9 号；邮政编码：100835）负责具体内容的解释。

本标准主编单位：上海市建设工程安全质量监督总站（地址：上海市宛平南路 75 号；邮政编码：200032）

目　　次

5　评价等级
附录 A　施工企业安全生产条件评分
附录 B　施工企业安全生产业绩评分
附录 C　施工企业安全生产主评价汇总表
本标准用词说明
条文说明

1　总　　则

1.0.1　为加强施工企业生产的监督管理，科学地评价施工企业安全生产条件、安全生产业绩及相应的安全生产能力，实现施工企业安全生产评价工作的规范化和制度化，促进施工企业安全生产管理水平的提高，制定本标准。

1.0.2　本标准适用于施工企业及政府主管部门对企业安全生产条件、业绩的评价，以及在此基础上对企业安全生产能力的综合评价。

1.0.3　本标准依据《中华人民共和国安全生产法》、《中华人民共和国建筑法》等有关法律法规，结合现行国家标准《职业健康安全管理体系规范》（GB/T 28001）的要求制定。

1.0.4　对施工企业安全生产能力进行综合评价时，除了执行本标准的规定外，尚应符合国家现行有关强制性标准的规定。

2　术　　语

2.0.1　施工企业 construction company
从事土木工程、建筑工程、线路管道和设备发装工程、装修工程的新建、扩建、改建活动的各类资质等级施工总承包、专业承包和劳务分包企业。

2.0.2　安全生产条件 work safety
为预防生产过程中发生事故而采取的各种措施和活动。

2.0.3　安全生产条件 condition of work safety
满足安全生产的各种因素及其组合。

2.0.4　安全生产业绩 performance of word safety
在安全生产过程中产生的可测量的结果。

2.0.5　安全生产能力 capacity of work safety
安全生产条件和安全生产业绩的组合。

2.0.6　危险源 hazard
可能导致死亡、伤害、职业病、财产损失、工作环境破坏或这些情况组合的根源或状态。

3　评价内容

3.0.1　施工企业安全生产评价的内容应包括安全生产条件单项评价、安全生产业绩单项评价及由以上两项单项评价组合而成的安全生产能力综合评价。

3.0.2　施工企业安全生产条件单项评价的内容应包括安全生产管理制度，资质、机构与人员管理，安全技术管理和设备与设施管理 4 个分项。评分项目及其评分标准和评分方法应符合本标准附录 A 的规定。

3.0.3　施工企业安全生产业绩单项评价的内容应包括生产安全事故的控制、安全生产奖罚、项目施工安全检查和安全生产管理体系推行 4 个评分项目。评分项目及其评分标准和评分方法应符合本标准附录 B 的规定。

3.0.4　安全生产条件、安全生产业绩单项评价和安全生产能力综合评价记录，应采用本标准附录 C 的《施工企业安全生产评价汇总表》。

4　评 分 方 法

4.0.1　施工企业安全生产条件单项评分符合下列原则：

1　各分项评分满分分值为 100 分，各分项评分的实得分应为相应分项评分表中各评分项目实得分之和。

2　分项评分表中的各评分项目的实得分不应采用负值，扣减分数总和不得超过该评分项目应得分分值。

3　评分项目有缺项的，其分项评分的实得分应按下式换算：

遇有缺项的分项评分的实得分＝（可评分项目的实得分之和/可评分项目的应得分分值之和）×100

4　单项评分实得分应为其 4 个分项实得分的加权平均值。本标准附录 A 中表 A.0.1～表 A.0.4 相应分项的权数分别为 0.3、0.2、0.3、0.2。

4.0.2　施工企业安全生产业绩单项评分应符合下列原则：

1　单项评分满分分值为 100 分。

2　单项评分中的各评分项目的实得分不应采用负值，扣减分数总和不得超过该评分项目的应得分分值，加分总和也不得超过该评分项目的应得分分值。

3　单项评分实得分应为各评分项目实得分之和。

4　当评分项目涉及重复奖励或处罚时，其加、扣分数应以该评分项目可加、扣分数的最高分计算，不得重复加分数或扣分。

5　评 价 等 级

5.0.1　施工企业安全生产条件、安全生产业绩的单项评价和安全生产能力综合评价结果均应分为合格、基本合格、不合格三个等级。

5.0.2　施工企业安全生产条件单项评价等级划分应按表 5.0.2 核定。

表 5.0.2　　　　施工企业安全生产条件单项评价等级划分

评价等级	评 价 项		
	分项评分表中的实得分为零的评分项目数（个）	各分项评分实得分	单项评分实得分
合格	0	≥70	≥75
基本合格	0	≥65	≥70
不合格	出现不满足基本合格条件的任意一项时		

5.0.3　施工企业安全生产业绩单项评价等级划分应按表 5.0.3 核定。

表 5.0.3   施工企业安全生产业绩单项评价等级划分

评价等级	评 价 项	
	单项评分表中实得分为零的评分项目数（个）	评分实得分
合格	0	≥75
基本合格	≤1	≥70
不合格	出现不满足基本合格条件的任意一项或安全事故累计死亡人数3个及以上或安全事故造成直接经济损失累计30万元以上	

5.0.4 施工企业安生生产能力综合评价等级划分应按表5.0.4核定。

表 5.0.4   施工企业安全生产能力综合评价等级划分

评价等级	评 价 项	
	施工企业安全条件单项评价等级	施工企业安全生产业绩单项评价等级
合格	合格	合格
基本合格	单项评价等级均为基本合格或一个合格、一个基本合格	
不合格	单项评价等级有不合格	

附录 A   施工企业安全生产条件评分

表 A.0.1   安全生产管理制度分项评分

序号	评分项目	评分标准	评分方法	应得分	扣减分	实得分
1	安全生产责任制度	• 未按规定建立安全生产责任制度或制度不齐全，扣10~25分 • 责任制度中未制定安全管理目标或目标不齐全，扣5~10分 • 承发包合同无安全生产管理职责和指标，扣5~10分 • 有关层次、部门、岗位人员以及总分包安全生产责任制未得到确认或未落实，扣5~10分 • 未制定安全生产奖惩考核制度或制度不齐全，扣5~10分 • 未按安全生产奖惩考核制度落实奖罚，扣3~5分	查管理制度目录、内容，并抽查企业及施工现场相关记录	25		
2	安全生产资金保障制度	• 未按规定建立制度或制度不齐全，扣10~20分 • 未落实安全劳防用品资金，扣5~10分 • 未落实安全教育培训专项资金，扣5~10分 • 未落实保障安全生产的技术措施资金，扣5~10分		20		
3	安全教育培训制度	• 未按规定建立制度，扣20分 • 制度未明确项目经理、安全专职人员、特殊工种、待岗、转岗、换岗职工、新进单位从业人员安全教育培训要求，扣5~15分 • 企业无安全教育培训计划，扣10分 • 未按计划实施教育培训活动或实施记录不齐全，扣5~10分		20		

续表

序号	评分项目	评分标准	评分方法	应得分	扣减分	实得分
4	安全检查制度	• 未按规定制定包括企业和各层次安全检查制度，扣20分 • 制度未明确企业、项目定期及日常、专项、季节性安全检查的时间性和实施要求，扣3～5分 • 制度未规定对隐患整改、处置和复查要求，扣3～5分 • 无检查和隐患处置、复查的记录或隐患整改未如期完成，扣5～10分	查管理制度目录、内容，并抽查企业及施工现场相关记录	20		
5	生产安全事故报告处理制度	• 未按规定制定事故报告处理制度或制度不齐全，扣5～10分 • 未按规定实施事故的报告处理，未落实"四不放过"，扣10～15分 • 未建立事故档案，扣5分 • 未按规定办理意外伤害保险，扣10分；意外伤害保险办理率不满100%，扣1～10分 • 未制定事故应急预案，未建立应急救援小组或指定专门应急救援人员，扣5～10分		15		
		分项评分		100		

评分员　　　　　　　　　　　　　　　　　　　　　年　　月　　日

注 "四不放过"指事故原因未查清不放过；职工和事故责任人受不到教育不放过；事故隐患不整改不放过；事故责任人不处理不放过。

表 A.0.2　　　　　资质、机构与人员管理分项评分

序号	评分项目	评分标准	评分方法	应得分	扣减分	实得分
1	企业资质和从业人员资格	• 企业资质与承包生产经营行为不相符，扣30分 • 总分包单位主要负责人，项目经理和安全生产管理人员未经过安全考核合格，不具备相应的安全生产知识和管理能力，扣10～15分 • 其他管理人员、特殊工种人员等其他从业人员未经过安全培训。不具备相应的安全生产知识和管理能力，扣5～10分	查企业资质证书与经营手册，抽查上岗证及教育培训记录，抽查施工现场	30		
2	安全生产管理机构	• 企业未按规定设置安全生产管理机构或配备专职安全生产管理人员，扣10～25分 • 无相应安全管理体系，扣10分 • 各级未配备足够的专、兼职安全生产管理人员，扣5～10分	查企业安全管理组织网络图、安全管理人员名册清单等	25		
3	分包单位资质和人员资格管理	• 未制定对分包单位资质资格管理及施工现场控制的要求和规定，扣15分 • 缺乏对分包单位资质和人员资格管理及施工现场控制的证实材料，扣10分 • 分包单位承接的项目不符合相应的安全资质管理要求，扣15分 • 50人以上规模的分包单位未配备专、兼职安全生产管理人员，扣3～5分	查企业对分包单位管理记录，合格分包方名录，抽查施工现场管理资料	25		

续表

序号	评分项目	评分标准	评分方法	应得分	扣减分	实得分
4	供应单位管理	• 未制定对安全设施材料、设备及防护用品的供应单位的控制要求和规定，扣20分 • 无安全设施所需材料、设备及防护用品供应单位的生产许可证或行业有关部门规定的证书，每起扣5分 • 安全设施所需材料、设备及防护用品供应单位所持生产许可证或行业有关部门规定的证书与其经营行为不相符，每起扣5分	查企业对分供单位管理记录，合格分供方名录，抽查施工现场管理资料	20		
		分项评分		100		

评分员　　　　　　　　　　　　　　　　　　　　　　　　　　　年　　月　　日

注 表中涉及的大型设备装拆的资质、人员与技术管理，应按表 A.0.4 中"大型设备装拆安全控制"规定的评分标准执行。

表 A.0.3　　　　　　　　　安全技术管理分项评分

序号	评分项目	评分标准	评分方法	应得分	扣减分	实得分
1	危险源控制	• 未进行危险源识别、评价，未对重大危险源进行控制策划、建档，扣10分 • 对重大危险源不制定有针对性的应急预案，扣10分	查企业及施工现场相关记录	20		
2	施工组织设计（方案）	• 无施工组织设计（方案）编制审批制度，扣20分 • 施工组织设计中未根据危险源编制安全技术措施或安全技术措施无针对性，扣5~10分 • 施工组织设计（方案，包括修改方案）未经技术负责人组织安全等有关部门审核、审批，扣5~10分	查企业技术管理制度，抽查企业备份或施工现场的施工组织设计	20		
3	专项安全技术方案	• 专业性强、危险性大的施工项目，未按要求单独编制专项安全技术方案（包括修改方案）或专项安全技术方案（包括修改方案）无针对性，扣5~15分 • 专项安全技术方案（包括修改方案）未经有关部门和技术负责人审核、审批，扣10~15分 • 方案未按规定进行计算和图示，扣5~10分 • 技术负责人未组织方案编制人员对方案（包括修改方案）的实施进行交底、验收和检查，扣5~10分 • 未安排专业人员对危险性较大的作业进行安全监控管理，扣3~5分	抽查企业备份或施工现场的专项方案	20		
4	安全技术交底	• 未制定各级安全技术交底的相关规定，扣15分 • 未有效落实各级安全技术交底，扣5~15分 • 交底无书面交底记录，交底未履行签字手续，扣3~5分	查企业相关规定企业备份及施工现场交底资料	15		
5	安全技术标准、规范和操作规程	• 未配备现行有效的、与企业生产经营内容相关的安全技术标准、规范和操作规程，扣15分 • 安全技术标准、规范和操作规程配备有缺陷，扣5~10分	查企业规范目录清单，抽查企业及施工现场的规范、标准、操作规程	15		

续表

序号	评分项目	评分标准	评分方法	应得分	扣减分	实得分
6	安全设备和工艺的选用	•选用国家明令淘汰的设备或工艺，扣10分 •选用国家明令推荐的新设备、新工艺、新材料、或有市级以上安全生产技术成果，加5分	抽查施工组织设计和专项方案及其他记录	10		
		分项评分		100		

评分员　　　　　　　　　　　　　　　　　　　　　　　　　年　月　日

注　表中涉及的大型设备装拆资质、人员与技术管理、应按表A.0.4中"大型设备装拆安全控制"规定的评分标准执行。

表A.0.4　　设备与设施管理分项评分

序号	评分项目	评分标准	评分方法	应得分	扣减分	实得分
1	设备安全管理	•未制定设备（包括应急救援器材）安装（拆除）、验收、检测、使用、定期保养维修、改造和报废制度或制度不完善、不齐全，扣10~25分 •购置的设备，无生产许可证和产品合格证或证书不齐全，扣10~25分 •设备未按规定安装（拆除）、验收、检测、使用、保养、维修、改造和报废，扣5~10分 •向不具备相应资质的企业和个人出租或租用设备，扣10~25分 •设备租赁合同未约定各自安全生产管理职责，扣5~10分	查企业设备安全管理制度，查企业设备清单和管理档案，抽查施工现场设备及管理资料	25		
2	大型设备装拆安全控制	•装拆由不具备相应资质的单位或不具备相应资质的人员承担，扣25分 •大型起重设备装拆无经审批的专项方案，扣10分 •装拆未按规定做好监控和管理，扣10分 •未按规定检测或检测不合格即投入使用，扣10分	抽查企业备份或施工现场方案及实施记录	25		
3	安全设施和防护管理	•企业对施工现场的平面布置和有较大危险因素的场所及有关设施、设备缺乏安全警示统一规定，扣5分 •安全防护措施和警示、警告标识不符合安全色与安全标志要求，扣5分	查相关规定，抽查施工现场	20		
4	特种设备管理	•未按规定制定管理要求或无专人管理，扣10分 •未按规定检测合格后投入使用，扣10分	抽查施工现场	15		
5	安全检查测试工具管理	•未按有关规定配备相应的安全检测工具，扣5分 •配备的安全检测工具无生产许可证和产品合格证或证件不齐全，扣5分 •安全检测工具未按规定进行复检，扣5分	查相关记录，抽查施工现场检测工具	15		
		分项评分		100		

评分员　　　　　　　　　　　　　　　　　　　　　　　　　年　月　日

附录 B 施工企业安全生产业绩评分

表 B.0.1　　　　　　　　安全生产业绩单项评分

序号	评分项目	评分标准	评分方法	应得分	扣减分	实得分
1	生产安全事故控制	• 安全事故累计死亡人数 2 人，扣 30 分 • 安全事故累计死亡人数 1 人，扣 20 分 • 重伤事故年重伤率大于 0.6‰，扣 15 分 • 一般事故年平均月频率大于 3‰，扣 10 分 • 瞒报重大事故，扣 30 分	查事故报表和事故档案	30		
2	安全生产奖罚	• 受到降级、暂扣资质证书处罚、扣 25 分 • 各类检查中项目因存在安全隐患被指令停工整改，每起扣 5～10 分 • 受建设行政主管部门警告处分，每起扣 5 分 • 受建设行政主管部门经济处罚，每起扣 10 分 • 文明工地，国家级每项加 15 分，省级加 8 分，地市级加 5 分，县级加 2 分 • 安全标化工地，省级加 3 分，地市级加 2 分，县级加 1 分 • 安全生产先进单位，省级加 5 分，地市级加 3 分，县级加 2 分	查各级行政主管部门管理信息资料，各类有效证明材料	25		
3	项目施工安全检查	• 按 JGJ 159—1999《建设施工安全检查标准》对施工现场进行各级大检查，项目合格率低于 100%，每低 1%扣 1 分，检查优良率低于 30%，每 1%扣 1 分 • 省级及以上通报批评每项扣 3 分，地市级通报批评，每项扣 2 分 • 因不文明施工引起投诉，每起扣 2 分 • 未按建设安全主管部门签发的安全隐患整改指令书落实整改，扣 5～10 分	查各级行政主管部门管理信息资料，各类有效证明材料	25		
4	安全生产管理体系推行	• 企业未贯彻安全生产管理体系标准，扣 20 分 • 施工现场未推行安全生产管理体系，扣 5～15 分 • 施工现场安全生产管理体系推行率低于 100%，每低 1%扣 1 分	查企业相应管理资料	20		
单项评分				100		

评分员　　　　　　　　　　　　　　　　　　　　　　年　　月　　日

附录C　施工企业安全生产评价汇总表

企业名称：_____　经济类型：_____
资质等级：_____　上年度施工产值：_____在册人数：_____

安全生产条件单项评价			安全生产业绩单项评价	
序号	评分分项	实得分 （满分100分）	单项评分实得分为（满分100分）	
①	安全生产管理制度			
②	资质、机构与人员管理			
③	安全技术管理			
④	设备与设施管理			
单项评分实得分 ①×0.3+②×0.2+③×0.3+④×0.2				
分项评分表中的实得分为零的 评分项目数（个）			分项评分表中的实得分为 零的评分项目数（个）	
单项评价等级			单项评价等级	
安全生产能力综合评价等级				
评价意见：				
评价负责人（签名）		评价人员（签名）		
企业负责人（签名）		企业签章		

本标准用词说明

1　为便于在执行本标准条文时区别对待，对要求严格程度不同的用词说明如下：

1）表示很严格，非这样做不可的：

正面词采用"必须"，反面词采用"严禁"；

2）表示严格，在正常情况下均应这样做的：

正面词采用"应"，反面词采用"不应"或"不得"；

3）表示允许稍有选择，在条件许可时首先应这样做的：

正面词采用"宜"，反而词采用"不宜"；

表示有选择，在一定条件下可以这样做的，采用"可"。

2　条文中指明应按其他有关标准执行的写法为"应符合……的规定"或"应该……执行"。

参 考 文 献

［1］方东平，黄新宇，Hinze J. 工程建设安全管理［M］. 2 版. 北京：中国水利水电出版社，知识产权出版社，2005.

［2］桑培东，亓霞. 工程项目管理［M］. 北京：中国电力出版社，2008.

［3］周三多，陈传明. 管理学［M］. 北京：高等教育出版社，2000.

［4］索丰平. 建筑安全评价及应用研究（J）煤炭工程，2007，（5）.

［5］姚锦宝，战家旺. 基于事故致因理论的施工现场安全性评价研究（J）. 施工技术，2007，（5）36.

［6］刘辉，张超. 人—机—环境系统建筑施工现场安全综合评价研究（J）. 重庆大学学报，2007，29（5）.

［7］卢岚，杨静，秦嵩. 建筑施工现场安全综合评价研究（J）. 土木工程学报，2003，9（36）.

［8］王开凤，张谢东，王小璜，余建宜，易胜. 基于 AHP 的施工企业安全生产评价指标体系的研究（J）. 武汉理工大学学报（交通科学与工程版），2009，33（1）.

［9］张建，隋杰明，苑宏利，刘文朝，隋杰超. 工程施工现场安全评价方法的研究与应用（J）. 沈阳建筑大学学报（自然科学版），2009，25（2）.

［10］鹿中山，杨善林，杨树萍. 建筑施工现场安全评价的灰色关联法（J）. 合肥工业大学学报（自然科学版），2008，31（2）.

［11］中国劳动保护科学技术学会. 安全工程师专业培训教材（中）［M］. 北京：海洋出版社，2005.

［12］肖爱民. 安全系统工程学［M］. 北京：中国劳动出版社，1992.

［13］陈宝智. 安全原理［M］. 2 版. 北京：冶金工业出版社，2002.

［14］张智利，潘福林. 企业管理学［M］. 北京：机械工业出版社，2007.

［15］一级建造师执业考试用书编写委员会. 建设工程项目管理［M］. 北京：中国建筑工业出版社，2004.

［16］陈宝智. 危险源辨识控制与评价［M］. 成都：四川科学技术出版社，2004.

［17］卡尔拉. 洛佩兹. 德普尔托，卡洛琳娜. M. 克莱温格尔. 利用 BIM 与 VCD 加强施工安全（J）. 建筑施工技术，2010，（11）.

［18］侯小齐. 论现代信息技术在施工安全管理中的应用（J）. 施工技术，2009，（37）.

［19］董大旻，冯凯梁. 物联网技术在建筑施工安全管理中的应用（J）. 建筑，2009，（19）.